新基建·数据中心系列丛书

数据中心
柴油发电机系统运维

高善勃　禚思齐　王俊阳◎主编

清華大學出版社
北 京

内 容 简 介

本书介绍了柴油发电机组的分类、组成和工作原理，分析了柴油发电机组的功率标定和技术指标，重点讨论了不同性质负载对柴油发电机组带载能力的影响，详细介绍了柴油发电机组供电方案的电源架构和运行方式以及柴油发电机组的运维保养方法。此外，还介绍了机房安装的柴油发电机组和集装箱式柴油发电机组的设计、安装的相关知识。

本书力求理论性和实践性相结合，书中所列的柴油发电机系统的供电方案及运维保养方法对当前主流的数据中心柴油发电机系统普遍适用。本书是数据中心柴油发电机系统运维工作流程的指导性教材，相信阅读本书一定会对数据中心柴油发电机系统运维管理从业人员大有裨益。

图书在版编目（CIP）数据

数据中心柴油发电机系统运维 / 高善勃，禚思齐，王俊阳主编 . —北京：清华大学出版社，2023.9
（新基建·数据中心系列丛书）

ISBN 978-7-302-64470-5

Ⅰ.①数⋯　Ⅱ.①高⋯②禚⋯③王⋯　Ⅲ.①数据处理中心－柴油机－电力系统运行②数据处理中心－柴油机－供电系统－维修　Ⅳ.① TP308

中国国家版本馆 CIP 数据核字 (2023) 第 154671 号

责任编辑：杨如林
封面设计：杨玉兰
版式设计：方加青
责任校对：胡伟民
责任印制：曹婉颖

出版发行：清华大学出版社
网　　　址：http://www.tup.com.cn，http://www.wqbook.com
地　　　址：北京清华大学学研大厦 A 座　　　邮　　编：100084
社 总 机：010-83470000　　　邮　　购：010-62786544
投稿与读者服务：010-62776969，c-service@tup.tsinghua.edu.cn
质 量 反 馈：010-62772015，zhiliang@tup.tsinghua.edu.cn
印 装 者：天津安泰印刷有限公司
经　　销：全国新华书店
开　　本：185mm×260mm　　印　　张：15.75　　字　　数：368 千字
版　　次：2023 年 10 月第 1 版　　印　　次：2023 年 10 月第 1 次印刷
定　　价：59.00 元

产品编号：096118-01

前　言

　　自"十三五"规划明确提出实施国家大数据战略以来，大数据产业已成为我国数字经济发展的重要引擎。数据中心是新基建的重要"数字底座"，是助推数字经济发展的重要力量。在国家战略的指引下，推进数据中心产业高质量发展是全行业在"十四五"时期的重要任务。在全国数据中心建设数量快速增长的背景下，数据中心基础设施运维管理人才短缺的问题日趋严重，已成为制约行业发展的重要因素。为提升数据中心基础设施运维从业人员的整体技能水平，指导有关企业、教育机构培训的有效实施，由中国智慧工程研究会大数据教育专业委员会牵头，北京慧芃科技有限公司组织编写了"新基建·数据中心系列丛书"。

　　数据中心对系统连续、稳定、安全运行有着极高的要求，确保数据中心连续运行有两个最基本的条件，即供电不中断和连续制冷。数据中心要确保连续不间断供电，须配置独立的后备电源，而柴油发电机组则是当前数据中心备用电源的首选。在市电中断后，UPS（不间断电源系统）可短时间支撑服务器等核心设备的用电需求，整个数据中心的后续供电主要靠柴油发电机组来提供，因此数据中心的柴油发电机组是关键项目中关键负载的关键节点设备。保证柴油发电机组的成功启动和可靠运行对柴油发电机系统的运维保养提出了更高的要求。

　　本书介绍了柴油发电机组的分类、组成和工作原理，以及柴油发电机组的功率标定、技术指标和不同性质负载对柴油发电机组带载能力的影响，重点介绍了数据中心柴油发电机组的供电方案以及维护保养方法。此外，还介绍了机房安装的柴油发电机组和集装箱式柴油发电机组的设计、安装的相关知识。本书作者长期从事数据中心柴油发电机系统的规划、设计及运维工作，书中内容是作者多年实践经验的总结。本书力求做到理论性和实践性相结合，书中所列的柴油发电机系统的供电方案及运维保养方法对当前主流的数据中心柴油发电机系统普遍适用。本书是数据中心柴油发电机系统运维工作流程的指导性教材，相信阅读本书一定会对数据中心柴油发电机系统运维管理从业人员大有裨益。

　　本书与《数据中心 UPS 系统运维》《数据中心低压供配电系统运维》《数据中心高压供配电系统运维》等教材在内容上互为理论支撑，共同构成数据中心供配电系统运维管理的理论与实践的知识体系。本书注重对读者实际工作能力的培养，理论叙述以够用为度，很多知识点的论述并没有详细展开，读者可以自行对感兴趣的内容进行更深入的阅读和学习。

在本书的编写过程中，参考了许多相关书籍和文献资料，在此向所有参考文献的原作者致以诚挚的谢意！在书稿内容及格式方面，得到了王其英老师、郑学美高工和同事叶社文、兰凡璧的指导和帮助，同事杨少林在书中插图的绘制方面提供了大量帮助，清华大学出版社的编辑老师在书稿统校及时间把控上给予了指导和帮助，在此对他们一并表示感谢。

由于作者水平有限，书中难免有错误和不妥之处，诚望广大读者批评指正！

作者

2023 年 2 月

教 学 建 议

章号	学习要点	教学要求	参考课时（不包括实验和机动学时）
1	• 什么是数据中心 • 数据中心的分级 • 数据中心的负荷等级 • 数据中心的负载特点 • 数据中心相关规范和标准 • 数据中心备用发电机组的运行特点	• 重点掌握数据中心的定义以及国内和国际上关于数据中心分级的三种标准 • 了解数据中心的负荷等级及其特点 • 了解数据中心备用电源需求特点 • 谐波的定义、危害和抑制措施，此内容属于难点，做一般性了解即可	1
2	• 柴油发电机组的特点 • 柴油发电机系统在数据中心的定位 • 柴油发电机组的分类和性能等级 • 自动化发电机组的等级标准 • 国标对机组功率的标定 • 柴油发电机组的技术指标	• 了解柴油发电机组的定义、特点、分类和品牌 • 掌握柴油发电机系统在数据中心的定位 • 了解柴油发电机组的等级划分 • 了解柴油发电机组的相关技术指标 • 柴油发电机组的功率标定，此内容既是重点也是难点，需理解并掌握	4
3	• 发动机（柴油机）的组成和工作原理 • 发电机的组成及工作原理 • 控制系统（控制器）的功能及品牌 • 柴油发电机组的辅助配置	• 掌握柴油发电机组的结构和工作原理，发动机（柴油机）和发电机的组成和工作原理是重点，也是难点，需理解并掌握 • 励磁系统是难点，要求做一般性了解 • 熟悉控制系统（控制器）的功能	6
4	• 数据中心柴油发电机组的选配（包括功率等级选择、机组容量选择及影响因素） • 柴油发电机组的运行方式（包括单机运行和并联运行） • 柴油发电机电源系统的可靠性设计	• 了解如何选配数据中心柴油发电机组 • 了解柴油发电机组的运行方式 • 了解柴油发电机电源系统的可靠性设计方案 • 了解柴发电源与市电的切换方式 • 10kV 配电系统的电源架构和运行方式，以及低压 0.4kV 配电系统的电源架构和运行方式，此内容是重点也是难点，要求理解并掌握	8

章号	学习要点	教学要求	参考课时（不包括实验和机动学时）
4	• 柴发电源与市电的切换方式 • 典型的 10kV 配电系统的电源架构 • 低压 0.4kV 配电系统的电源架构 • 数据中心柴油发电机电源系统的监测和控制 • 某大型数据中心柴发电源系统示例	• 数据中心柴油发电机电源系统的监测和控制，此内容是难点，做一般性了解即可 • 掌握柴油发电机组并机的逻辑控制方式 • 能够根据图纸分析理解 10kV 供配电系统运行方案	8
5	• 柴油发电机系统的机房设计方案 • 室内外供储油系统的设计方案 • 集装箱式柴油发电机组的特点 • 集装箱式柴油发电机组的设计方案	• 了解柴油发电机系统的机房设计方案 • 了解室内外供储油系统的设计方案 • 了解集装箱式柴油发电机组的特点 • 了解集装箱式柴油发电机组的设计方案	4
6	• 机房安装的柴油发电机组的安装（包括机组安装前的准备工作，机组本体的安装，供油系统、排烟系统、通风系统、冷却系统的安装，电缆敷设和连接） • 集装箱式柴油发电机组的安装 • 柴油发电机组的目视检查 • 柴油发电机组的检测	• 了解机房安装的柴油发电机组的安装方法 • 了解集装箱式柴油发电机组的安装方法 • 柴油发电机组的目视检查方法，此内容是重点，需要理解并掌握 • 柴油发电机组的检测，此内容既是重点也是难点，需要重点掌握	4
7	• 柴油发电机组运行的一般要求 • 柴油发电机组标准化操作程序 • 柴油发电机组故障应急预案 • 柴油发电机组周期性维护保养内容 • 柴油发电机系统的清洁 • 某数据中心柴油发电机组维护保养示例 • 备用电源系统的定期测试 • 柴油发电机组运行异常的故障判断	• 了解柴油发电机组运行的一般要求 • 了解并掌握柴油发电机组周期性保养和维护方法 • 柴油发电机组每天的例行检查内容，此内容是重点，需要重点掌握 • 了解备用电源系统的定期测试方法 • 发电机组运行异常的故障判断，此内容是重点也是难点，需要学会判断方法 • 柴油发电机组 SOP、MOP 和 EOP 文件的编写，此内容是重点也是难点，需要了解并掌握 • 柴油发电机组维护保养过程中的安全注意事项，此内容是重点，需要认真掌握	6

目 录

第 1 章　数据中心概述

2020 年以来，"新基建"一词的热度不断攀升。新基建主要指以 5G、人工智能、工业互联网、物联网为代表的新型信息数字化基础设施，它们能够支撑传统产业向网络化、数字化、智能化方向发展。而数据作为新的生产要素，是支撑新基建建设的重要基石。在此背景下，大数据产业已经成为我国数字经济发展的重要引擎。中央明确提出要加快推进 5G 基建、数据中心、人工智能、工业互联网等新型基础设施建设进度，数据中心则是新基建的重要"数字底座"，是助推数字经济发展的重要力量。

1.1　什么是数据中心

维基百科给出的数据中心的定义是："数据中心是一整套复杂的设施。它不仅包括计算机系统和其他与之配套的设备（例如数据中心通信和存储系统），还包含冗余的数据通信连接、环境控制设备、监控设备以及各种安全装置。"谷歌在其发布的 *The Datacenter as a Computer* 一书中，将数据中心解释为"多功能的建筑物，能容纳多个服务器以及通信设备。这些设备被放置在一起是因为它们具有相同的对环境的要求以及物理安全上的需求，并且这样放置便于维护"，而"并不仅仅是一些服务器的集合"。

可见，数据中心是建设在一个建筑群或建筑物内的，通常情况下由计算机机房和支撑空间组成，是电子信息的存储、加工和流转中心。数据中心内放置核心的数据处理设备，是企事业单位的信息中枢。数据中心的建立是为了全面、集中、主动并有效地管理和优化 IT 基础架构，实现信息系统高水平的可管理性、可用性、可靠性和可扩展性，保障业务的顺畅运行和服务的及时性。

1.2　数据中心的分级

数据中心是为数据信息提供传递、处理和存储服务的，因此必须非常可靠和安全，并能适应不断增长与变化的需求。数据中心一般按可靠性来划分等级，主要有以下三种常用的分级标准。

1.2.1　根据GB 50174—2017分级

　　GB 50174—2017《数据中心设计规范》根据数据中心的使用性质以及数据丢失或网络中断对经济或社会造成的损失或影响程度，将数据中心划分为A、B、C三个等级。

- A级："容错"系统。在电子信息系统运行期间，基础设施在一次意外事故后，或单系统设备维护时，或检修时仍能保证电子信息系统正常运行，其可靠性和可用性等级最高。
- B级："冗余"系统。在电子信息系统运行期间，基础设施在冗余能力范围内，不得因设备故障而导致电子信息系统运行中断，其可靠性和可用性等级居中。
- C级：满足基本需要。在数据中心基础设施正常运行情况下，应保证电子信息系统运行不中断，其可靠性和可用性等级最低。

　　GB 50174—2017《数据中心设计规范》允许同一个数据中心基础设施的各组成部分（比如建筑、结构、空调、电气、网络、布线、给排水等）按不同等级的技术要求进行设计和建设，而数据中心的等级按照其中最低等级部分确定。这样建设方可以根据数据中心的业务特点合理分配基础设施各组成部分的建设成本，节省不必要的投资。

1.2.2　根据Uptime Tier等级认证分级

　　美国 Uptime Institute 是全球公认的数据中心标准组织和第三方认证机构。Uptime Tier 等级认证是数据中心领域的权威认证，在全球范围内得到高度认可。Uptime Tier 等级认证包含三个部分：设计认证（Tier Certification of Design Document）、建造认证（Tier Certification of Constructed Facility）和运营认证（Tier Certification of Operational Sustainability）。按照其设计认证标准，数据中心的基础设施可分为四个等级。

- Tier Ⅰ：基本数据中心基础设施（Basic Data Center Site Infrastructure）。Tier Ⅰ 数据中心拥有非冗余容量设备及一个单一的非冗余分配路径来为关键环境提供服务。
- Tier Ⅱ：冗余的机房基础设施容量组件（Redundant Site Infrastructure Capacity Components）。Tier Ⅱ数据中心拥有冗余容量设备及一个单一的非冗余分配路径来为关键环境提供服务。
- Tier Ⅲ：可并行维护的机房基础设施（Concurrently Maintainable Site Infrastructure）。Tier Ⅲ数据中心拥有冗余容量的设备及多个独立分配路径来为关键环境提供服务。任何时候，只需一个分配路径为关键环境提供服务，且所有IT设备均为双电源供电，所有IT设备均合理安装以兼容机房的拓扑架构。
- Tier Ⅳ：容错机房基础设施（Fault Tolerant Site Infrastructure）。Tier Ⅳ数据

中心拥有多个独立的物理隔离系统以提供冗余容量的设备，多个独立、不同、激活的分配路径同时为关键环境提供服务。在配置冗余容量设备和不同的分配路径时应采取如下原则：任何基础设施出现故障后，"N"容量均会为关键环境提供电力和冷却，所有IT设备均为双电源供电，且均合理安装以兼容机房的拓扑架构。冗余系统和分配路径之间必须物理隔离（分区化），以防任何单个事件同时影响两个系统或分配路径。容错数据中心需要连续冷却。

Tier各等级的具体情况如表1-1所示。

表1-1　Tier各等级情况汇总

等级	Tier I	Tier II	Tier III	Tier IV
供电等基础设施配置	N	$N+1$	$N+1$	$2N$
分配路径数量	1	1	1个运行1个备用	2个同时运行
是否可并行维护	否	否	是	是
是否具有容错性	否	否	否	是
是否分区	否	否	否	是
是否连续冷却	否	否	否	是

1.2.3　根据TIA-942分级

TIA-942是经美国电信产业协会（TIA）、TIA技术工程委员会（TR42）和美国国家标准学会（ANSI）批准的数据中心电信基础设施标准，每5年修订一次。该标准旨在为设计和安装数据中心或机房提供要求和指导方针。

TIA-942中的数据中心的分级标准与Uptime Tier一致，也是依据基础设施的实用性和安全性将数据中心分为四级，详见表1-1。与Uptime Tier等级认证所关注的内容相比，TIA-942的分级规定更为细致具体，它分别从电信接入、选址、建筑结构、建筑类型、建筑布局、安全防范、电力、暖通空调、消防等诸多方面详述了不同等级对应的不同技术要求。

1.3　数据中心负载及其特点

随着大数据和云计算的推广应用，数据中心的数据量呈现几何级增长。作为极其重要的数据运行的场所，数据中心是为信息和数据安全、稳定运行保驾护航的基础设施，电能消耗量巨大是其最显著的特征。

1.3.1　数据中心的负荷等级

数据中心的负载根据其重要性主要分为以下三个等级。

1. 核心负荷

核心负荷是特别重要的一级负荷，主要包括：

（1）IT 设备：网络机房、机房模块内的 IT 设备（包含网络设备、服务器、存储等设备）。

（2）制冷设备：保障 IT 设备正常运行的冷水机组、循环水设备、冷冻泵和冷却泵设备、冷却塔风机、精密空调、水处理设备、电动阀等。

2. 一级负荷

一级负荷主要包括：

（1）辅助设施：正常照明、动力环境监控系统、安全防范系统、监控中心系统等。

（2）消防设备：应急照明、疏散照明、消火栓系统、自动喷水灭火系统、气体灭火系统、火灾自动报警系统、防排烟系统、事故广播系统、消防电话通信设备、确保人身和财产安全的机房以及机房辅助区域的其他消防设施。

3. 一般负荷

除核心负荷和一级负荷外的其他设备，包括一般维护、清扫设备，一般办公、空调设备等。

1.3.2 数据中心的负载特点

数据中心的负载具有其自身的特点，主要体现在以下几个方面。了解数据中心的负载特点对于正确选用柴油发电机组具有重要的参考意义。

1. 负荷等级高

数据中心的核心负荷占全部负荷的 80% 以上，因此整体负荷等级非常高。

数据中心对业务连续性的要求非常高，供电中断将造成非常大的损失。核心负荷的供电配置实际上与 GB 50052—2009《供配电系统设计规范》中特别重要负荷的配置一致，在采用双电源供电的同时，应采用柴油发电机组作为备用电源。为实现供电不间断，IT 设备的供电配置有容错级的 UPS，以保证双电源的不间断切换。从供电配置的角度来看，数据中心的核心用电设备的负荷等级几乎是最高的。

2. 核心负荷占比大

在一般民用建筑中，单位面积的设备安装功率在 50~150W/m²，达到 200W/m² 的极少。数据中心的 IT 机房区设备的安装功率密度则是以 kW/m² 为单位，IT 机房区以外的辅助功能区的功率密度则与一般民用建筑基本相当。IT 机房区如此高的功率密度导致配套的空调动力系统的负荷大增,进而导致空调设备用电负荷大增,这使得数据中心核心负荷(也就是 IT 设备和支持 IT 设备运行的空调动力设备)的用电量占全部负荷的 80% 以上。

非核心负荷中,大部分消防设备平时并不开启,根据 GB 50034—2013《建筑照明设计标准》的规定,照明功率密度总体不超过 15W/m²,办公(含配套空调)功率密度不超过 90W/m²,因此核心负荷以外的容量占全部负荷的 20% 以下。对于单体建筑类型的数据中心,由于缺少了园区设施这项用电负荷,非核心负荷的占比甚至要低于 10%~15%。随着数据中心 IT 机房区功率密度的提高,未来非核心负荷所占的比例会进一步降低。

3. 功率密度高

IT 机房区设备的功率密度以 kW/m² 或 kW/ 机柜为单位。随着 IT 设备的功能越来越强,其功率密度也越来越高。数据中心设备机柜用电负荷由以前的 1.5kW/ 机柜提高到 6kW/ 机柜、8kW/ 机柜,甚至更高,定制型机柜用电负荷可以达到 12kW/ 机柜甚至更高。机房单位面积的平均用电负荷也由 1kW/m² 提高到 1.5kW/m²、2kW/m²,甚至更高。像现在的刀片服务器机柜满配时,一个机柜的用电量可高达 15kW,相当于 5kW/m² 以上。随着大数据的推广应用,机柜的功率密度会随着技术的创新与成熟应用变得越来越高。

数据中心极高的功率密度是其区别于一般工业和民用建筑的一个显著特点,也是衡量一个数据中心性能的重要指标,因此,在论及数据中心的规模时,面积已不再是主要的指标,单位面积的供电和制冷能力已成为一个标尺。运行面积 × 功率密度(也就是供电和制冷总量)是未来衡量数据中心规模的指标。

4. 谐波污染大

谐波是指对周期性非正弦交流量进行傅里叶级数分解所得到的大于基波频率整数倍的各次分量,通常称为高次谐波,而基波是指其频率与工频相同的分量,如图 1-1 所示。谐波频率与基波频率的比值($n=f_n/f_1$)称为谐波次数。电网中有时也存在非整数倍谐波,称为非谐波(Non-harmonics)或分数谐波。谐波实际上是一种干扰量,使电网受到"污染"。

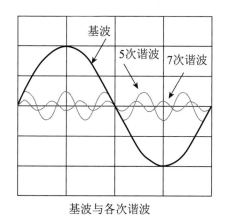
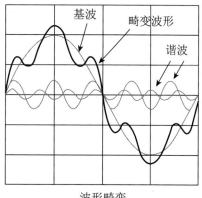

基波与各次谐波　　　　　　　波形畸变

图 1-1　谐波与基波

谐波依据其频率的不同，可以分为奇次谐波（额定频率为基波频率奇数倍的谐波，如 3 次、5 次、7 次谐波）和偶次谐波（额定频率为基波频率偶数倍的谐波，如 2 次、4 次、6 次、8 次谐波）。一般来讲，奇次谐波引起的危害比偶次谐波引起的更多、更大。

谐波有多种危害：影响电动机效率和正常运行；使变压器产生附加损耗，从而引起过热，使绝缘介质老化加速，导致绝缘损坏；使电容器过载发热，加速电容器老化甚至击穿；使电力系统各种测量仪表产生误差；造成电网谐振；使保护装置误动或拒动，导致区域性停电事故；对通信、电子类设备产生干扰；引起控制系统故障或失灵；零序谐波电流导致中性线电流过大，造成中性线发热甚至火灾。数据中心内部大量的 IT 设备产生的谐波已经成为影响数据中心安全、稳定运行的最大危害。这些 IT 设备普遍存在绝缘较低、对谐波环境要求高、过电压耐受能力差等弱点，而高次谐波污染往往使得这些高灵敏的电子系统在运行时出现程序错误、数据错误、时间错误、死机、无故重启，甚至造成电子设备永久性损坏，给数据中心造成难以挽回的巨大损失。

数据中心里的负载通常是非线性设备，如 UPS、IT 服务器、日光灯、变频器等，此类非线性负载会向柴油发电机组反射大量的高次谐波电流。例如，6 脉冲整流的 UPS 和用于电动机调速的单台变频装置（一般也是 6 脉冲整流装置，空调动力系统各类水泵普遍采用变频调速以提高电机效率），其最主要的特征谐波为 5 次和 7 次谐波，谐波电流含量较高，对柴油发电机等的运行危害很大，轻则导致柴油发电机组带载异常，重则损伤柴油发电机组。因此对于数据中心供电系统中的 5 次和 7 次谐波需要高度重视，对 5 次、7 次谐波应进行严格计算，估算出其对电网或供电系统公共连接点的影响，并采取有效措施，使谐波畸变不超过国家推荐标准 GB/T 14549—1993《电能质量 公用电网谐波》的规定，以免影响电能质量和品质，或者对 IT 设备产生干扰。此外，6 脉冲整流装置在不同的负载率下的阻抗特性也不一样，在轻载下呈现容性，在重载下呈现感性，柴油发电机很容易在轻载下因容性负载振荡输出高电压而发生保护。所以在采用传统电容补偿柜的设计中，轻载下不应轻易投入电容补偿柜，以防止柴油发电机过补偿而产生振荡保护，在重载下才考虑投入电容补偿柜来进行系统的无功补偿。

数据中心供电系统的最大谐波源是换流设备（整流器、逆变器、变频装置）。随着数据中心的发展，数据中心供电系统中的高频模块化 UPS、高压直流电源应用占比越来越大，还有的将市电直供服务器的开关电源（PSU）直接挂在配电系统上。理论上，对于采用 12 脉冲整流 UPS 的数据中心，最主要的特征谐波为 11 次和 13 次谐波，其含量很低，又采取了滤波装置，因此对供电系统影响很小，而采用高频机型 UPS 的谐波含量更低，基本可以忽略。但在实际应用时，因为供电系统 $2N$ 的配置或者冗余的需求，在负载率不高的情况下会呈现一定的容性阻抗特性。鉴于以上原因，柴油发电机系统应采取负载侧分时启动，选择线性负载时应考虑容性和谐波因素，并采取一定的抑制措施，这样一方面可以更合理地计算柴油发电机组的容量，另一方面将大大提高柴油发电机组的启动成功率。

谐波治理应采取"就地产生，就地治理"的原则，按照前期预留位置，根据专业公司通过专用设备实测的谐波含量来配置谐波治理设备。如果有必要，尽量在谐波源设备附近设置谐波抑制装置，并尽量采用无源滤波装置来抑制谐波，以减少线路中的谐波电流，降低线路损耗并降低能耗。"就地治理"有困难时可在低压侧配置集中式专用的谐波抑制设备，但由于系统谐波含量无法准确计算，按通常的估算方式配置时，滤波装置的容量往往被放大，造成成本浪费。

1.4 数据中心备用电源需求特点

数据中心对系统连续、稳定、安全运行有着极高的要求，而确保数据中心连续运行的两个最基本的条件是供电不中断和连续制冷。因此，数据中心对供配电系统的总体要求主要包括连续、稳定、平衡、分类、安全、保护和技术经济合理性等内容。连续供电是指电网不间断供电，但瞬时断电等市电异常情况时有发生。在数据中心的供配电系统中，合适的 UPS 选型与组网方式可保证数据中心面对毫秒级、分钟及小时级的市电异常时不会有任何中断；而对于大时间尺度（如长小时级、天级）的市电异常，则须获取完全独立的备用交流电源，这是评估数据中心等级以及建设数据中心的一个重要指标。GB 50174—2017《数据中心设计规范》中明确规定，备用电源为独立的市电电源或独立的发电机组供电电源。从长期的行业应用、可靠性、可维护性和可持续运营等角度来看，发电机供电系统是数据中心优先选用的独立备用交流电源。

1.4.1 数据中心相关规范和标准

国内建设各种形式的数据中心都需要遵守相关规范、标准，其设计遵循的主要法规和所采用的主要标准如下：
- GB 50016—2014《建筑设计防火规范（2018 年版）》；
- GB 50052—2009《供配电系统设计规范》；
- GB 50053—2013《20kV 及以下变电所设计规范》；
- GB 50054—2011《低压配电设计规范》；
- GB 50057—2010《建筑物防雷设计规范》；
- GB 50067—2014《汽车库、修车库、停车场设计防火规范》；
- GB 50343—2012《建筑物电子信息系统防雷技术规范》；
- GB 51348—2019《民用建筑电气设计标准（共二册）》；
- GB 50174—2017《数据中心设计规范》；
- ANSI/TIA-942《数据中心电信基础设施标准》。

各种规范、标准对发电机系统都做了明确的说明和要求，但通过研读各种规范和标准，会发现文件中对发电机系统的要求基本没有变化，只是在系统的组成、形式、架构和供电范围等方面有一定的区别，也就是说，数据中心对发电机系统的需求特点基本是一致的。在需求特点一致的情况下对发电机的可靠性、安全性、系统组成完整性等有明确的要求。

1.4.2　数据中心备用发电机组的运行特点

在数据中心的规划、设计和建设中，对供电系统都有特定的要求，因此外电源（市电）可靠性较高有利于数据中心的连续运行，在这样的数据中心中，发电机系统一年的启动工作时间一般不会超过 80~100h（包括正常测试和带载测试）。对于早期的发电机系统，由于产品本身限制或系统可靠性限制，一般不做带载测试，主要采用空载启动测试或空载启动并机测试（取决于系统的组成方式），但此种测试方式不利于发电机组的长寿命使用，也不能正确评估发电机组的实际带载能力。现阶段，由于产品本身的发展及系统可靠性的提高，数据中心一般都采用假负载（10kV 机组）来进行单机带载测试，或通过数据中心的实际负载进行带载测试。

备用发电机系统相对于电网来说是有限容量的系统，如采用 10kV 发电机组对 10kV 母线段的切换具有一定的要求和难度，并且各地的供电部门对 10kV 段的使用有着不同的规定，所以发电机组的启动、并机、母线输出、母线段切换等过程非常复杂，需要有完善的机制和可靠的产品来支持。如采用低压机组，则即使采用 ATS 切换机构，ATS 的系统容量也是非常大的，对日常的管理等都提出了更高的要求。

以上是数据中心日常使用的备用发电机系统的一些特点，这些特点都和发电机的选型、系统组成、安装、测试等有着不可分割的关系，需要从各个环节来把控发电机组的产品质量。

习题

1. 什么是数据中心？
2. GB 50174—2017 对数据中心是怎样分级的？
3. Uptime Tier 和 TIA-942 对数据中心是怎样分级的？试列表说明。
4. Tier Ⅳ 数据中心是如何描述的？
5. 数据中心的核心负荷有哪些？
6. 什么是谐波？简述其危害。

第 2 章　柴油发电机组概述

对于现代化高等级的大型数据中心，柴油发电机组是不可缺少的后备电源配套设备，是最后一道供电屏障，即使在双路供电的情况下也必须配备，因此必须对其有所了解才能合理地选择和使用。

2.1　柴油发电机组的定义和特点

柴油发电机组是以柴油为主燃料的一种发电设备，它以柴油发动机为原动力带动发电机（即电球）发电，把动能转换成电能和热能。现在市场上所称的康明斯柴油发电机、沃尔沃柴油发电机、玉柴柴油发电机等柴油发电机组都是以柴油发动机命名的。

2.1.1　柴油发电机组的特点

柴油发电机组是集柴油机、发电机和发电机自动控制系统等多个学科领域的交叉技术特点于一身的设备，它是以柴油机为动力的发电设备，与常用的蒸汽发电机组、水轮发电机组、燃气涡轮发电机组、原子能发电机组等发电设备相比较，具有如下特点。

1. 单机容量等级多

柴油发电机组的单机容量从几千瓦至几万千瓦，目前国产机组大单机容量为几千千瓦。用作船舶、邮电、高层建筑、工矿企业、军事设施的常用、应急和备用发电机组的单机容量可选择的范围大，具有适用于多种容量用电负荷的优势。当采用柴油发电机组作为应急和备用电源时，可采用一台或多台机组，装机容量根据实际需要灵活配置。

2. 配套设备结构紧凑、安装地点灵活

柴油发电机组的配套设备比较简单，辅助设备少，体积小，重量轻。相比于水轮机组需建水坝，蒸汽机组需配备锅炉、燃料储备和水处理系统等，柴油发电机组的占地面积小、建设速度快、投资费用低。

常用的柴油发电机组通常采用单独配置的方式，而备用发电机组或应急发电机组一般与变配电设备配合使用。由于机组一般不与外（市）电网并联运行，同时机组不需要充足的水源（柴油机的冷却水消耗量为34~83L/（kW·h），仅为汽轮发电机组的1/10），且占地面积小，所以机组的安装地点灵活。

3. 热效率高，燃油消耗低

柴油发电机组的热效率情况如图2-1所示。柴油机是目前热效率最高的热力发动机，其有效热效率为30%~46%，高压蒸汽轮机约为20%~40%，燃气轮机约为20%~30%，相应地，柴油发电机组的燃油消耗也较低。

图 2-1　柴油发电机组的热效率

4. 启动迅速并能很快达到全功率

柴油机的启动一般只需几秒钟，在正常工作状态下约在5~30min内达到全负荷，而在应急状态下可在1min内达到全负荷运行。蒸汽动力装置从启动到全负荷一般需要3~4h。柴油机的停机过程也很短，而且可以频繁启停。所以柴油发电机组很适合作为数据中心的应急发电机组或备用发电机组。

5. 维护操作简单

柴油发电机组维护操作相对简单，所需操作人员少，在备用期间的保养比较容易。

6. 建设与发电的综合成本低

柴油发电机组中的柴油机一般为四冲程、水冷、中高速内燃机。在柴油中掺加可更新能源（如乙醇、生物柴油、压缩天然气（CNG）和液化石油气（LPG）等）可以节省能源和保护环境。柴油燃烧后的排放物除了 N_2、O_2、CO_2、H_2 和水蒸气等无害外，其余均为有害成分，主要是 NO_x、各种 CH 化合物、CO、SO_2 和微粒等，污染环境，而且排气噪声较大。尽管如此，柴油发电机组与水力、风力、太阳能等可更新能源发电以及核能、火力发电相比较，仍具有非常明显的优势，即柴油发电机组的建设与发电的综合成本较低。

2.1.2　现代发电机组的基本特点

现代发电机组具有如下特点：

（1）功率实现系列化。为了适应各种不同用户的需要，在品种上按照功率的大小实现了系列化，比如康明斯发电机技术（中国）有限公司旗下品牌 STANFORD 发电机的系列就有 BC16、BC18、UC224、UC274、HC4、HC5、LV6 和 HC7 等，其功率范围为 6.5~2500kVA。其他品牌的发电机也有功率高达 3000kVA 以上的。

（2）发电机与柴油发动机配套能力强。比如常见的柴油发动机康明斯、VOLV0、MTU、道依茨、斯泰尔、卡特彼勒和国产的 95、130、135、150 和 190 等系列都可与发电机配套使用。

（3）售后服务能力强。各厂家一般都建立了全球服务网络，并在英国、美国、中国等工业强国都有生产工厂和服务网络。

（4）现代发电机组都做到了体积小、自重轻、性能可靠、技术先进且规范化，一般都取得了 ISO 9002 证书，我国的产品也都达到了国家标准。

（5）与现代电子设备负荷兼容，如数据通信、电子计算机和 UPS 等。

2.2　后备发电机系统在数据中心的定位

数据中心作为超大容量数据运行平台的支撑，对供电系统的可靠性、稳定性、连续性的要求随着其建设等级和规模的变化而变化。中小型数据中心要求在市电停电和计划性检修过程中备用电源系统能快速启动，同时应保证终端设备连续用电的稳定可靠。建设等级更高的大型数据中心要求备用电源系统具有硬件或软件系统的冗余性，在任何设备发生故障的情况下都不能影响数据中心的连续运行。

要保证数据中心连续不间断供电可从两方面着手：获取完全独立的备用市电电源，或配置独立的后备发电机供电电源（在本章是指柴油发电机组及配套设施所组成的后备柴油发电机供电系统，简称发电机供电系统）。在国标 GB 50174—2017《数据中心设计规范》中明确规定，备用电源为独立的市电电源或独立的发电机组供电电源。一般情况下，获取备用市电电源要受到供电公司供电指标、变电站容量、变电站间隔数量等因素的限制，而发电机供电系统可靠性高、可独立管理和运营维护、投入切换完全可控、受外界影响因素较少，而且可以完全隔离天气、地理、交通、施工、战争等的影响，安全系数相对较高。因此，基于数据中心的用电性质，发电机供电系统的可靠性是数据中心连续供电的重要保证。从长期的行业应用、可靠性、可维护性、可持续运营等角度来看，发电机供电系统是数据中心优先选用的独立备用交流电源。发电机供电系统可由数据中心自行配置，具有较大的灵活性。对于数据中心而言，柴油发电机组是关键项目之关键负载的关键节点设备。

2.3 数据中心追求的发电机组的特性

数据中心所追求的发电机组的第一特性为启动成功率。在以年为统计单位的时间间隔内，发电机组启动的次数不会太多，包括日常试机、应急供电保障等启动次数在内，一般情况下不超过 30~50 次，故每次启动的成功率就变得非常重要。因为运维人员并不知道机组的哪次启动是真正停电时应急供电保障的启动，机组的每一次成功启动都会是评价供电系统可靠性的重要依据，因此在一次成功启动后希望下次启动仍然成功。

启动成功率受多方面因素影响，与备用发电机系统的系统设计、产品选型、产品选择、供应商选择、深化设计、安装、调试、测试、运维等各个方面都息息相关。

（1）系统设计。备用发电机系统是由电气系统、机械系统、动力系统、消防系统、建筑系统、弱电系统等多个系统组成的一个综合系统，如发电机组的发电机部分、辅助供电部分等属于电气系统，发动机和水箱风扇等属于机械系统，油箱及相关管路属于动力系统，发电机的信号、监控等属于弱电系统，而发电机所处的建筑物则包含建筑系统和消防系统等。这就要求对发电机系统进行全面而完善的设计。

（2）产品选型。即数据中心选择何种功率标定的机组，选择 10kV 机组还是 400V 低压机组，选择何种冷却方式的机组等，需根据数据中心供电实际需求进行选择。

（3）产品选择。不管决定购买何种形式的机组，均应选择市场上主流品牌的成熟产品，这些产品在短期内不会退出市场，且有一定的保有量。

（4）供应商选择。供应商选择是件非常困难的事情，质量、成本、价格等因素经常成为选择供应商的重要因素，但基础前提还是要以技术为先导，在选择过程中应对供应商进行比较全面的前期考察，综合考虑供应商的实力，因为这些与发电机组的整体生命周期有着非常关键的联系。

（5）深化设计。备用发电机系统需要有一个深化设计的过程，根据数据中心现场的实际情况和使用需求，针对所选择的发电机组的品牌、发电机组配套电气设备的型号、进排风装置的设置、供油管路及设备的情况等，对发电机系统进行深化设计，以使系统更加合理、可靠。深化设计往往由供应商协助业主及设计部门完成，因此，对发电机组供应商的选择就显得更加重要。

（6）安装、调试、测试。这是检验发电机组性能的非常重要的工作环节。发电机组的安装是保证机组安全正常运行的基础，而调试和测试则是确保机组通过验收及开机运行的最后工序，非常重要。当然，空载调试和带载调试的结果是不一样的，2~3 台并机和 3 台以上并机也是不一样的，最理想的状态是多台并机并带载测试，这就需要配置假负载。数据中心业主应对发电机组的调试和测试保持清醒的认识，这是一个相对漫长的过程。

数据中心所追求的发电机组的第二特性为安全性，包括建筑物、消防、进排风、排烟等的安全。首先，建筑物应当安全，具有足够的抗震等级，并具有相配套的其他设施。另外，消防系统要遵守相关规范、标准的要求。进排风也很重要，如果进排风做不好将导致发电机组运转时过热，会导致机组停机，影响应急供电。

数据中心备用发电机组的投入时间也是非常重要的特性，对于配置 10kV 发电机组的数据中心，发电机供电系统的投入过程比较复杂，包括多台发电机组启动、并机，每台发电机组对应的输出 10kV 开关应自动闭合，母线段的输出开关根据策略不同可能先闭合，也可能后闭合，闭合后向市电进线母线段供电，市电母线段通过对开关进线分合闸操作将发电机组的供电送入后端设备。低压机组可能相对简单，可直接通过 ATS 完成市电和发电机供电的切换，也可通过开关完成切换，但比 10kV 发电机组要相对简单一些。

2.4 柴油发电机组的分类

柴油发电机组的类型较多，通常有以下几种分类方法，用户可以根据使用环境和自己的需求来合理选择柴油发电机组。

（1）按照发动机燃料分类，可分为柴油发电机组和复合燃料发电机组。

（2）按照冷却方式分类，可分为风冷式发电机组和水冷式发电机组。

风冷式发电机组：以空气作为冷却介质将柴油机受热零部件的热量传送出去，这种冷却方式由散热风扇和导风罩等组成。为了增加散热面积，通常在气缸体、气缸盖和各个散热器的外壁都铸有很多皱褶状的散热片。工作时风扇转动将空气沿导风罩流向气缸体与气缸盖表面，冷空气流经散热片时，将气缸体和气缸盖散出的热量带走。

风冷式柴油发电机组多见于小型柴油发电机组，适用于缺水地区，其冷却系统结构简单，重量较轻，冷却效果较差。

水冷式发电机组：用水作为冷却介质将柴油机受热零部件的热量传送出去。这种冷却方式的特点是，当气温或工作负载变化时，便于调节冷却强度。

水冷却方式有开式和闭式两种。开式冷却系统中，循环水直接与大气相通，冷却系统内的蒸汽压力总是保持为大气压力。闭式系统中，水在密闭系统内循环，冷却系统的蒸汽压力大于大气压力。由于冷却水温与外界气温温差较大，因而提高了整个冷却系统的散热能力。

水冷式柴油发电机组一般功率较大，是数据中心后备电源系统主要采用的机型。

（3）按照转速高低分类（柴油发电机组的转速一般是指柴油机的转速），可分为高速柴油发电机组、中速柴油发电机组和低速柴油发电机组。

- 高速柴油发电机组：转速大于1000r/min，例如1500r/min和1000r/min；
- 中速柴油发电机组：转速大于500r/min，例如750r/min和600r/min；
- 低速柴油发电机组：转速小于500r/min。

（4）按照使用条件分类，可分为陆用柴油发电机组、船用柴油发电机组、挂车式柴油发电机组和汽车式柴油发电机组。其中，陆用柴油发电机组可分为移动式和固定式。按照使用要求不同，陆用机组又可分为普通型、自动化型、低噪声型、低噪声自动化型四种。

（5）按照发电机输出电压和频率分类，可分为交流发电机组和直流发电机组。其中，交流发电机组包括中频400Hz和工频50Hz。目前数据中心常用的都是50Hz工频交流发电机组。小型数据中心一般配置低压发电机组，即标称电压为400V的发电机组；中大型数据中心因用电体量大，一般都需配置高压发电机组，即标称电压为6.3~10.5kV的发电机组。

（6）按照同步发电机的励磁方式分类，可分为旋转交流励磁机和静止励磁机。

- 旋转交流励磁机励磁系统包括交流励磁机静止整流器励磁系统和无刷励磁系统。
- 静止励磁机励磁系统包括电压源静止励磁机励磁系统、交流侧串联复合电压源静止励磁机励磁系统和谐波（或基波）辅助绕组励磁系统。

（7）按照用途分类，可分为常用发电机组、备用发电机组、应急发电机组和战备发电机组。

- 常用发电机组：这类发电机组常年运行，一般设在远离电力网（或称市电）的地区或工矿企业附近，以满足这些地方的施工、生产和生活用电。目前在经济发展比较快的地区，由于电力网的建设跟不上用户的需求，因而需要设立建设周期短的常用柴油发电机组来满足用户的需要。这类发电机组一般容量较大。
- 备用发电机组：在通常情况下，用户所需的电力由市电供给，当市电限电拉闸或因其他原因造成供电中断时，为保证用户的基本生产和生活需要而设置备用发电机组。这类发电机组常设在电信部门、医院、市电供应紧张的工矿企业、宾馆、银行、机场和电台等重要用电单位，随时保持备用状态，能对非恒定负载提供连续的电力供应。
- 应急发电机组：对市电突然中断将造成重大损失或人身事故的用电设备，常设置应急发电机组对这些设备紧急供电，如高层建筑的消防系统、疏散照明、电梯、自动化生产线的控制系统及重要的通信系统等。这类发电机组需要安装自启动柴油发电机组，自动化程度要求较高。
- 战备发电机组：这类发电机组是为人防和国防设施供电而设置的，平时具有备用发电机组的性质，而在战时市电被破坏后，则具有常用发电机组的性质。这类发电机组一般安装在地下，具有一定的防护能力。

（8）按照控制和操作的方式分类，可分为现场操作发电机组、隔室操作发电机组和自动化发电机组。

- 现场操作发电机组：操作人员在机房内对发电机组进行启动、合闸、调速、分闸、停机等操作。这类发电机组运行时所产生的振动、噪声、油雾和废气对操作人员的身体有不良影响。

- 隔室操作发电机组：这类发电机组的机房和控制室分开设置，操作人员在操作室内对机房内的柴油发电机组进行启动、调速、停机等操作，并对机组的运行参数进行监测，对机房内的辅机也实施集中控制。隔室操作可改善操作人员的工作环境。

- 自动化发电机组：现在柴油发电机组的自动化可实现无人值守，其中包括机组自启动、自动调压、自动调频、调载、自动并车、按负荷大小自动增减机组、自动处理故障、自动记录打印。机组可在市电中断后10~15s自动启动，代替市电进行供电。目前数据中心配置的多是自动化发电机组。

（9）按照自动化功能分类，可分为基本型柴油发电机组、自动启动柴油发电机组和微型机自动控制柴油发电机组。

- 基本型柴油发电机组：由柴油机、封闭式水箱、油箱、消声器、同步交流发电机、励磁电压调节装置、控制箱、联轴器和底盘等组成。基本型柴油发电机组具有电压和转速自动调节功能，一般可作为主用电源或备用电源。

- 自动启动柴油发电机组：在基本型柴油发电机组的基础上增加自动控制系统，具有自动启动的功能。当市电突然停电时，机组能自动启动、自动切换、自动运行、自动送电和自动停机；当机油压力过低、机油温度或冷却水温度过高时，能自动发出声光告警信号；当机组超速时，能自动紧急停机，保护发电机组。

- 微型机自动控制柴油发电机组：由柴油机、三相无刷同步发电机、燃油自动补给装置、机油自动补给装置、冷却水自动补给装置及自动控制柜组成。自动控制应用可编程逻辑控制器（PLC）控制。它除了具有自动启动、自动切换、自动运行、自动投入和自动停机等功能外，还配有各种故障报警和自动保护装置。另外，它可通过RS232通信接口与主计算机连接进行集中控制，能够遥控、遥信和遥测，实现无人值守的要求。

2.5　柴油发电机组的等级划分

我国对现代柴油发电机组的等级、功能要求及功率定额等都有明确规定，从事柴油发电机组运维管理的从业人员，有必要了解这些规定，从而可以有针对性地正确选择和使用柴油发电机组。

2.5.1　发电机组的性能等级

GB/T 2820.1—2009《往复式内燃机驱动的交流发电机组 第 1 部分：用途、定额和性能》中的第 7 条对柴油发电机组规定了四级性能。

- G1 级性能要求适用于只需规定其电压和频率的基本参数的连续负载，主要作为一般用途使用，如照明和其他简单的电气负载。
- G2 级性能要求适用于对电压特性与公用电力系统有相同要求的负载，当负载变化时，可有暂时的然而是允许的电压和频率偏差，如照明系统、风机、水泵和卷扬机等。
- G3 级性能要求适用于对频率、电压和波形特性有严格要求的负载，如电信负载和晶闸管控制的负载。
- G4 级性能要求适用于对频率、电压和波形特性有特别严格要求的负载，如数据处理设备或计算机系统。

数据中心一般要求配备 G3 级性能以上的柴油发电机组。

2.5.2　自动化发电机组的等级标准

GB/T 4712—2008《自动化柴油发电机组分级要求》中的第 5 条对自动化发电机组等级做了规定，机组的自动化等级应符合表 2-1 的规定。

表 2-1　机组自动化等级标准

自动化等级	自动化等级标准	无人值守运行时间 /h
1	主要项目的自动控制、保持和显示	4、8、12
2	1 级的特征，以及维持准备运行状态等的自动控制	24、36、48
3	2 级的特征，以及两台同型号机组并联运行等	120、180、240
4	3 级的特征，以及两台以上同型号机组并联运行、不同容量机组并联运行和技术诊断等的自动控制	240、360、480

自动化等级的特征如下。

1. 1 级自动化机组的特征

1 级自动化机组具有如下特征：

（1）按自动控制指令或遥控指令实现自动启动。

（2）按带载指令自动接收负载。

（3）按自动控制指令或遥控指令实现自动停机。

（4）自动调整频率和电压，保证调频和调压的精度满足产品技术要求。

（5）实现蓄电池的自动补充充电或压缩空气的补充充气。

（6）有过载、短路、超速（或过频率）、机油温度过高、启动空气压力过低、储油箱油面过低以及发电机绕组温度过高等方面的保护装置。

（7）有表示正常运行或非正常运行的声光提示系统。

2.2 级自动化机组的特征

2 级自动化机组具有如下特征：

（1）1 级规定的各项内容。

（2）自动维持应急机组的准备运行状态，即柴油发电机组应急启动和快速加载时的机油压力、机油温度和冷却水温度均达到产品技术要求的规定。

（3）机组自动启动失败时，程序启动系统自动将指令传递给另一台后备发电机组。

3.3 级自动化机组的特征

3 级自动化机组具有如下特征：

（1）2 级规定的各项内容。

（2）燃油、机油和冷却水的自动补充。

（3）按自动控制指令或遥控指令完成两台同型号机组的自动并联与解列，自动平稳转移负载的有功功率和无功功率。

4.4 级自动化机组的特征

4 级自动化机组具有如下特征：

（1）3 级规定的各项内容。

（2）按自动控制指令或遥控指令完成不少于三台同型号机组的自动并联与解列，自动平稳转移负载的有功功率和无功功率。

（3）按自动控制指令或遥控指令完成两台不同容量机组（3∶1）之间以及两台不同容量机组同电网之间的自动并联与解列。自动平稳转移负载的有功功率和无功功率。

（4）集中自动控制，即可由同一控制中心对多台自动化机组的工作状态实现自动控制。

（5）调速装置和调压装置的自动技术诊断，即可由一定的自动装置确定调速装置和调压装置的状态。

目前，GB/T 4712—2008 已被 GB/T 12786—2021《自动化内燃机电站通用技术条件》替代，新标准将电站的自动化等级分为Ⅰ级、Ⅱ级和Ⅲ级，其自动化等级特征应符合表 2-2 的规定。

表 2-2 自动化等级及其特征

自动化等级	自动化等级特征内容
Ⅰ级	a. 接自动控制指令或遥控指令能实现自动启动 b. 接带载指令自动接受负载 c. 接自动控制指令或遥控指令能实现自动停机 d. 自动实现调整频率和电压，保证频率和电压的运行参数满足产品规范的要求

续表

自动化等级	自动化等级特征内容
Ⅰ级	e. 实现蓄电池的自动补充充电和（或）储气瓶（压缩空气启动）自动补充充气 f. 有过载、短路、过速度（或过频率）、冷却介质温度高、机油压力低等保护装置。根据需要选设过电压、欠电压、失电压、过频率、欠频率、超速、机油温度高、储气瓶压力低、燃油箱油面低、发电机绕组温度和轴承温度高等方面的保护 g. 有表明正常运行或非正常运行的声、光信号警示装置 h. 必要时，应能自动维持应急机组的准备运行状态，及柴油机应急启动和快速加载时的机油压力、机油温度和冷却介质温度均达到产品规范的规定值 i. 当市电或一台机组故障时，程序启动系统自动地将启动指令传递给另一台备用机组，机组自动启动
Ⅱ级	a. 具备Ⅰ级自动化的功能 b. 燃油、机油和冷却介质（有要求时）的自动补充 c. 接自动控制指令或遥控指令完成机组与机组或机组与电网之间的自动并联与解列、自动平稳转移负载的有功功率和无功功率
Ⅲ级	a. 具备Ⅱ级自动化的功能 b. 具有远程自动化的功能 c. 集中自动控制，即可由统一的控制中心对多台自动化机组的工作状态实现自动控制 d. 具备一定的主控件故障诊断能力，即可由一定的自动装置确定调速装置和调压装置的技术状态

2.6　目前发电机组的相关标准

目前，我国柴油发电机组生产厂商多是和国外著名厂商联合生产发电机组，引进的是国外先进技术，比如无锡新时代交流发电机有限公司与英国斯坦福（STAMFORD）发电机公司联合，上海马拉松·革新电气有限公司是上海机电股份有限公司与美国雷勃电气集团（美国马拉松母公司）共同投资的合资企业等。当然，我国也拥有具备自主知识产权的潍柴动力、玉柴集团等柴油发电机组制造厂商。这些发电机组的性能和进口产品一致或相当，产品所依据的国标和部标和国外标准一致。表2-3给出了这些标准，了解这些标准有利于柴油发电机组的选型。

表 2-3　目前主要发电机组的国标与部标

序号	标准编号	标准名称	备注
1	GB/T 2820.1—2022	往复式内燃机驱动的交流发电机组 第1部分：用途、定额和性能	ISO 8528-1：2018
2	GB/T 2820.2—2009	往复式内燃机驱动的交流发电机组 第2部分：发动机	ISO 8528-2：2005
3	GB/T 2820.3—2009	往复式内燃机驱动的交流发电机组 第3部分：发电机组用交流发电机	ISO 8528-3：2005
4	GB/T 2820.4—2009	往复式内燃机驱动的交流发电机组 第4部分：控制装置和开关装置	ISO 8528-4：2005
5	GB/T 2820.5—2009	往复式内燃机驱动的交流发电机组 第5部分：发电机组	ISO 8528-5：2005
6	GB/T 2820.6—2009	往复式内燃机驱动的交流发电机组 第6部分：试验方法	ISO 8528-6：2005

续表

序号	标准编号	标准名称	备注
7	GB/T 2820.7—2002	往复式内燃机驱动的交流发电机组 第7 部分：用于技术条件和设计的技术说明	ISO 8528-7：1994
8	GB/T 2820.8—2022	往复式内燃机驱动的交流发电机组 第8 部分：对小功率发电机组的要求和试验	ISO 8528-8：2016
9	GB/T 2820.9—2002	往复式内燃机驱动的交流发电机组 第9 部分：机械振动的测量和评价	ISO 8528-9：1997
10	GB/T 2820.10—2002	往复式内燃机驱动的交流发电机组 第10 部分：噪声的测量（包面法）	ISO 8528-10：1998
11	GB/T 2820.11—2012	往复式内燃机驱动的交流发电机组 第11 部分：旋转不间断电源 性能要求和试验方法	IEC 88528-11：2004
12	GB/T 2820.12—2002	往复式内燃机驱动的交流发电机组 第12 部分：对安全装置的应急供电	ISO 8528-12：1997
13	GB/T 2819—1995	移动电站通用技术条件	
14	GB/T 12786—2021	自动化内燃机电站通用技术条件	
15	GB/T 14824—2021	高压交流发电机断路器	IEC/IEEE 62271-37-013：2015

2.7　柴油发电机组的功率标定

功率选型是选择柴油发电机组的核心内容，其选型原则是在最少投资的前提下满足使用要求。柴油发电机组功率的定义比较复杂，因此首先应该理解各种功率的含义，分析机组的工况性质，确定数据中心内柴油发电机组的功率，然后根据机组的现场使用条件和负载特性，计算并修正所需要的机组的输出功率，然后选择所需功率大小的柴油发电机组。

2.7.1　国标对机组功率的标定

GB/T 2820.1—2022 和 ISO 8528-1：2018 中将柴油发电机组的功率定额分为持续功率（COP）、基本功率（PRP）、限时运行功率（LTP）和应急备用功率（ESP）四种，具体如下。

1. 持续功率（COP）（恒定负荷持续运行）

在商定的运行条件下，按照制造商的规定进行维护和保养，发电机组以恒定负荷持续运行，且每年运行时数不受限制的最大功率。也就是说，发电机可以此标定功率不停地连续运行。

2. 基本功率（PRP）（变负荷持续运行）

在商定的运行条件下，按照制造商的规定进行维护和保养，发电机组可变负荷持续运行，且每年运行时数不受限制的最大功率。也就是说，发电机在连续运行中的功率是一直在变化的，但不论如何变化，其最大功率值不能超过规定的基本功率值。24h 运行周期内运行的平均功率输出（P_{pp}）应不超过 PRP 的 70%，除非与发动机制造商另有商定。在要求允许的平均功率输出较规定值高的应用场合，应使用持续功率（COP）。在确定某一可变功率序列的实际平均功率输出（P_{pa}）时，功率小于 30%PRP 时按 30% 计，停机时间不包括在内，如图 2-2 所示。

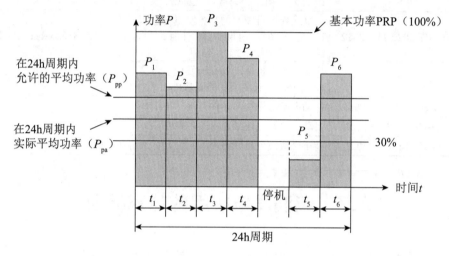

图 2-2　基本功率（PRP）

其中，P_{pp} 为允许平均功率（Permissible Average Power），P_{pa} 为实际平均功率（Actual Average Power），$P_{pa} = \dfrac{P_1 t_1 + P_2 t_2 + P_3 t_3 + \cdots + P_n t_n}{t_1 + t_2 + t_3 + \cdots + t_n}$。

3. 限时运行功率（LTP）

在商定的运行条件下，按照制造商的规定进行维护和保养，发电机组每年运行时间可达 500h 的最大功率，如图 2-3 所示。按 100% 限时运行功率计算，每年运行的最长时间为 500h。

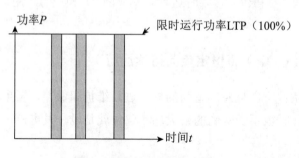

图 2-3　限时运行功率（LTP）

4. 应急备用功率（ESP）

在商定的运行条件下，按照制造商的规定进行维护和保养，在市电中断或在实验条件下，发电机组以可变负荷运行且每年运行时间可达 200h 的最大功率。按 100%ESP 运行时，每次运行一般不超过 1h。24h 运行周期内允许的平均功率输出（P_{pp}）应不超过 ESP 的 70%，除非与制造商另有商定。

实际平均功率输出（P_{pa}）应不大于 ESP 定义所允许的平均功率输出（P_{pp}）。在确定某一可变功率序列的实际平均功率输出（P_{pa}）时，功率小于 30% ESP 时按 30% 计，停机时间不包括在内，如图 2-4 所示。

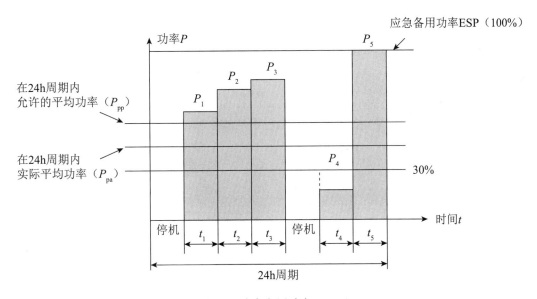

图 2-4　应急备用功率（ESP）

实际平均功率 $P_{pa} = \dfrac{P_1 t_1 + P_2 t_2 + P_3 t_3 + \cdots + P_n t_n}{t_1 + t_2 + t_3 + \cdots + t_n}$。

2.7.2　柴油发电机组的功率修正

柴油发电机组在下列三种条件下应能输出规定的功率（允许修正），并能可靠地进行工作：

（1）海拔高度不超过 4000m。

（2）环境温度：上限值为 40℃、45℃、50℃；下限值为 5℃、–15℃、–25℃、–40℃。

（3）相对湿度、凝露和霉菌。

综合因素应按表 2-4 的规定，长雾机组电气零部件经长霉试验后，表面长霉等级应不超过 GB/T 2423.16–2022《环境试验 第 2 部分：试验方法 试验 J 和导则 长霉》中规定的 2 级。

表 2-4　发电机组工作条件的综合因素

	环境湿度上限值 /℃	40	40	45	50
相对湿度 /%	最湿月平均最高相对湿度	90（25℃时）①	95（25℃时）		
	最干月平均最低相对湿度	50		10（40℃）②	
凝露		有			
霉菌		有			

注：①指该月的平均最低温度为 25℃，月平均最低湿度是指该月每天最低湿度的月平均值。

②指该月的平均最高温度为 40℃，月平均最高温度是指该月每天最高温度的月平均值。

标准 GB/T 2820.1—2022 和 ISO 8528-1：2018 对发电机组运行的现场条件做出如下规定：现场条件由用户确定，机组运行的现场条件应由用户明确确定，且应对任何特殊的危险条件（如爆炸大气环境和易燃气体等）加以说明。在现场条件未知且未另做规定的情况下，应采取下列额定现场条件：

- 绝对大气压力：89.9kPa（或海拔高度 1000m）。
- 环境温度：40℃。
- 相对湿度：60%。

当机组在标准环境下使用时，柴油发电机组的实际输出功率需做如下修正：

$$P_g = \eta \left(K_1 \cdot K_2 \cdot P_e - N_p \right)$$

式中：P_g 为机组输出功率，单位为 kW。

P_e 为柴油机在标准环境下的标定功率，单位为 kW。

K_1 为柴油机功率修正系数。机组长期运行时，K_1=0.9；机组持续运行时间＜12h 时，K_1=1。

K_2 为环境条件修正系数，具体数值见表 2-5。

N_p 为机组风扇及辅助设备损耗功率，单位为 kW。

H 为发电机效率，一般为 94%~95%。

表 2-5　环境条件修正系数 K_2（相对湿度 100%）

海拔高度 /m	大气压力 /kPa	环境空气温度 /℃									
		0	5	10	15	20	25	30	35	40	45
0	101	-	-	-	-	0.99	0.96	0.94	0.91	0.88	0.84
200	98.66	-	-	1.00	0.98	0.96	0.93	0.91	0.88	0.85	0.82
400	96.66	-	0.99	0.97	0.95	0.93	0.90	0.88	0.86	0.82	0.79
600	94.39	0.99	0.97	0.95	0.93	0.91	0.88	0.86	0.83	0.80	0.77
800	92.13	0.96	0.94	0.92	0.90	0.88	0.85	0.83	0.80	0.77	0.74
1000	89.86	0.93	0.91	0.89	0.87	0.85	0.83	0.81	0.78	0.75	0.72
1500	84.53	0.87	0.85	0.83	0.81	0.79	0.77	0.75	0.72	0.69	0.66
2000	79.46	0.80	0.79	0.77	0.75	0.73	0.71	0.69	0.66	0.63	0.60
2500	74.66	0.74	0.73	0.71	0.70	0.68	0.65	0.63	0.61	0.58	0.55
3000	70.13	0.69	0.67	0.65	0.64	0.62	0.60	0.58	0.56	0.53	0.50
3500	65.73	0.63	0.62	0.61	0.59	0.57	0.55	0.53	0.51	0.48	0.45
4000	61.59	0.58	0.57	0.56	0.54	0.52	0.50	0.48	0.46	0.43	0.41

注：表中给出的修正系数是在基本标定环境为海拔 200m、环境空气温度 10℃和相对湿度 100% 时给出的。如基本标定环境改变，则只需将表中的 1.00 平移到标定环境处即可。

环境修正估算可按下述经验值进行估算：在发电机组的基本标定环境下，环境空气温度每上升5℃，输出功率降低2%~3%；海拔高度每上升500m，输出功率降低4%~5%；湿度对输出功率影响不大，湿度增加会使输出功率减少，但减少幅度一般不会大于2%。

需要明确的一点是，每一款发电机组都可以标定其在不同运行环境下的应急备用功率（ESP）、限时运行功率（LTP）、基本功率（PRP）以及持续功率（COP），其大小关系为ESP ≤ LTP<PRP<COP，但大小并无比例，各个制造商也均不相同。

2.7.3　制造商对机组功率的标定

不同的柴油发电机制造厂商对机组功率有各自的标定方法，通常，柴油发电机组铭牌标称的输出功率会分为备用功率（Standby Power）、常用功率（Prime Power）和连续功率（Consecution Power）三种。

1. 备用功率

发电机组在规定的维修周期内和规定的环境条件下能够连续运行300h，每年最多工作500h的最大功率，基本等同于国标和ISO标准中的限时运行功率（LTP）。这个功率一般是指发电机组最大能发出的电量，或者说是超负荷运行时能发出的电量。一般适用于对供电要求不高的通信、楼宇等场所负载变化较多的偶然应急工况，即适合在有正常基本电力供应的地方作为备用电源使用。

2. 常用功率

发电机组在规定的维修周期内和规定的环境条件下，每年可运行的时数不受限制的某一可变功率序列内存在的最大功率，基本等同于国标和ISO标准中的基本功率（PRP）。一般适用于数据中心、厂矿、军队等负荷变化较小的经常运行工况。

3. 连续功率

发电机组在规定的维修周期内和规定的环境条件下，每年可运行的时数不受限制的某一恒定功率序列内存在的最大功率,基本等同于国标和ISO标准中的持续功率（COP）。一般作为电站，适合在长期缺电的地方作为基本供电电源，也适用于与市电并网、要求较高的数据中心等使用负载变化极小的连续运行工况，每12h内有1h可有10%过载能力。

除了GB/T 2820.1—2022和ISO 8528-1外，国内的柴油发电机制造及应用行业和企业也分别有不同的功率标定方法，如表2-6所示。

表 2-6　各个标准的标定功率比较

功率标准	功率标定	负载类型	运行时限 /h	超载性能	负载比例 /%	与国标对应情况
国标	持续功率（COP）	恒定	—	—	—	
	基本功率（PRP）	可变	—	—	70	
	限时运行功率（LTP）	恒定	500	—	—	
	应急备用功率（ESP）	可变	200	—	70	
行标	额定功率	可变	90% 负荷不限	10% 1h/12h	—	PRP-COP
企标	主用机组功率	可变	不限	10% 1h/12h	—	PRP-COP
	备用机组功率	可变	500	—	—	LTP
国产标	主用功率	可变	不限	10% 1h/12h	—	PRP-COP
	备用功率	可变	500	—	—	LTP
进口标	持续功率（Continuous Power）	恒定	不限	—	—	COP
	常用功率（Prime Power）	可变	不限	10% 1h/12h	50~90	PRP
	限时运行功率（Limited Power）	可变	500	—	—	LTP
	备用功率（Standby Power）	可变	200/500	——	60~70	ESP

2.7.4　正确理解各种功率标定的意义

每台柴油发电机组的设计都有一定的功率范围，同时柴油发动机和交流发电机在功率上也有一定的差距。在运行过程中，柴油发电机组不能超过一定的功率值，当超过功率值时，柴油发动机不能提供相应的功率，过大的功率还会造成发动机的损坏。因此，注意区分各种标定功率是非常重要的。例如，表 2-6 中企标和国产标主要用到了两种功率，分别是主用功率和备用功率。其中主用功率是指对非恒定负载的连续电力供电的功率，对每年的运行时间没有限制，并允许每 12h 有 1h 过载 10% 的运行能力。备用功率是指对非恒定负载进行连续电力供电，此时发电机已被调至最高允许使用的功率，任何时候都不允许过载运行，并且在 12h 内只允许以标定的备用功率值连续运行累计不超过 1h。

在国内，普遍用主用功率来标识柴油发电机组，而在国际上常采用备用功率（又称为最大功率）来标识柴油发电机组，为此，市场上常常有不负责任的厂家用最大功率（备用功率）当作主用功率来介绍和销售发电机组，使得许多用户对这两个概念产生误解。

例如，如果购买的是主用功率为 500kW 的机组，那么该机组 12h 之内有 1h 可以运行到 550kW（即 $500 \times (1+10\%)=550$，该 550kW 即为备用功率）。如果购买的是备用功率为 500kW 的机组，那么假如认为不超载而平时都运行在 500kW，其实该机组一直都运行在超载状态，因为该机组的实际额定功率或者说主用功率只有 450kW（即 $500 \times (1-10\%)=450$），这对机组是非常不利的，不仅会缩短机组的寿命，更会造成故障率增高。

所以，如果对各种功率标定认识不够清楚，建议用户在选择柴油发电机组时，最佳功率的选择可在用户总负荷的基础上加 10% 的功率储备，这样既经济又实用。在实际运用中，在确定柴油发电机组的功率时，通常按照负载功率取 1.4 倍的裕量系数。

另外需要注意的是，很多柴油发电机铭牌上的功率单位是 kVA，即视在功率，对于电源来讲，这是电源所能提供的总功率，既包括有功功率，也包括无功功率。柴油发电机的功率因数一般是 0.8，因此换算成单位为 kW 时，需要乘以 0.8。总之，在购买机组时要多留意销售商所提供的参数。市场上常会出现不负责任的厂商或销售商将两种功率互换，以此来介绍和销售机组，欺骗消费者，因为功率越大的机组价格越高，所以用户在购买柴油发电机组时一定要谨慎。

2.8　柴油发电机组的技术指标

柴油发电机组的技术指标是衡量机组性能、供电质量和经济性的主要依据，这些技术指标包括动力性能指标、经济性能指标、重量和外形尺寸指标、环境污染指标等。

1. 动力性能指标

动力性能指标是指柴油机对外做功的能力，一般指功率、平均有效功率、平均有效压力、转速和活塞平均速度等。

1）有效功率 P_e

柴油机在单位时间内所做的功称为功率，功率的单位为 kW，1kW=1000N·m/s。

柴油机在气缸中单位时间内所做的功称为指示功率，指示功率减去消耗于内部零件的摩擦损失和各种机械损失的功率之后，从发动机曲轴上获得的功率称为有效功率 P_e。如果柴油机曲轴每分钟的转速为 n，曲轴每秒输出的有效功为 W_e，则

$$W_e = \frac{2\pi n}{60} \times M_e \ (\text{N·m})$$

式中：M_e 为曲轴的有效转矩。

柴油发动机的有效功率 P_e 在数值上等于 W_e，因此

$$P_e = \frac{2\pi n}{60} \times M_e \times 10^{-3} \ (\text{kW})$$

2）平均有效压力 P_{me}

通常用平均有效压力来比较和评定各种发动机的动力性能，它是一个作用在活塞顶上的假想大小不变的压力，活塞移动一个行程（也叫冲程）所做的功等于每个循环所做的有效功。

有效功率也可用下式表示：

$$P_e = \frac{i \times V_s \times P_{me} \times n}{30\tau} \ (\text{kW})$$

式中：i 为气缸数。

V_s 为气缸工作容积，单位为 L。

P_{me} 为平均有效压力，单位为 MPa。

n 为发动机转速，单位为 r/min。

τ 为发动机的冲程数。对四冲程发动机，$\tau=4$；对二冲程发动机，$\tau=2$。

因此，

$$P_{me} = \frac{30\tau \times P_e}{i \times V_s \times n}$$

由上式可以看出，P_{me} 代表了单位气缸工作容积所发出的有效功率。P_{me} 是表征发动机强化程度的指标之一，是衡量发动机动力性能的重要指标，它标志着内燃机整个循环过程的有效性及制造完善性，即不仅说明工作循环进行得好坏，而且还包括了机械损失的大小。在相同的条件下，P_{me} 的值越大，发动机输出的有效功就越多。因此 P_{me} 的不断提高是内燃机发展的重要标志。P_{me} 的数值一般如下：

非增压柴油机：0.5~0.9MPa；

增压柴油机：0.8~3.2MPa。

3）转速和活塞平均速度

转速：即柴油机曲轴每分钟的转速，单位为 r/min。转速对柴油机的性能和结构影响很大，而且其范围十分宽广。各种类型的柴油机使用的转速范围各不相同。

活塞平均速度 C_m：活塞在气缸中的运动速度是不断变化的，在行程中间较大，在上下止点附近较小，在止点处为零。若已知柴油机转速为 n，则活塞平均速度可由下式计算：

$$C_m = 2 \times S \times n/60 = S \times n/30 \text{（m/s）}$$

式中：S 表示行程，单位为 m。

2. 电气性能指标（按额定值标注）

柴油发电机组的电气性能指标是衡量柴油发电机组供电质量好坏的最基本指标，主要包括以下内容：

（1）空载电压整定范围（即空载电压精度）：≤±5%。

（2）稳态电压调整率（即加载稳定后的电压精度）：≤±0.5%。

（3）瞬态电压调整率（即空载到满载或相反时的瞬间电压变化）：≤±15%。

（4）电压恢复到稳定值的时间（稳定在 ±1% 范围时）：≤0.2s。

（5）电压波动率：±0.3%~±1.0%。

（6）稳态频率稳定度（即空载到满载或相反时的瞬间频率变化）：≤±0.5%~±5.0%。

（7）瞬态频率变化率：≤1.0%。

（8）恢复到频率稳定值的时间：≤1s。

（9）频率波动率：≤±0.25%。

（10）空载线电压正弦波畸变：≤5%。

（11）不对称负载时的线电压偏差：≤5%。

（12）三相电压不平衡值：≤3V。

（13）冷热态电压变化：≤1%。

（14）相电压总谐波失真：2%~5%。

（15）并联运行功率分配不平衡度：10%~25%。

（16）电压调制量：≤3.5V。

3. 机械性能指标

柴油发电机组的主要机械性能指标包括：

（1）常温下的启动性能：在5℃~35℃条件下三次启动应能成功。

（2）能承受正常运输条件下的震动和冲击。

4. 经济性能指标

经济性能指标一般指柴油机的燃油消耗率和机油消耗率。

1）燃油消耗率

燃油消耗率简称耗油率，是柴油机工作每千瓦小时所消耗柴油的克数，单位为g/(kW·h)。以指示功率计的每千瓦小时的燃油消耗率称为指示燃油消耗率，用来表示柴油机经济性能的指示指标；以有效功率计的每千瓦小时的燃油消耗率称为有效燃油消耗率，用来表示柴油机经济性能的有效指标。在柴油机产品说明中的燃油消耗率都是指有效燃油消耗率，一般用 b_e 表示。有效燃油消耗率 b_e 可由下式求出：

$$b_e = \frac{1000 \times G_t}{P_e} \quad (g/(kW \cdot h))$$

式中：G_t 表示每小时燃油消耗量，单位为 kg/h；P_e 表示有效功率。

显然，有效燃油消耗率越低，柴油机的经济性能越好。通常，b_e 值的最小值约为189，最大值约为272，一般范围大致为204~244。

2）机油消耗率

柴油机在标定工况时，每千瓦小时所消耗的机油的克数称为机油消耗率，单位为g/(kW·h)。柴油机的机油是在油机内不断循环使用的，其消耗的原因主要有以下两方面：柴油机在运转时机油经活塞窜入燃烧室内或由气阀导管流入气缸内烧掉，未烧掉的则随废气排出；一部分机油在曲轴箱内雾化或蒸发，由曲轴箱通风口排出。

柴油机的机油消耗率一般在 2~4g/(kW·h) 左右。

5. 重量和外形尺寸指标

柴油机的重量和外形尺寸是评价柴油机结构紧凑性和金属材料利用率的一项指标，各种类型的柴油机对重量和外形尺寸的要求是不同的。

1）重量指标

柴油机的重量指标通常以比质量（g_w）来衡量。比质量又称单位功率质量，是柴油机净重 G_w 与标定功率 P_e 的比值，即

$$g_w=G_w/P_e \text{（kg/kW）}$$

所谓净重，是指不包括燃油、机油、冷却液及其他未直接装在柴油机本体上的附属设备和辅助系统的质量。

比质量的大小除了与柴油机的类型、结构、附件的大小有关外，还与所用材料与制造技术有关。

2）外形尺寸指标

外形尺寸指标又称紧凑性指标，是指柴油机总体布置紧凑程度的指标，通常以柴油机的单位体积功率（P_V）来衡量。

单位体积功率 P_V 是柴油机的标定功率 P_e 与柴油机外廓体积 V 的比值，即

$$P_V=P_e/V \text{（kW/m}^3\text{）}$$

式中：$V=LBH$，其中 L、B、H 分别为柴油机的最大长、宽、高尺寸。

6. 可靠性和环境污染指标

柴油发电机组的可靠性和环境污染指标包括：

（1）平均无故障时间：在机组额定转速为 1500r/min 时，大于 500h。首次运行故障发生在 800h 以后。

（2）噪声：噪声通常在距机组 7m 处测量，普通机组不大于 100dB，低噪声机组可低至 50dB。

（3）机组振动的振幅：≤5mm。

（4）排气烟度：在气温大于 40℃后，应无明显烟雾且无明显烟粒。

在柴油机的排气中含有数量不大但非常有害的排放物，它们是一氧化碳（CO）、碳氢化合物、一氧化氮（NO）和二氧化硫（SO_2）。这些燃烧产物排入大气会污染环境，且对人体健康有害，从而造成社会公害。

7. 自动化机组的主要自动化指标

自动化机组的主要自动化指标包括：

（1）自动启动后带载至额定功率的时间：以 10s 内为最佳。

（2）能够自动维持准备运行状态：自动补充冷却液、润滑油、柴油，自动给启动电池充电，自动检测机温并预热和预润滑。

（3）自动切换和停机。

（4）自动并联与解列。

（5）自动保护。

2.9　柴油发电机组的型号含义和品牌

为了便于生产、管理和使用，国家标准 GB/T 2819—1995 对柴油发电机组的型号编制方法做了统一规定。机组的型号排列和符号含义如下：

（1）机组输出的额定功率（kW）：用数字表示。

（2）机组输出电流的种类：G—交流工频；P—交流中频；S—交流双频；Z—直流。

（3）机组的类型：F—陆用；FC—船用；Q—汽车电站；T—挂（拖）车。

（4）机组的控制特征：缺位为手动（普通型）；Z—自动化；S—低噪声；SZ—低噪声自动化。

（5）设计序号：用数字表示。

（6）变型代号：用数字表示。

（7）环境特征：缺位为普通型；TH—湿热带型。

注意：有的柴油发电机组的型号与上述型号含义不同，尤其是进口或合资品牌的柴油发电机组，其型号含义是由机组生产厂商自行确定的。

柴油发电机组的品牌通常是以柴油机的品牌来定义的，也就是配什么柴油发动机就叫什么柴油发电机组。现在市场上主要的柴油发电机组有康明斯、上柴、玉柴、潍柴、劳斯莱斯、三菱、卡特、沃尔沃、MTU、道依茨等国内外知名品牌，这些都是根据发动机品牌来命名的。

习题

1. 简述柴油发电机组的定义。

2. 数据中心所追求的发电机组的第一特性是什么？第二特性呢？

3. 柴油发电机组的特点有哪些？

4. GB/T 2820.1—2022 和 ISO 8528-1：2018 对柴油发电机组的功率是如何标定的？简述各种功率的概念。

5. 柴油发电机组的经济性能指标指的是什么？

6. GB/T 2820.1—2022 对柴油发电机组的性能是如何进行分级的？

7. GB 50174—2017《数据中心设计规范》中明确规定什么电源可作为数据中心的备用电源？

8. 柴油发电机组的噪声测量通常在距机组多远的地方进行？对机组的噪声大小是何要求？

9. 简述柴油发电机组的分类方法。

10. 自动化机组的主要自动化指标有哪些？

第 3 章　柴油发电机组的结构和工作原理

柴油发电机组是数据中心后备电源的最佳选择之一。从系统上分，柴油发电机组主要由发动机、发电机、控制器和其他辅助设备（如安全监控）等组成，常规机组结构如图 3-1 所示。

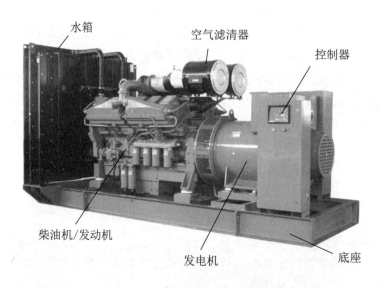

图 3-1　柴油发电机组的结构

发动机也称柴油机，将燃油（柴油）的化学能转换为旋转的机械能，带动发电机工作，发电机将此机械能转换为电能。调速系统通过调节供油的大小实现对发动机转速（即电的频率）的调节，在固定频率下对输出的有功功率进行调节；励磁调压系统通过调节励磁电流来调节发电机的电压（并网发电机组可调节无功功率及功率因数）。控制器可控制发电机组的就地 / 遥控启停机，对发电机组的运行参数进行显示、记录和安全监控，确保发电机组安全运行，同时具有自动同期和远程数据传输及遥控性能，并在机组并网运行时设定运行逻辑。

目前国内的柴油发电机组主要有以下三种产品：

● 原装机：国内习惯理解为在非中国境内组装的机组；

● 组装机（或称集成机组）：国内习惯理解为在中国境内用进口发动机和发电机组装的机组；

● 国产机：以国产发动机及发电机组装的机组。

目前世界上没有任何一家厂商既生产发动机又生产发电机和控制器，并同时组装生产柴油发电机组。所以严格来讲，市面上所有的发电机组均为组装机。

3.1　发动机

发动机（Engine）是一种能够把其他形式的能转化为机械能的机器，包括内燃机、外燃机（如斯特林发动机、蒸汽机等）、喷气发动机、电动机等，如内燃机通常是把化学能转化为机械能。发动机既可以指动力发生装置，也可指包括动力装置的整个机器（如汽油发动机、航空发动机）。发动机最早诞生于英国，所以，发动机的概念也源于英语，它的本义是指"产生动力的机械装置"。

对于数据中心常用的柴油发电机组来说，发动机就是内燃机，将燃油（柴油）在机器内部燃烧放出的热能直接转换为旋转的机械能，带动发电机工作，因此也常被称为柴油机。它是由德国发明家鲁道夫·狄塞尔（Rudolf Diesel）于1892年发明的，为了纪念这位发明家，柴油就是用他的姓 Diesel 来表示的，而柴油发动机也称为狄塞尔发动机（Diesel Engine）。

下文中所讨论的柴油机均指内燃机。

[扩展资料]

1. 外燃机

燃料在发动机的外部燃烧，1816年由苏格兰的 R. 斯特林发明，故又称斯特林发动机。发动机将这种燃烧产生的热能转化成动能。瓦特改良的蒸汽机就是一种典型的外燃机，当大量的煤燃烧产生的热能把水加热成大量的水蒸气时，高压便产生了，然后这种高压又推动机械做功，从而完成热能向动能的转变。

2. 内燃机

内燃机与外燃机的最大不同在于它的燃料在其内部燃烧。内燃机的种类十分繁多，常见的汽油机、柴油机都是典型的内燃机。

3. 燃气轮机

燃料燃烧产生高压燃气，利用燃气的高压推动燃气轮机的叶片旋转，从而输出动力。燃气轮机使用范围很广，但由于很难精细地调节输出的功率，所以只有部分赛车装用过燃气轮机。

4. 喷气发动机

靠喷管高速喷出的气流直接产生反作用推力，广泛用作飞行器的动力装置。燃料和氧化剂在燃烧室内发生化学反应而释放热能，然后热能在喷管中转化为调整气流的功能。除燃料外，氧化剂由飞行器携带的称为火箭发动机，包括固体燃料火箭发动机和液体燃料火箭发动机。

命运多舛的发明家

在科学史上，人们总是会对那种无心插柳却一举成功的故事津津乐道，比如伦琴射线、青霉素、宇宙微波背景辐射，等等。能有上述的成就固然可敬，但还有一种同样可敬的人：他们在有生之年不断探索，但成就却不被世人承认，直到多年之后他们的成就才发扬光大。柴油机的发明者鲁道夫·狄塞尔（Rudolf Diesel）就是这样的人。

狄塞尔1858年出生在法国巴黎，他的父亲是德国奥古斯堡的精制皮革制造商。成年之后，狄塞尔进入德国的慕尼黑技术大学攻读。就在他读大学期间的1876年，德国人奥托研制成功了第一台4冲程煤气发动机，这是法国技师罗夏的内燃机理论第一次得到实际运用。这一成就鼓舞了当时从事机械动力研究的许多工程师，这其中既包括后来汽车的发明者卡尔·本茨和戈特利普·戴姆勒，也包括对机器动力十分有兴趣的年轻人狄塞尔。

1879年，狄塞尔大学毕业，当上了一名制冷工程师。在工作中狄塞尔深感当时的蒸气机效率极低，萌发了设计新型发动机的念头。在积蓄了一些资金后，狄塞尔辞去了制冷工程师的职务，自己开办了一家发动机实验室。

与致力于改造奥托发动机的本茨和戴姆勒不同，狄塞尔想完全舍去发动机中的点火系统，靠压缩空气发热，喷入燃料后自燃做功，这种方式完全区别于吸入燃气混合气点燃做功的方式，后人称狄塞尔的原理为"压缩式内燃机"原理。当然，狄塞尔产生这样的设想也并不是空穴来风，因为当时并没有发明分电器和高压点火线圈，点火装置非常简陋和不稳定，狄塞尔想跳过这个技术障碍完全是可以理解的。不久，他在法国人约瑟夫·莫勒特（Joseph Mollet）发明的气动打火机上找到了灵感，并坚持不懈地探索下去。

狄塞尔没有料到，他的想法实现起来远比发明点火系统复杂得多，他所遇到的第一个问题就是燃料问题。19世纪末，石油产品在欧洲极为罕见。常用的汽油非常活跃，也非常容易点燃，但汽油却不能适应有很高的压缩比的压燃式发动机，一旦把汽油雾化喷入含有高温、高压空气的燃烧室，就会发生猛烈的敲缸，甚至爆炸。舍去汽油是必然的，狄塞尔创造性地把他的目标指向了植物油（他用于实验的是花生油）。由于植物油点火性能不佳，无法套用奥托内燃机的结构，且植物油燃烧不稳定，成本也太高，因而经过一系列试验，对于植物油的尝试也失败了。但他是第一个把植物油燃料引入内燃机的人，因而近现代宣扬"绿色燃料"者都把狄塞尔尊为鼻祖。狄塞尔决定另起炉灶，提高内燃机的压缩比，利用压缩产生的高温高压点燃油料。后来，这种压燃式发动机循环便被称为狄塞尔循环。

最终，他把燃料选择锁定在了石油裂解产物中一直未被重视的柴油上。柴油相对于汽油来说性质非常稳定，比较难于点燃，同时柴油一旦点燃会冒出大量的黑烟，因而它又不能像煤油那样用作照明。但柴油稳定的特性却恰恰适合于压燃式内燃机，在压缩比非常高的情况下柴油也不会出现爆震，这正是狄塞尔所需要的。经过十几年的潜心研究，狄塞尔终于在1892年试制成了第一台压燃式内燃机，也就是柴油机。

这台柴油机用气缸吸入纯空气，再用活塞强力压缩，使空气体积缩小至原来的1/15左右，温度上升到500℃~700℃，然后用压缩空气把雾状柴油喷入气缸，与缸中高温纯空气混合。由于气缸此时已经有了较高的温度，因而柴油喷入后会自行燃烧并做功。1892年2月27日，狄塞尔取得了此项技术的专利。

柴油机的最大特点是省油，热效率高，但狄塞尔最初试制的柴油机却很不稳定。1894年，狄塞尔改进了柴油机并使其能运行1分钟左右。尽管他的柴油机还并不稳定，但狄塞尔却迫不及待地把它投入了商业生产，因为他的竞争对手早在1886年就把汽油机安装到车辆上，而8年之后，汽油机汽车已经投入了商业运作。这位只了解技术并不了解商业运作的发明家犯下了一生中最大的一次错误，他急于推向市场的20台柴油机由于技术不过关，纷纷遭到了退货，这不但给他造成了巨大的经济负担，更重要的是影响了柴油机在公众中的印象，在随后的几年里几乎没有厂家或个人乐意装配柴油机。没有了资金来源又负债累累，这使得狄塞尔的晚年陷入了极端贫困。1913年10月29日，55岁的狄塞尔独自一人呆站在横渡英吉利海峡的轮船甲板上，被巨浪卷入了大海（多数历史学家认为狄塞尔是跳海自尽的）。

1936年，奔驰公司制造出第一台装有狄塞尔发动机的轿车。一直到1950年前后，柴油机才得以在载货汽车上广泛应用。

后人为纪念鲁道夫·狄塞尔的杰出贡献，将柴油发动机称为"狄塞尔发动机"。德国邮政局还专门发行邮票和宣传画，以此向这位不朽的发明家表示敬意。

3.1.1　发动机的分类

按照不同的分类方法，可以把发动机（内燃机）分成多种类型。

（1）按照所用燃料分类：可以分为汽油机和柴油机。使用汽油为燃料的内燃机称为汽油机，使用柴油为燃料的内燃机称为柴油机。汽油机转速高，质量小，噪声小，启动容易，制造成本较低；柴油机压缩比大，热效率高，经济性能和排放性能都比汽油机好，但噪声比较大。

（2）按活塞运动方式分类：可以分为往复活塞式和旋转活塞式两种。前者活塞在气缸内做往复直线运动，后者活塞在气缸内做旋转运动。

（3）按照进气系统分类：按照进气系统是否采用增压方式，可以分为自然吸气式（非增压）内燃机和强制进气式（增压）内燃机。若进气是在接近大气状态下进行的，则为非增压内燃机或自然吸气式内燃机；若利用增压器将进气压力增高，进气密度增大，则为增压内燃机。增压可以提高内燃机功率。

（4）按照气缸排列方式分类：可以分为单列式、双列式和三列式。单列式发动机的各个气缸排成一列，一般是垂直布置的，但为了降低高度，有时也把气缸布置成倾斜的甚至水平的。双列式发动机把气缸排成两列，两列之间的夹角<180°（一般为90°），称为 V 型发动机；若两列之间的夹角等于180°，则称为对置式发动机。三列式发动机把气缸排成三列，称为 W 型发动机。

（5）按照气缸数目分类：可以分为单缸发动机和多缸发动机。仅有一个气缸的发动机称为单缸发动机；有两个以上气缸的发动机称为多缸发动机，如双缸、3 缸、4 缸、5 缸、6 缸、8 缸、12 缸、16 缸等都是多缸发动机。数据中心柴油发电机组都采用多缸发动机。

（6）按照冷却方式分类：可以分为水冷发动机和风冷发动机。水冷发动机是利用在气缸体和气缸盖冷却水套中进行循环的冷却液作为冷却介质进行冷却的；而风冷发动机是利用流动于气缸体与气缸盖外表面散热片之间的空气作为冷却介质进行冷却的。水冷发动机冷却均匀，工作可靠，冷却效果好，得到广泛应用。

（7）按照行程（或称冲程）分类：按照完成一个工作循环所需的行程数，可分为四行程内燃机和二行程内燃机。把曲轴旋转两圈（720°）、活塞在气缸内上下往复运动四个行程完成一个工作循环的内燃机称为四行程内燃机；而把曲轴旋转一圈（360°）、活塞在气缸内上下往复运动两个行程完成一个工作循环的内燃机称为二行程内燃机。目前数据中心柴油发电机组广泛使用四行程内燃机。

3.1.2 发动机的系统组成

发动机主要由燃油供给与调速系统、进排气系统、润滑系统、冷却系统和启动充电系统组成。

1. 燃油供给与调速系统

燃油供给与调速系统主要由输油泵、燃油滤清器、燃油冷却器、喷油泵和调速器等部件组成，其作用是根据柴油机的工况要求，定时、定量、定压地将柴油喷入燃烧室。同时，通过喷油泵及调速器的作用，控制柴油机在给定的工况下稳定运转。

柴油是柴油发动机的专用燃料，外观为水白色、浅黄色或棕褐色。柴油分为轻柴油与重柴油两种。轻柴油是用于 1000r/min 以上的高速柴油机中的燃料，重柴油是用于 1000r/min 以下的中低速柴油机中的燃料。一般加油站所销售的柴油均为轻柴油。普通柴油一般按照凝固点分为不同的标号，可分为 5 号、0 号、–10 号、–20 号、–35 号、–50 号，其中，5 号柴油的凝固点不高于 5℃，–35 号柴油的凝固点不高于 –35℃。

选用不同标号的柴油应主要根据使用时的气温确定。例如，根据 GB 252—2015《普通柴油》标准要求，选用轻柴油标号应遵照以下原则：

● 5 号轻柴油适用于风险率为 10% 的最低气温在 8℃以上的地区使用；

● 0 号轻柴油适用于风险率为 10% 的最低气温在 4℃以上的地区使用；

● –10 号轻柴油适用于风险率为 10% 的最低气温在 –5℃以上的地区使用；

- −20 号轻柴油适用于风险率为 10% 的最低气温在 −14℃ 以上的地区使用；
- −35 号轻柴油适用于风险率为 10% 的最低气温在 −29℃ 以上的地区使用；
- −50 号轻柴油适用于风险率为 10% 的最低气温在 −44℃ 以上的地区使用。

选用柴油的标号如果不适合使用温度区间，发动机中的燃油系统就可能结蜡，堵塞油路，影响发动机的正常工作。柴油的标号越低，结蜡的可能性就越小，当然价格也就越高。在适用于一个标号柴油的温度区间内，选用低一级标号的柴油当然更好。

常用的燃油供给与调速系统主要有柱塞式喷油泵燃油供给与调速系统、PT 燃油供给与调速系统、电控喷射（包括高压共轨）燃油供给与调速系统等。

2. 进排气系统

柴油机的进排气系统主要由空气滤清器、进排气管、消声器以及增压系统组成。

3. 润滑系统

润滑系统的主要作用是向柴油机各摩擦表面提供充足的润滑油（机油），以减少其磨损，保证其正常工作，同时还具有散热、清洁、密封和防蚀等作用。润滑系统主要由机油泵、机油滤清器、离心滤清器、各种调节阀类和润滑管路机油冷却器等部件组成。

API（美国石油学会）标准是国际上比较通用的润滑油质量等级标准，由两个字母定义润滑油的质量等级，表明机油适合的发动机类型和质量水平。第一个字母为"S"代表其为"火花点火"，即适用于汽油发动机；第一个字母为"C"代表其为"压缩点火"，即适用于柴油发动机。第二个字母代表了在不同类别中的性能，分别为 A、B、C、……依字母顺序上升，字母越靠后，等级越高。目前汽油机油的最高级别为 SN，柴油机油的最高级别为 CJ-4。例如，道达尔快驰 90005W40SN 这款油品就符合 API SN 的标准，是目前 API 最高质量级别的润滑油。

柴油发动机运行一段时间后，机油的润滑性和粘度会降低，影响润滑效果，因此需定期更换机油和机滤。

4. 冷却系统

冷却系统的主要作用是通过冷却介质将发动机工作时因燃烧和摩擦产生的热量带出，保证发动机在最合理的温度范围内工作，主要组成部件为散热器、冷却风扇、冷却水泵、冷却强度调节器、冷却防冻液等。根据冷却介质的不同，可分为水冷式和风冷式。

水冷式分为自然循环冷却和强制循环冷却，强制循环冷却又可分为开式和闭式。在开式强制循环冷却系统中，冷却介质直接与大气相通。在闭式强制循环冷却系统中，冷却介质不与外界大气直接相通，冷却介质在密闭的系统内循环，冷却系统的压力略高于大气压力，因此冷却介质的沸点可以高于 100℃。闭式强制循环冷却系统的优点是可以提高柴油机进水口和出水口的水温，使冷却水温差小，能稳定柴油机的工作温度和提高其经济性，还能提高散热器的平均温度，从而缩小散热面积，减少水的消耗，并缩短机油的预热时间。

5. 启动充电系统

柴油机借助外力由静止状态转入工作状态的全过程称为柴油机的启动过程，完成启动过程所需的装置称为启动充电系统，它的作用是提供启动能量，驱动曲轴旋转并达到启动转速（一般为 150~300r/min），可靠地实现柴油机启动。

柴油机的启动方法通常有四种：人工启动、电动机启动、压缩空气启动以及小型汽油机启动。数据中心备用柴油发电机组使用最为普遍的是电动机启动。

电动机启动充电系统主要由电动机、蓄电池、充电机等组成。在柴油发电机组的运行维护过程中要密切关注蓄电池的运行状态。

3.1.3　四冲程柴油机的工作原理

四冲程柴油机的每次工作循环都包括进气、压缩、做功（燃烧 - 膨胀）和排气四个过程，如图 3-2 所示。

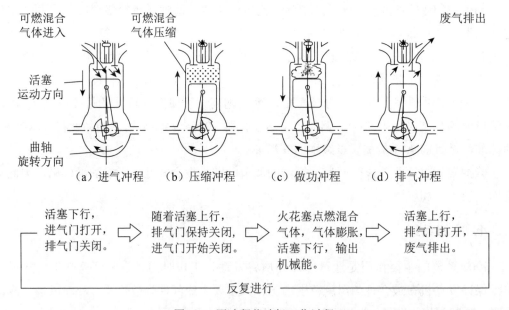

图 3-2　四冲程柴油机工作过程

1. 基本术语

下面介绍几个关于四冲程柴油机的基本术语，具体如下：

（1）工作循环（Cycle）：由进气（Intake）、压缩（Compression）、做功（Power）和排气（Exhaust）四个工作过程组成的封闭过程。

（2）上、下止点：活塞顶离曲轴回转中心最远处为上止点（Top Dead Center，TDC），活塞顶离曲轴回转中心最近处为下止点（Bottom Dead Center，BDC）。

（3）冲程（Stroke）：活塞从一个止点运动至另一个止点的过程。

（4）活塞行程（Piston Stroke）：上、下止点间的距离 S 称为活塞行程。曲轴的回转半径 R 称为曲柄半径。显然，曲轴每回转1周，活塞移动2个活塞行程。对于气缸中心线通过曲轴回转中心的内燃机，有 $S=2R$。

（5）气缸工作容积（Swept Volume）：上、下止点间所包容的气缸容积。

（6）发动机排量（Engine Displacement）：发动机所有气缸工作容积的总和。

（7）燃烧室容积（Clearance Volume）：活塞位于上止点时，活塞顶面以上气缸盖底面以下所形成的空间称为燃烧室，其容积称为燃烧室容积，也叫压缩容积。

（8）气缸总容积：气缸工作容积与燃烧室容积之和称为气缸总容积。

（9）压缩比（Compression Ratio）：气缸总容积与燃烧室容积之比称为压缩比（ε）。压缩比的大小表示活塞由下止点运动到上止点时气缸内的气体被压缩的程度。压缩比越大，压缩终了时气缸内的气体压力和温度就越高。柴油机的压缩比一般为16~22。

（10）工况：内燃机在某一时刻的运行状况简称工况，以该时刻内燃机输出的有效功率和曲轴转速表示。曲轴转速即内燃机转速（Speed）。

（11）负荷率：内燃机在某一转速下发出的有效功率与相同转速下所能发出的最大有效功率的比值称为负荷率，以百分数表示。

2. 工作原理

四冲程柴油机的工作过程及原理如下：

（1）进气冲程：活塞在曲轴连杆的带动下由上止点移至下止点。此时进气门开启，排气门关闭，曲轴转动180°。在活塞移动过程中，气缸容积逐渐增大，气缸内气体压力从 p_r 逐渐降低到 p_a，气缸内形成一定的真空度，纯空气通过进气门被吸入气缸。由于柴油机进气系统阻力较小，进气终点压力 p_a=（0.85~0.95）p_0，进气终点温度 T_a=30℃~70℃。

（2）压缩冲程：进、排气门同时关闭。活塞从下止点向上止点运动，曲轴转动180°。活塞上移时，工作容积逐渐缩小。由于压缩的工质是纯空气，因此柴油机的压缩比比汽油机的高（一般为 ε=16~22）。压缩终点的压力为3000~5000kPa，压缩终点的温度为470℃~730℃，大大超过柴油的自燃温度（250℃左右）。

（3）做功冲程：当压缩冲程接近终了（活塞接近上止点）时，在高压油泵的作用下，将柴油以10MPa左右的高压通过喷油器喷入气缸燃烧室，在很短的时间内与空气混合后立即自行着火燃烧。气缸内气体的压力急速上升，最高达5000~9000kPa，最高温度达1530℃~1730℃。由于柴油机是靠压缩自行着火燃烧的，故称柴油机为压燃式发动机。高温高压的燃气推动活塞从上止点向下止点运动，并通过曲柄连杆机构对外输出机械能。

随着活塞下移，气缸容积增加，气体压力和温度逐渐下降。在做功冲程，进气门、排气门均关闭，曲轴转动 180°。

（4）排气冲程：排气门开启，进气门仍然关闭，活塞从下止点向上止点运动，曲轴转动 180°。排气门开启时，燃烧后的废气一方面在气缸内外压差作用下向缸外排出，另一方面通过活塞的排挤作用向缸外排气。由于排气系统的阻力作用，排气终点的压力稍高于大气压力，即 $p_r = (1.05 \sim 1.20) p_0$，一般排气终点温度 $T_r = 430℃ \sim 630℃$。活塞运动到上止点时，燃烧室中仍留有一定容积的废气无法排出，这部分废气叫残余废气。

对于单缸发动机来说，其转速不均匀，发动机工作不平稳，振动大。这是因为四个冲程中只有一个冲程是做功的，其他三个冲程是消耗动力为做功做准备的冲程。为了解决这个问题，飞轮必须具有足够大的转动惯量，这样又会导致整个发动机重量和尺寸增加。采用多缸发动机可以弥补上述不足。例如，奔驰（MTU）20V4000G63L 发动机为 V 型 20 缸。

3.1.4　发动机的发展前景

笨重、噪声大、喷黑烟令许多人对柴油机的直观印象不佳，经过多年的研究和新技术应用，现代柴油机的状况已与往日大不相同。现代柴油机一般采用电控喷射、共轨、涡轮增压中冷等技术，在重量、噪声、烟度控制方面已取得重大突破，达到了汽油机的水平。

在电控喷射方面，柴油机与汽油机的主要差别是，汽油机的电控喷射系统只是控制空燃比（汽油与空气的比例），而柴油机的电控喷射系统则是通过控制喷油时间来调节负荷的大小。

柴油机电控喷射系统由传感器、ECU（控制单元）和执行机构三部分组成，其任务是对喷油系统进行电子控制，实现对喷油量以及喷油定时随运行工况的实时控制。采用转速、温度、压力等传感器，将实时检测的参数同步输入计算机，与 ECU 已存储的参数值进行比较，经过处理计算按照最佳值对执行机构进行控制，驱动喷油系统，使柴油机运作状态达到最佳。

为了使负荷调节更加精确，产生了共轨技术。共轨技术是指由高压油泵、压力传感器和 ECU 组成的闭环系统。高压油泵把高压燃油输送到公共供油管，通过对公共供油管内的油压实现精确控制，可以大幅减小柴油机供油压力随发动机转速的变化。柴油机的涡轮增压器能提高发动机进气压力，改善空燃比，使发动机燃烧更完全，提高热效率，增加发动机功率，节省燃油。增压中冷技术就是涡轮增压器将新鲜空气压缩经中段冷却器冷却，然后经进气歧管、进气门流至气缸燃烧室。有效的中冷技术可使增压温度下降到 50℃ 以下，有助于减少废气的排放和提高燃油经济性。

3.2 发电机

发电机（Generator）是将其他形式的能转换成电能的机械设备，它由水轮机、汽轮机、柴油机或其他动力机械驱动，将水流、气流、燃料燃烧或原子核裂变产生的能量转化为机械能输送给发电机，再由发电机将这些能量转换为电能。

柴油发电机组一般采用同步发电机将柴油发动机的旋转机械能转换为电能。在生活中，人们经常将柴油发电机组称作发电机，因此，为消除"发电机"带来的歧义，业内通常将柴油发电机组中的发电机部分称为"电球"（顾名思义，为球型状）。

发电机可分为永磁发电机和励磁发电机。永磁发电机的励磁磁场是由永磁体产生的，不能大幅度调节励磁强度，不能随着电网需要调整励磁电压，其使用场景比较单一，一般是定转速定负重的，否则输出不稳定。励磁发电机可以通过控制励磁电流来控制发电机的输出，使用的范围广。目前大中型发电机多采用励磁发电机。

3.2.1 发电机的组成

发电机功率大小不同和型号不同，其结构也不相同，但主要部分的结构与功能基本相同。发电机主要由定子、转子、励磁系统和控制系统组成。

1. 转子

发电机转子是发电机的转动部分，主要由导电的转子绕组、导磁的铁芯以及转子轴、护环、滑环和风扇等组成。柴油发电机的转子一般为4极或6极，称为多极发电机。

1）转子分类

发电机转子可有以下几种分类方法：

（1）按工作模式分，可分为转枢式和转极式。

● 转枢式：磁极放在定子上，转子上安装三相对称电枢绕组，转子旋转时切割定子磁场，在转子里感应三相电动势，用三个滑环引出三相交流电。这种方式的发电机功率不能做大，仅用在早期的小型发电机上。

● 转极式：定子安装三相对称绕组，转子安装磁极和励磁绕组，利用两个滑环向转子励磁绕组通入直流励磁电流，产生恒定磁场。当转子旋转时，磁场也旋转，此旋转的转子磁场切割定子三相对称绕组，在定子三相绕组中感应三相对称电动势，此电动势输出的就是三相交流电。因为是从定子输出，没有运动部分，所以功率可以做得很大，得到了广泛应用。

（2）按转子结构分，可分为凸极式与隐极式，如图3-3所示。

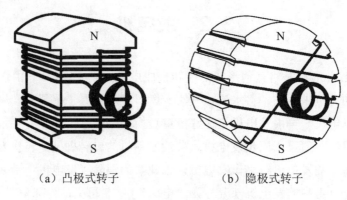

（a）凸极式转子　　　　　（b）隐极式转子

图 3-3　凸极式转子与隐极式转子

● 凸极式转子：每个磁极都从转子上明显凸起，磁极安装在转子磁轭上。
● 隐极式转子：外表呈圆柱形，没有凸出的磁极，在圆柱表面开槽以安放励磁绕组，并用金属槽楔固紧。

凸极式转子适用于极数较多、转速较低的电机，如水轮发电机。2 个磁极的发电机转子多数采用隐极式结构，大型高速三相交流发电机也多采用隐极式转子。为讨论问题直观起见，下文中各图所示均是凸极式转子。

2）转子结构

转子铁芯主要由转子磁轭和磁极构成，一般用高磁导率的合金钢材制作，并安装在转子的转轴上，如图 3-4 所示。

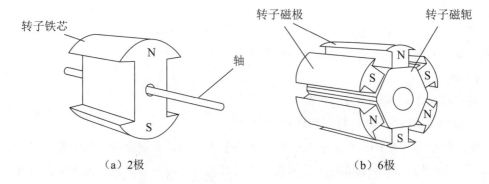

（a）2 极　　　　　　　　　　（b）6 极

图 3-4　转子铁芯

在转子铁芯（磁极）上安装线圈框架并绕上励磁线圈，励磁线圈组成励磁绕组，励磁绕组两端接直流励磁电源。6 极转子的励磁电流通过绕组时形成 6 个南北相隔的极性，当转子旋转时就产生 3 对磁极的旋转磁场。在转轴上安装滑环，把励磁线圈的线端连接到 2 个滑环，如图 3-5 所示。

为减小负序磁场的影响，在转子表面还装有阻尼装置。

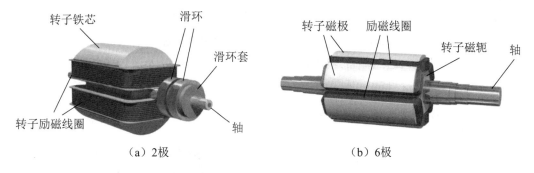

图 3-5　转子铁芯与励磁线圈

大型发电机的励磁电源可以由安装在轴上的集电环（滑环）与电刷供给，有些柴油发电机的励磁电源采用励磁发电机供给，可省去集电环与电刷，大大减少了维护量。

励磁发电机转子直接安装在发电机轴上，与发电机同轴旋转，发出的电为发电机转子提供励磁电流。励磁发电机采用三相发电机，发电频率一般为发电机频率的 2~3 倍。图 3-6 所示为励磁发电机的定子铁芯与转子铁芯截面图。励磁发电机定子的 12 个磁极上绕有励磁线圈，形成 12 个南北相隔的极性。励磁发电机的转子上嵌有 12 极三相绕组，当转子在定子磁场中旋转时发出三相交流电，频率为主发电机的 2 倍。

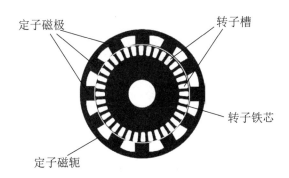

图 3-6　励磁发电机的定子铁芯与转子铁芯截面图

励磁发电机定子与转子的基本结构如图 3-7 所示。

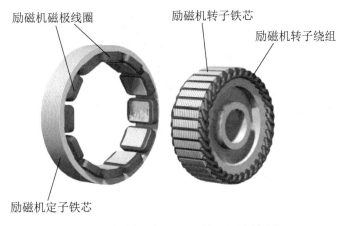

图 3-7　励磁发电机定子与转子的基本结构

励磁发电机发出的三相交流电通过三相全波整流器转换成直流电,送往主发电机的转子励磁绕组。三相全波整流器安装在轴上,也称为旋转整流器。

图 3-8 所示是柴油发电机的转子,在轴上装有主发电机的 6 极转子与励磁发电机转子和整流器。为降低发电机的温度,在转子上还装有离心风扇,对机内气体进行强制流动。

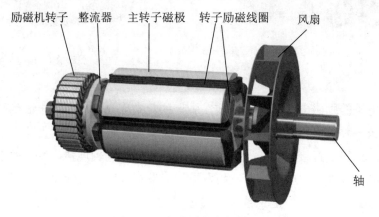

图 3-8　6 极柴油发电机转子

2. 定子

定子由定子铁芯、线包绕组、机座以及固定这些部分的其他结构件组成。定子铁芯采用多层硅钢片叠成,铁芯内周均匀分布着嵌线槽。实际应用的主要是三相交流发电机,其定子铁芯的内圆均匀分布着 6 个槽,嵌装着三个相互间隔 120°的同样的线圈,分别称为 A 相绕组、B 相绕组和 C 相绕组,如图 3-9 所示。图中的三相交流发电机采用星形接法,三个线圈的公共点引出线是中性线,每个线圈的引出线是相线。

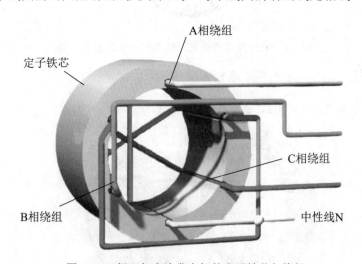

图 3-9　2 极三相交流发电机的定子铁芯与绕组

图 3-10 所示为 6 极三相交流柴油发电机的定子铁芯,其内圆均匀分布着嵌放定子线圈的槽,槽数一般为极数的 $3n$ 倍,槽之间称为齿。

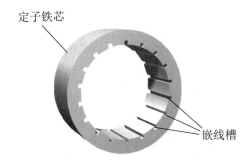

图 3-10 6 极三相交流柴油发电机的定子铁芯

在定子铁芯的槽内嵌放三相绕组，绕组形式一般为双层叠绕。在 36 个槽中嵌有 36 个线圈，组成 6 个三相绕组，如图 3-11 所示。6 个引出线中，3 个是 A、B、C 相输出端，3 个为中性线端，一同连接到出线盒的接线端子。

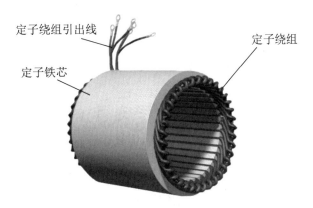

图 3-11 6 极三相交流柴油发电机的定子铁芯与绕组

3. 三相交流发电机

将定子与转子装入机座，转子靠前端盖与后端盖支撑，轴承安装在端盖中心位置。将励磁发电机的定子安装在后端盖内的支架上，并安装前后端盖，端盖上的轴承支撑转子的自由旋转，如此便组成三相交流发电机，其各部分如图 3-12~图 3-16 所示。

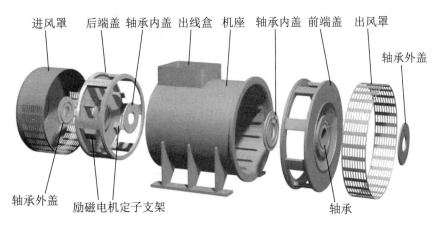

图 3-12 柴油发电机机座与端盖

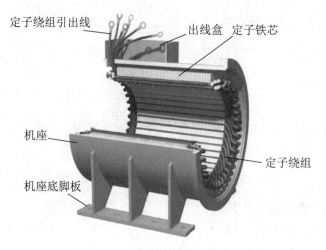

图 3-13　柴油发电机机座与定子

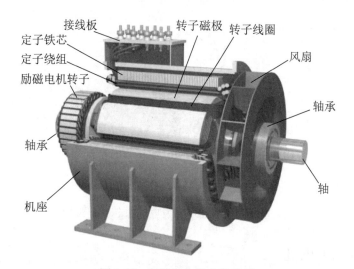

图 3-14　柴油发电机安装转子

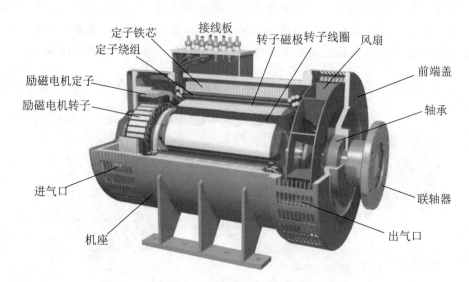

图 3-15　柴油发电机的剖视图

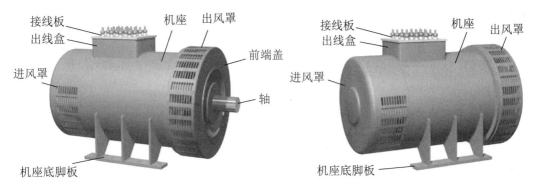

图 3-16　柴油发电机的外观图

4. 励磁系统

一般我们把根据电磁感应原理使发电机转子形成旋转磁场的过程称为励磁。励磁系统的主要作用有：

（1）维持发电机端电压在给定值。运行的发电机带载以后，由于电枢反应的去磁作用使磁场强度下降，感应电动势相应地就会降低，同时，绕组发热后电阻增加也会使端电压下降。励磁电源（即励磁系统）可以随负载变化来调节磁场的强弱，以此来恒定机端电压。

（2）发电机并网后，合理分配并列运行各机组之间的无功功率。

（3）提高发电机在小干扰下的静态稳定性和大扰动下的暂态稳定性和动态稳定性。

（4）在发电机内部出现故障时进行灭磁，以减小故障损失程度。

励磁系统由励磁电源、自动电压调节器（AVR/DVR）、励磁发电机和三相整流器组成。励磁电源经 AVR/DVR 整流调节提供给三相励磁发电机励磁用直流电源，按 AVR/DVR 提供的直流大小，励磁发电机发出不同电源的交流电，经过整流器整流，为发电机的转子提供不同的励磁直流电，以产生不同大小的磁场，从而使发电机发出不同的电压。

按提供给 AVR/DVR 电源的不同，励磁方式可分为自励和他励。

● 自励：提供给 AVR/DVR 的电源取自发电机定子输出或辅助绕组输出。此电源电压受非线性负载的谐波污染时，会造成励磁电流不稳定，继而使得发电机输出电压波动。自励系统带非线性负载能力差，在数据系统中不建议使用。

● 他励：提供给 AVR/DVR 的电源取自发电机定子输出以外的励磁机，励磁机一般与发电机同轴（例如，较为典型的为发电机同轴携带的永磁励磁发电机 PMG），发电机的励磁绕组通过装在大轴上的滑环及固定电刷从励磁机获得直流电流。这种励磁方式具有励磁电流独立、工作比较可靠且自用电消耗量少等优点，励磁电源不受发电机定子输出电压的影响，具有很强的带非线性负载的能力，在数据系统得到广泛应用。

3.2.2　发电机的工作原理

发电机的工作原理是基于法拉第电磁感应定律和电磁力定律，即动磁生电。因此，其构造的一般原则是：用适当的导磁和导电材料构成互相进行电磁感应的磁路和电路，以产生电磁功率，达到能量转换的目的。发电机的原理结构如图 3-17 所示。

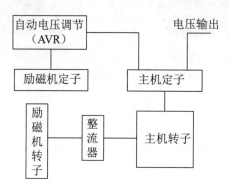

图 3-17　发电机的原理结构图

1. 法拉第电磁感应定律

法拉第电磁感应定律的定义是：电路中感应电动势的大小与穿过这一电路的磁通量变化率成正比。基本公式为：$E=n\Delta\Phi/\Delta t$。

法拉第电磁感应定律表明，只要穿过闭合电路的磁通量发生变化，闭合电路中就有电流产生，导体回路中产生的感应电动势的大小与穿过回路所围面积的磁通量变化率成正比。

根据上述公式，可以推导出另一个计算公式：

$$E=BVL\sin\theta=4.44f\Phi$$

式中：E 为感应电动势；

　　　　B 为磁场强度；

　　　　V 为导体的运动速度；

　　　　L 为导体在磁场中的有效长度；

　　　　F 为发电机电势频率；

　　　　Φ 为每极磁通量。

上式表明，当一段导体在匀强磁场中做匀速切割磁感线运动时，不论电路是否闭合，感应电动势的大小只与磁感应强度 B、导体长度 L、切割速度 V 及 V 和 B 方向间夹角 θ 的正弦值成正比。

由法拉第电磁感应定律可知，当永久性磁铁相对于一导电体运动时（反之亦然），就会产生电动势。如果用导线与电气负载相连接，电流就会流动，并因此产生电能，把机械运动的能量转变成电能。人们据此制造出了发电机，使电能的大规模生产和远距离输送成为可能。另一方面，电磁感应现象在电工技术、电子技术以及电磁测量等方面也都有广泛的应用（例如，测量液体流动的电磁流量计）。

2. 交流发电机的工作原理

如图 3-18 所示是最简单的发电机工作原理示意图，在磁场内放入矩形线圈，线圈两端通向两个滑环，滑环通过电刷连接到输出线上，输出线端连有负载电阻。

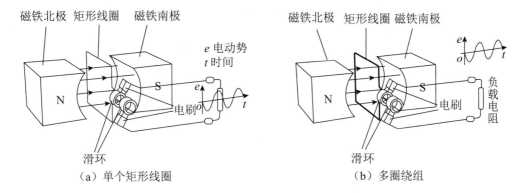

（a）单个矩形线圈 （b）多圈绕组

图 3-18　交流发电机工作原理

当磁场或线圈旋转时，根据电磁感应原理，线圈两端将会产生感应电动势，当磁场是均匀的且矩形线圈做匀速旋转时，感应电动势按正弦规律变化，在负载电阻上有正弦交流电通过。单个线圈感生的电动势太弱，可用多圈绕组代替单个线圈，以产生较高的电动势，当绕组为 n 圈时，电动势为单个线圈电动势的 n 倍。

交流发电机的工作过程如下：

（1）交流发电机开始发电时，感应电流经线圈 dc-cb-ba、滑环2、负载、滑环1形成回路，如图 3-19 所示。

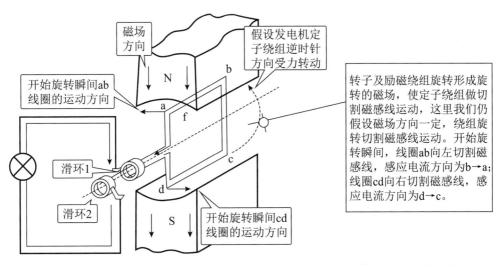

交流发电机开始发电时，感应电流经线圈dc-cb-ba、滑环2、负载、滑环1形成回路

图 3-19　交流发电机开始发电时的感应电流方向

（2）绕组转过 90°时，交流发电机瞬间无感应电流，如图 3-20 所示。

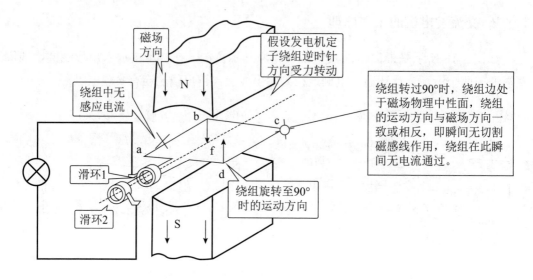

交流发电机瞬间无感应电流

图 3-20   绕组转过 90°瞬间无感应电流

（3）绕组转过 90°后，感应电流经线圈 ab-bc-cd、滑环 1、负载、滑环 2 形成回路，如图 3-21 所示。

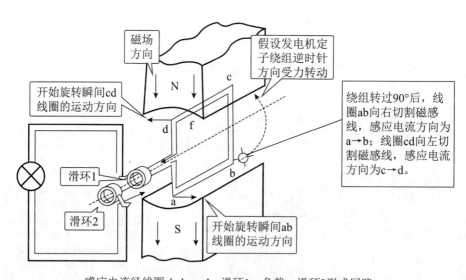

感应电流经线圈ab-bc-cd、滑环1、负载、滑环2形成回路

图 3-21   绕组转过 90°后的感应电流方向

发电机的种类有很多，从原理上分为直流发电机和交流发电机，交流发电机又分为同步发电机和异步发电机（很少采用），还可分为单相发电机与三相发电机。

3. 交流同步发电机的工作原理

交流发电机工作时，转子线圈通以直流电，形成直流恒定磁场，转子在柴油机的带动下快速旋转，恒定磁场也随之旋转，定子的线圈被磁场磁感线切割产生感应电动势，发电机就发出电来，然后通过接线端子引出。转子及其恒定磁场被柴油机带动快速旋转时，在转子与定子之间小而均匀的间隙中形成一个旋转的磁场，称为转子磁场或主磁场。平常工作时发电机的定子线圈（即电枢）接有负载，定子线圈被磁场磁感线切割后产生的感应电动势通过负载形成感应电流，此电流流过定子线圈时也会在间隙中产生一个磁场，称为定子磁场或电枢磁场。这样在转子、定子之间小而均匀的间隙中出现了转子磁场和定子磁场，这两个磁场相互作用构成一个合成磁场。发电机就是由合成磁场的磁感线切割定子线圈而发电的。由于定子磁场是由转子磁场引起的，且它们之间总是保持着一先一后并且同速的同步关系，所以称这种发电机为同步发电机。

同步发电机在其额定负载范围内允许带各种用电负荷，这些负荷的输入特性会直接影响发电机的输出电压：

- 纯电阻性负载：同步发电机的定子端电压（电枢端电压）与负载电流同相，转子磁场的前一半被定子磁场削弱，后一半被定子磁场加强，一周内合成磁场平均值不变，发电机输出电压不变；
- 纯电感性负载：负载电流滞后电枢端电压90°，定子磁场削弱了转子磁场，合成磁场降低，发电机输出电压下降；
- 纯电容性负载：负载电流超前电枢端电压90°，定子磁场加强了转子磁场，合成磁场增大，发电机输出电压上升。

可见，合成磁场是使发电机性能变化的一个重要因素，而合成磁场中起主要作用的是转子磁场（主磁场），因此，调控转子磁场就可以调节同步发电机的输出电压，改善其带载能力，从而达到在额定负荷范围内稳定发电机输出电压的目的。

交流同步发电机根据定子绕组输出相数，可以设计成产生单相或多相交流电压的发电机，如图3-22所示。

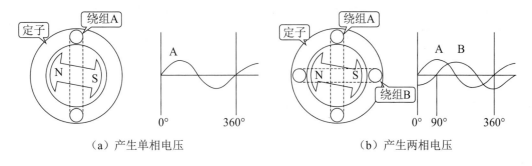

（a）产生单相电压　　　　　　　　（b）产生两相电压

图3-22　产生单相、两相和三相交流电压的基本设置

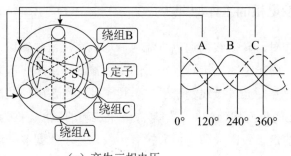

（c）产生三相电压

图 3-22 （续）

4. 单相交流发电机的工作原理

图 3-23 所示为单相交流发电机的工作原理示意图，定子槽内放置 1 个定子绕组。磁场旋转后，在定子绕组中产生正弦波交流电动势 e。由于是一个线圈产生电动势，因此这种发电机发出的电为单相交流电，使用两根电源线供电，这种配电方式称为单相二线制。

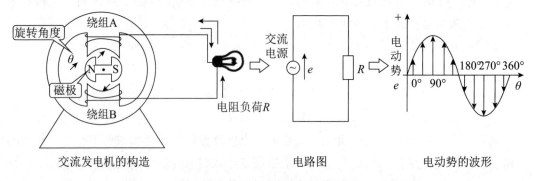

图 3-23 单相交流发电机工作原理

5. 三相交流发电机的工作原理

三相交流发电机中，定子槽内放置 3 个结构相同的定子绕组 AX、BY、CZ，其中 A、B、C 称为绕组的始端，X、Y、Z 称为绕组的末端，这些绕组在空间互隔 120°。转子磁场在空间按正弦规律分布，当转子由发动机带动以角速度 ω 等速顺时针方向旋转时，在 3 个定子绕组中产生频率相同、幅值相等、相位上互差 120°的 3 个正弦电动势，这样就形成了对称三相电动势，如图 3-24 所示。

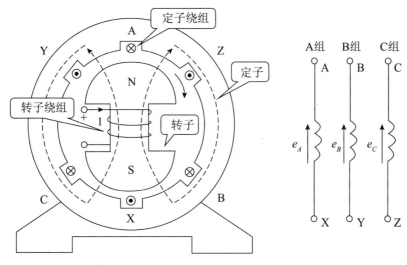

图 3-24 三相交流发电机工作原理

1）2 极三相交流发电机原理模型

在 2 极三相交流发电机的转子线圈上接通励磁电源后，磁感线方向如图 3-25 所示。

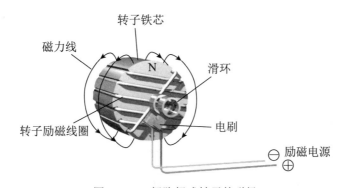

图 3-25 2 极隐极式转子的磁场

将转子插入定子后，就组成了一台 2 极三相交流发电机，其原理模型如图 3-26 所示。

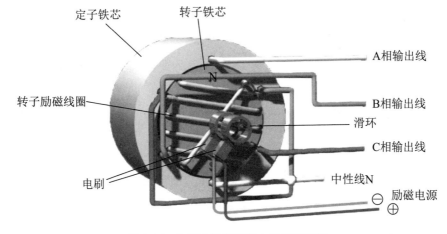

图 3-26 2 极三相交流发电机原理模型

　　当转子匀速旋转时，三个线圈顺序切割磁感线，都会感生交流电动势，其幅度变化周期与频率相同。由于三个线圈相互间隔 120°，因此它们感应电势的相位也相差 120°。

　　上述原理模型中，发电机的转子有 2 个磁极，定子有 6 个槽，3 个线圈均匀嵌装在槽中，产生的感应电压的频率与转子每秒转速相同，是同步交流发电机，转速为 3000r/min 时，发出的三相交流电频率为 50Hz。这种 2 极的同步发电机广泛应用在燃煤电厂、燃气轮机电厂与核电厂，使用转速为 3000r/min 的蒸汽轮机或燃气轮机带动同步发电机发电。实际的三相交流发电机定子铁芯上有多个槽，其槽数为极数的 3n 倍（n=1，2，3，…）。多个线圈按规律均匀嵌装在槽中，组成三相绕组。

　　2）多磁极发电机原理模型

　　一般的大型内燃机的转速只有每分钟几百转至一千多转，因此需采用多极同步发电机才能发出频率为 50Hz 的交流电。目前数据中心较为常用的柴油发电机的转速为 1500rpm。下面以 6 极发电机的工作原理模型为例进行介绍。

　　图 3-27 所示是一个 6 极三相交流发电机模型的定子铁芯与转子铁芯。转子有 3 对磁极，旋转一周（360°）磁场将循环 3 个周期，旋转 120° 磁场变化 1 个周期。本例中定子铁芯的内圆周有 18 个嵌线槽。

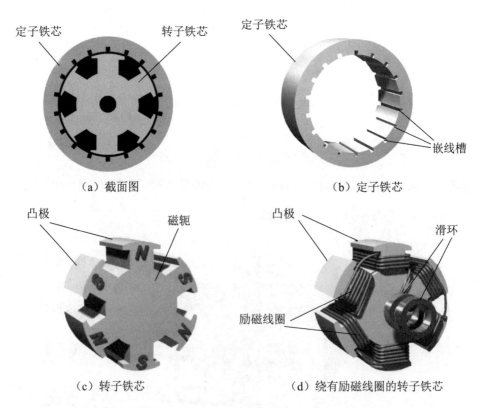

（a）截面图　　　　　　　　　（b）定子铁芯

（c）转子铁芯　　　　　（d）绕有励磁线圈的转子铁芯

图 3-27　6 极三相交流发电机模型的定子铁芯与转子铁芯

　　接上励磁电源后，通过滑环向励磁线圈供电，形成南北相间的 6 个磁极，凸极转子也可采用永磁体制作转子磁极。凸极转子的磁场如图 3-28 所示。

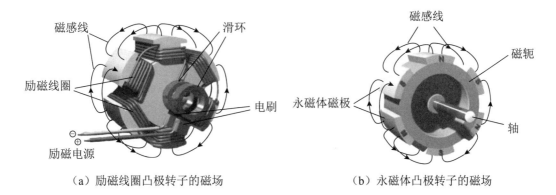

（a）励磁线圈凸极转子的磁场　　　　（b）永磁体凸极转子的磁场

图 3-28　凸极转子的磁场

在定子铁芯 120° 机械角度里有 6 个槽，均匀分布了 A 相、B 相、C 相 3 个线圈，另外两个 120° 里同样各自分布了 A 相、B 相、C 相 3 个线圈。3 个 A 相线圈串联起来即为整机的 A 相绕组，3 个 B 相线圈串联起来即为整机的 B 相绕组，3 个 C 相线圈串联起来即为整机的 C 相绕组，按星形接法将 3 个绕组尾端连在一起引出作为中性线，3 个绕组的另一端是 A 相输出端、B 相输出端、C 相输出端，如图 3-29 所示。

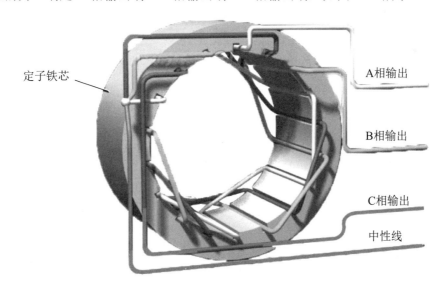

图 3-29　定子铁芯与 3 相绕组

将凸极转子插在定子中，与定子有很小的间隙，可自由旋转。6 极三相交流发电机原理模型如图 3-30 所示。

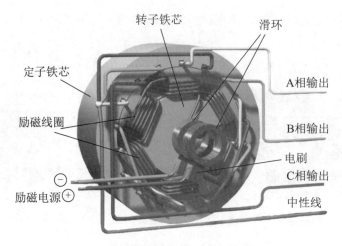

图 3-30　6 极三相交流发电机原理模型

当转子匀速旋转时，A 相、B 相、C 相线圈依次切割磁感线，产生感应交流电动势，其幅度变化与频率相同。由于三个线圈均匀分布，它们感应电势的相位也相差 120°。转子旋转一周感生出 3 个周期的三相交流电动势。当转子转速为 1000r/min 时，所感生交流电动势的频率为 50Hz。

3.3　控制器

控制器作为柴油发电机组的控制部分，是整个柴油发电机组的核心，相当于人的大脑，控制发电机组的整体运行，例如，可控制发电机组的就地 / 遥控启停机，对发电机的运行参数（转速、柴油机油压、发电机电压、电流、冷却水箱水温、蓄电池电压等）进行显示、记录和安全监控，具有自动同期、远程数据传输和遥控功能，以及机组在并网运行时进行运行逻辑的设定等，保障柴油发电机组的稳定工作，可节省人力物力，提高工作效率。目前常用的发电机组的控制器品牌有康明斯（美国）、卡特彼勒（美国）、科勒（美国）、科迈（捷克）、深海（英国）、众智（中国）、凯讯（中国）、汤姆逊（加拿大）等，其中康明斯、卡特彼勒和科勒也是著名的发动机生产厂商。如图 3-31 所示为捷克科迈 AMF25 控制器。

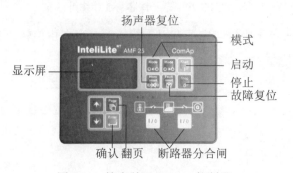

图 3-31　捷克科迈 AMF25 控制器

柴油发电机组控制示意图如图 3-32 所示。

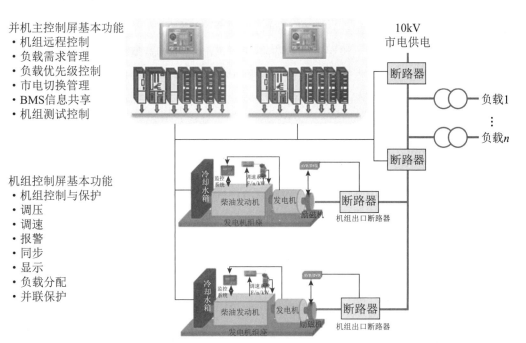

并机主控制屏基本功能
- 机组远程控制
- 负载需求管理
- 负载优先级控制
- 市电切换管理
- BMS信息共享
- 机组测试控制

机组控制屏基本功能
- 机组控制与保护
- 调压
- 调速
- 报警
- 同步
- 显示
- 负载分配
- 并联保护

图 3-32　柴油发电机组控制示意图

3.4　柴油发电机组的辅助配置

根据数据中心的行业特性以及国标建设规范要求，在数据中心应用环境下，柴油发电机组作为 IT 系统关键电源整体解决方案中的关键设备，在市电失电时应当快速启动供电，避免负载因电源中断而造成重大损失。要满足数据中心这种应用需求，不仅需要配置高品质的柴油发电机组本体，而且需要根据数据中心的具体应用环境给机组配置相应的辅助设施，以满足机组快速启动的要求，否则，即便是高品质的柴油发电机组，也很难按照设计要求工作。

3.4.1　数据中心备用柴油发电机组的辅助配置

数据中心备用柴油发电机组的辅助配置主要指为了确保市电失电时机组能够快速启动供电，根据数据中心具体工作环境而给发电机组配置的辅助设施，主要有机组冷却液加热器、机油加热器、进气加热器、燃油加热器、控制器空间加热器、发电机除湿加热器、蓄电池加热器等各种加热器，以及蓄电池市电充电器等，还涉及燃油回油冷却器和机组启动蓄电池的选择。

1. 冷却液加热器

数据中心的柴油发电机组在市电供电期间处于冷备用状态，在市电失电时必须快速启动供电。为了确保柴油发电机组在数据中心任何可能的环境温度下都能以很短的时间快速启动供电，即为了有效消除环境温度对数据中心柴油发电机组启动时间的影响，就必须使冷却液温度保持在机组快速启动所需的合理范围内（27~37℃），为此必须给柴油发电机组配置冷却液加热器。

2. 机油加热器

环境温度降低会增加机油的粘度，影响润滑性能。给机组配置机油加热器可有效消除环境温度降低对机油粘度的影响，从而消除温度对机组盘车速度以及发动机内部磨损面有效润滑的负面影响。因此，当数据中心可能的最低环境温度低于0℃时，不仅需要根据可能的最低环境温度选择相应标号的机油，而且需要根据可能的最低环境温度与所选机油的粘度倾点确定是否给机组配置机油加热器。如果可能的最低环境温度低于机油的粘度倾点，则必须给机组配置机油加热器；如果可能的最低环境温度不是远远高于机油的粘度倾点，则为了确保数据中心备用机组能按要求快速启动，也应给机组配置机油加热器。

3. 进气加热器

过低的环境温度明显会降低发动机气缸的进气温度，使气缸达到柴油燃点的时间延长，从而延长机组启动时间。低温环境下给机组配置进气加热器可有效消除环境温度对发动机气缸进气温度的影响，有助于机组的快速成功启动。因此，数据中心对备用机组的快速启动及启动成功率要求较高时，应考虑给机组配置进气加热器。

4. 燃油加热器

环境温度降低同样会增加燃油的粘度而使燃油结蜡，因此数据中心柴油发电机组应根据其环境温度选择粘度倾点和浊点都合适的燃油。如果数据中心可能的最低环境温度低于燃油的倾点和浊点，则必须给机组的油箱配置燃油加热器；如果数据中心可能的最低环境温度并不是远远高于燃油的粘度倾点和浊点，则也应考虑给机组油箱配置燃油加热器。

5. 控制器空间加热器

数据中心备用柴油发电机组的控制器决定整个机组的启动、运行和停机，并负责机组的监测、控制和保护。影响控制系统正常工作的主要因素是湿度，所以地处湿度较大地区的数据中心必须给柴油发电机组的控制器配置空间加热器。此外，如果环境温度低于控制器要求的最低环境温度，也应考虑给机组控制器配置空间加热器。

6. 发电机除湿加热器

对于高压柴油发电机组，由于其工作电压高，必须给其发电机配置除湿加热器，而低压机组的发电机是否配置除湿加热器则取决于柴油发电机组应用环境的湿度。发电机除湿加热器的作用是维持备用机组在湿度较大的环境中的额定绝缘能力，确保机组在市电失电时能正常启动供电。因此，数据中心的柴油发电机组应按上述原则配置除湿加热器。

7. 蓄电池加热器

蓄电池的输出电能在其内部由化学能转化而来，环境温度降低会降低蓄电池启动电流的输出能力。因此，柴油发电机组启动用蓄电池应根据可能的最低环境温度和机组正常启动所需的 CCA（Cold Cranking Ampere，冷启动电流）选型。数据中心的柴油发电机组首先应选择 CCA 适当的蓄电池，当可能的最低环境温度低于机组启动 CCA 对应的环境温度时，必须给蓄电池配置合适的加热器。

8. 蓄电池市电充电器

数据中心柴油发电机组只是在市电失电时启动供电，大部分时间处于冷备用状态，机组蓄电池因自放电而造成启动电流逐渐降低，这会导致机组启动成功率大幅降低。因此，数据中心的柴油发电机组必须配置市电充电器，以便机组冷备用期间给蓄电池浮充电而维持其启动能力，确保柴油发电机组满足数据中心快速启动成功率的要求。

9. 燃油回油冷却器

数据中心采用的柴油发电机组通常为 1600kW 以上的大容量机组，柴油发动机多为电喷型，其吸入柴油的温度不宜过高。大容量发动机的进回油量往往较大，加上因消防要求日用油箱的容积受限（不大于 1000L），高温回油来不及冷却就被发动机重新吸入，易引起发动机报警停机，从而影响备用机组的正常运行。因此，数据中心电喷型柴油发电机组必须配置燃油回油冷却器，否则会降低其额定输出能力。其他类型机组可视机组发动机的技术要求而定。

3.4.2　数据中心柴油发电机组辅助设施的启动与退出

根据数据中心应用环境为柴油发电机组配置相应的辅助设施后，须对这些辅助设施的启动和退出进行正确的控制设计，以确保其能真正辅助机组按要求快速启动供电。

1. 冷却液加热器的启动与退出

机组冷却液加热器应在市电供电机组冷备用期间启动工作，机组启动运行时应退出工作。加热器启动加热后，应维持冷却液温度在一定合理范围内（例如 27~37℃），即根据冷却液温度进行"恒温"控制。冷却液加热器的控制电源取自市电，通过市电的通断实现启动和退出，而冷却液加热的"恒温"控制则可通过安装在冷却液中的温度传感器实现。当冷却液温度下降到温度下限时，加热器接通电源；当冷却液温度上升到温度上限时，加热器断开电源停止加热。

2. 发电机除湿加热器的启动与退出

市电供电机组冷备用期间，发电机除湿加热器应启动工作，而机组启动运行后加热器应停止除湿加热。除湿加热器的控制电源取自市电，通过市电的通断实现启动和退出。由于发电机除湿加热器功率不大（例如，2000kW 的机组通常配 400W 加热器），所以其加热期间不必进行"恒温"控制，即市电供电期间，发电机除湿加热器一直处于通电加热除湿状态。

3. 机油加热器/燃油加热器的启动与退出

机组的机油 / 燃油加热器在市电供电机组冷备用期间应启动工作，机组启动运行时应停止加热，且机油 / 燃油加热器要维持机油 / 燃油的温度在一定合理范围内，根据机油 / 燃油温度进行"恒温"控制。机组的机油 / 燃油加热器的启动退出控制和"恒温"控制可分别参考冷却液加热器的相关控制设计，如有必要也可选择容量相对较小的机油 / 燃油加热器，只进行加热器的启动退出控制，市电供电期间加热器一直工作加热。

4. 进气加热器的启动与退出

进气加热器通常安装在发动机进气歧管上，进气加热器应在机组盘车前提前通电加热一段时间（通常不超过 50s），机组盘车后一旦发动机成功点火，加热器就必须断电退出工作。如果机组盘车 20s 后启动失败，则加热器也必须断电，等机组电池启动能力恢复（至少 2min）后再做下一次启动尝试。因进气加热器工作时间较短，其工作电源通常取自机组启动电池，也可根据实际应用环境从外部获取工作电源。

5. 控制器空间加热器的启动与退出

由于市电正常供电与柴油发电机组启动供电并没有改变机组控制箱内的产热机制，且控制器空间加热器容量不大（例如，2000kW 的机组通常配 150W 加热器），因此无论机组是否开机运行，按照数据中心环境条件给机组配置的控制器空间加热器都应一直处于通电加热状态。

6. 蓄电池加热器的启动与退出

蓄电池的作用是机组启动时给启动马达提供足够的盘车电流，所以机组运行期间蓄电池加热器工作的意义不大，而机组冷备用期间必须通电工作。因此，市电停电机组启动运行时，蓄电池加热器应停止加热，市电恢复供电机组停机冷备用期间应启动加热。可参考发电机除湿加热器的启动与退出控制。

7. 蓄电池市电充电器的启动与退出

蓄电池市电充电器应在市电供电机组备用期间工作，在市电失电备用机组供电时停止充电。充电器的工作电源应取自市电，这样市电失电机组供电时充电器与蓄电池和市电断开，市电恢复供电时蓄电池接入市电进行充电。

8. 燃油回油冷却器的启动与退出

燃油回油冷却器在市电失电柴油发电机组供电期间工作，在市电正常供电机组停机备用时退出。水箱/散热器安装在发电机房内时，回油冷却器与水箱/散热器安装在一起，靠散热器的冷却风扇驱动空气冷却回油，机组的水箱/散热器远置时，可考虑采用加装风扇来冷却回油。

习题

一、选择题（不定项选择）

1. 柴油发电机组的组成部分的"三大件"指的是（　　　）。

A. 柴油机　　　　　B. 发电机　　　　　C. 控制器　　　　　D. 空气滤清器

E. 水箱　　　　　D. 底座

2. 对于数据中心常用的柴油发电机组来说，发动机是将燃油（柴油）在机器内部燃烧放出的热能直接转换为旋转的机械能，带动发电机工作，因此也常被称为柴油机，它是由德国发明家（　　　）于 1892 年发明的。

A. 鲁道夫·狄塞尔（Rudolf Diesel）　　　B. 法拉第

C. 戈特利普·戴姆勒　　　　　　　　　　D. 康明斯

3. 目前国内的柴油发电机组主要有（　　　）三种产品。

A. 原装机　　　　B. 集成机组　　　　C. 国产机　　　　D. 定制机组

4. 发动机每次工作循环包括（　　　）四个过程。目前，柴油发电机组配置的都是四冲程发动机。

A. 进气　　　　　B. 压缩　　　　　C. 排气　　　　　D. 做功

5. 四冲程柴油机工作过程中，（　　　）冲程气缸内气体的终了温度最高。

A. 进气　　　　　B. 压缩　　　　　C. 排气　　　　　D. 做功

6. 发电机又叫电球，主要由（　　　）组成。

A. 定子　　　　　B. 转子　　　　　C. 励磁系统　　　　　D. 控制系统

7.三相交流发电机的定子槽内放置 3 个结构相同的定子绕组 AX、BY、CZ，其中 A、B、C 称为绕组的始端，X、Y、Z 称为绕组的末端，这些绕组在空间互隔（　　）。

A.120°　　　　　　　　B.180°　　　　　　　　C.90°　　　　　　　　D.60°

8.发电机带载后，为了维持端电压的稳定，必须有一个能随负载变化而变化的（　　）。

A.励磁系统　　　　　B.调速系统　　　　　C.电流调节系统　　　D.温控系统

9.以下是控制器品牌的是（　　）。

A.众智　　　　　　　B.科迈（捷克）　　　　C.瑞典富豪　　　　D.汤姆逊（加拿大）

二、判断题

1.柴油发电机组的调速系统通过调节供油的大小实现对发电机电压的调节。
（　　）

2.发电机组配置的辅助设施是为了确保市电失电时机组能够可靠运行。　（　　）

3.发电机转子是发电机的转动部分，按工作模式分，可分为转枢式和转极式。
（　　）

三、简答题

1.简述发电机的工作原理。
2.简述交流同步发电机的工作原理。

参考答案

一、选择题（不定项选择）

1. ABC　　2. A　　3. ABC　　4. ABCD

5. C　　6. ABCD　　7. A　　8. B　　9. ABD

二、判断题

1.×　　2.×　　3.√

三、简答题

略

第4章 数据中心的柴油发电机电源系统

数据中心的柴油发电机电源系统（简称"柴发电源系统"）由柴油发电机组及配套电控设备组成，根据不同等级数据中心对电源系统的要求，采取一定的架构形式和运行方式，满足数据中心应急情况下的备用电源需求。

4.1 数据中心柴油发电机组的选配

数据中心柴油发电机组的选配涉及柴发机组的品牌、功率和容量选择，在选配时，还要考虑所在数据中心的环境条件对机组的影响，以及机组容量是否满足数据中心未来电力增长的需要。

4.1.1 选型前的注意事项

数据中心柴油发电机组的选型需考虑下列因素：

（1）数据中心关键负载的总容量、地理位置和当地环保部门的要求。

（2）根据关键负载总容量确定柴油发电机组的容量配比，计算柴油发电机组容量及并机台数。

（3）根据数据中心的设计等级确定电气系统的架构。

（4）根据供电系统的架构方案确定机组并机方案。

（5）重视 UPS、变频器等非线性负载设备数量及谐波治理方式。

4.1.2 柴油发电机组的功率等级选择

数据中心在选择柴发机组时，首先需要根据数据中心等级确定机组的功率等级，在此基础上再根据关键负载总容量确定所需机组的容量。GB 50174—2017《数据中心设计规范》中，关于发电机组的性能等级规定如下。

发电机组的性能分为四个等级：G1、G2、G3、G4。其中，G1 级性能要求适用于只需规定其电压和频率的基本参数的负载，主要作为一般用途，如照明等；G2 级性能要求适用于对电压特性与公用电力系统有相同要求的负载，当其负载变化时，可有暂时的然而是允许的电压和频率偏差，如照明系统、泵和风机等；G3 级性能要求适用于对频率、电压和波形特性有严格要求的负载，如无线电通信和晶闸管整流器控制的负载；G4 级性能要求适用于对频率、电压和波形特性有特别严格要求的负载，如数据处理设备或计算机系统。由于数据中心对发电机组的输出频率、电压和波形有严格要求，故要求发电机组的性能等级不应低于 G3 级。

发电机组的输出功率分为四种：持续功率（COP）、基本功率（PRP）、限时运行功率（LTP）和应急备用功率（ESP）。发电机组应连续和不限时运行是 A 级数据中心的基本要求，发电机组的输出功率应满足数据中心最大平均负荷的需要，最大平均负荷是指按需要系数法对电子信息设备、空调和制冷设备、照明设施等的负荷容量进行计算得出的数值。确定发电机组的输出功率还应考虑负载产生的谐波对发电机组的影响。对于 A 级数据中心，柴油发电机组的功率需采用持续功率或基本功率，并明确规定采用基本功率时，其总功率必须放大为持续功率 ÷0.7。例如，如果一个 A 级数据中心的功率需求为 14 000kW，那么选择持续功率发电机组时，其总容量需大于或等于 14 000kW。如果选择基本功率发电机组，则其总容量需大于或等于 20 000kW（即 14 000kW ÷ 0.7）。

综合考虑 B 级数据中心的负荷性质、市电的可靠性和投资的经济性，发电机组输出功率中的限时运行功率或基本功率能够满足 B 级数据中心的使用要求，发电机组总功率应大于或等于数据中心柴发电源的总需求量。

4.1.3　柴油发电机组的容量选择

要确定用户的数据中心究竟需要配备多大容量的柴油发电机组，需要对数据中心的电力需求进行计算。现在市场上有一些容量计算软件和工具可以帮助设计师进行计算，但是在进行系统容量计算前，需要对数据中心的负载进行综合分析，根据不同负载和负载的配置再进行计算，以得出满足整个数据中心负载需求的经济合理的机组容量。

1. 柴油发电机组容量计算

柴油发电机组容量的计算步骤如下：

（1）分析主要负载的特点和负载的带载顺序，对负载进行分组。

（2）按照负载的额定功率和带载顺序，计算总功率需求（有功功率、无功功率）。同时，根据带载顺序和负载特点，确定第（1）步、第（2）步等每一步的最大运行功率需求（kW、kVA）、最大启动功率需求（skVA）、允许的电压突降和频率突降。

（3）根据最大运行功率需求（kW、kVA）、最大启动功率需求计算柴油发电机组系统的总容量。

（4）根据带载顺序和负载特点，复核每一步加载时的电压突降和频率突降是否满足已投负载和待投负载的要求。

（5）考虑环境因素对发电机组输出功率的影响，以确定要求的发电机组总容量，选择母线安排、单台发电机组容量。

（6）考虑柴发电源系统中机组的冗余要求，如 $N+1$ 或 $2N$ 系统，以确定柴油发电机组数量。通常柴油发电机组的数量应控制在一定范围内，发电机组数量太多可能会影响系统可靠性，同时占地面积增大。单段备用母线上的柴油发电机组数量一般不超过 10 台，柴油发电机组数量太多时应考虑采用分段母线。

（7）考虑未来数据中心对电力增长的需求，应留有富裕容量，或者留有以后扩容的机位和盘柜位置。

2. 柴油发电机组的容量选择原则

柴油发电机组的容量选择应遵循以下原则：

（1）柴油发电机组若是整个数据中心的唯一后备电源，机组容量的最小值视同规划容量的交流输入端容量。

（2）通常情况下，制冷系统的设备及其他用电设备的功率因数较低，部分变频设备因其附带有谐波电流，发电机选型时应考虑一定的余量。

（3）海拔高度对发电机组功率输出的影响：当海拔升高时，空气密度会降低，这会影响发动机和发电机的输出功率。不同品牌的柴油发电机组要按照厂家的功率修正曲线来计算降额后的实际功率。

（4）环境温度对发电机组功率输出的影响：当环境温度过高时，空气密度降低，发动机燃油燃烧时的氧气量减少，燃烧效率降低，因而会降低发动机的机械输出功率；同时发电机工作时需要冷空气对绕组进行冷却，温度过高会降低发电机的冷却效果，从而影响发电机的输出功率。各品牌柴油发动机和发电机的输出功率受环境影响的修正参数各不相同，实际设计中建议以各厂家的修正参数为准。

（5）选择柴油发电机组连续运行工况有两个影响：长时间市电中断及供电系统灾难性故障停机。A 级数据中心应按柴油发电机组以恒定负荷持续功率（COP）运行，且每年运行时数不受限制的最大功率来选用；其他级别数据中心可考虑采用基本功率（PRP）或限时运行功率（LTP），但应慎重选择。

3. 负载对发电机组的影响

UPS 负载和空调负载是数据中心柴油发电机组的主要负载，此外，循环泵、安保系统等也是柴油发电机组必须保障供电的负载。这些负载中包含大量的非线性负载，会使发电机过热，造成早期绝缘损坏，或者使发电机电压失调，并干扰其他辅助用电设备等。正确认识不同负载对发电机组的影响有利于机组的选型和运行维护。

1）谐波的影响和应对

双变换在线式 UPS 由于采用可控硅或 IGBT 对输入交流电进行整流，因此对上游的交流电源的波形会产生谐波干扰。所以，从柴发电源系统的角度来看，UPS 负载是一个带有谐波分量的非线性负载。谐波对柴油发电机组的影响主要表现在：

- 发电机定子绕组由于"集肤效应"过热，发电机定子绕组有效通流面积减少；
- 谐波引起发电机输出电压波形失真，干扰发电机的自动电压调节器（AVR）进行输出电压采样并自动调压。如果谐波失真太大导致电压波形多处过零点，则可能引起 AVR 的过度调压而导致电压突升。

柴油发电机组应对谐波的一般方法为：

（1）加大发电机的规格，即采用大一号甚至大二号的发电机，以避免发生过热现象，并保证有效通流面积。

（2）采用永磁励磁的发电机，减少谐波对自动电压调节器的影响。

（3）采用三相均方根值（RMS）感应的自动电压调节器，减少波形畸变导致的电压感应误差。

（4）发电机定子采用模绕绕组，模绕绕组是由铜条和包裹绝缘材料等预制而成，不同于用铜丝散绕的绕组。模绕绕组具有高机械强度、绝缘性能好和输出波形好的特点。

上述方法可以降低谐波的干扰，但是会增加柴发电源系统的成本并降低系统效率。所以，为了数据中心的节能，避免上游供配电系统（包括发电机组）因谐波而加大规格，且为了发电机组和 UPS 更好地匹配，数据中心在配置 UPS 时，对 UPS 的指标应做相应的要求，一般要求 THDi（总电流谐波失真度）小于 5%。

2）大负载的影响

对于单步负载较大的系统，需要有足够的系统容量，保证系统在加载的时候，电压和频率的波动不会引起负载异常运行而导致保护装置甩载。

3）数据中心不同电压等级柴油发电机组的带载特点

数据中心的负载一般为 IT 设备、UPS、空调、冷水机组等，数据中心采用低压柴油发电机组时，通常把负载进行分组。柴油发电机组可能会只带 UPS 负载（称为发电机组带纯 UPS 负载），或者只带空调负载（称为发电机组带纯空调负载），机组之间不并联，这样各组的低压发电机组可能会留有一定程度的功率裕量，而不能相互利用。当然，在负载分组时可以把空调、循环泵等非 UPS 负载通过同一台发电机组来带。这种带总负载的安排具有以下特点：

- 降低发电机组总容量。为空调启动而增加的发电机组容量可能已经足够用于承担 UPS 的谐波、充电和效率损失，反之亦然，这样带总负载所需的发电机组容量就会低于带纯 UPS 负载、纯空调负载等时的发电机组容量的叠加；
- 功率因数的优化。功率因数比较低（0.6~0.7）的空调和电动机负载可以通过功率因数比较高（0.9~1.0）的 UPS 负载和 IT 负载弥补。

当低压发电机组带纯 UPS 负载时，必须考虑以下因素：

● UPS 自身产生的谐波影响；

● 由于 UPS 的效率导致 UPS 输入功率大于 UPS 输出功率所需的容量储备；

● UPS 从放电模式转为充电模式时充电器吸收的功率；

● UPS 所带 IT 负载的谐波影响。当 UPS 工作在旁路模式时，发电机组将直接承担 IT 负载的谐波。

所以，一般柴油发电机组容量相对于 UPS 容量要有一定程度的裕量。

当低压发电机组带纯空调负载时，必须考虑空调启动所需要的启动容量（skVA）。目前中大型规模的数据中心多选用变频冷水机组，而且与冷水机组配套的冷冻水泵、冷却水泵、冷塔设备等大部分都已采用变频带载的控制运行方式。变频器属于非线性设备，给发电机组的启动过程同样带来诸多困难。对于直接启动的螺杆式空调机组，启动电流可能是正常运行电流的 6~8 倍，这就要求柴油发电机组能够提供额定容量 6~8 倍的启动容量用于空调机组的启动，并且瞬时的电压不能突降太多，以免影响空调机组的正常启动。所以，柴油发电机组的容量必须加大，以满足启动容量和电压降的要求。通常采用软启动方式可以降低空调启动时的启动容量，以免柴油发电机组容量的大幅度增加。

数据中心采用高压发电机组时，高压发电机组供电系统是集中供电，负载是 UPS 负载、空调、循环泵和其他重要负载的总和，这样可以降低发电机组的总容量并优化功率因数，而且高压发电机组可以通过相互并联来提供冗余或者富裕的容量。

采用高压柴油发电机组的数据中心的供配电系统与采用低压柴油发电机组的供配电系统在进行发电机组与 UPS 容量匹配时的配比可能不同。

4）UPS 与柴油发电机组的容量配比

根据 UPS 整流方式的不同，用户应配置的发电机组的容量配比会有很大区别。对发电机组来说，有时 UPS 的实际负荷很小，UPS 的输出功率仅为其额定功率的 30% 左右，这样不但造成发电机组的容量不能充分利用，增加了设备的投资，而且也容易使发电机组产生故障，增加维修量，降低机组的可靠性。

根据柴油发动机的特性，如果发动机长期工作于小负荷下，气缸内的温度就总是升不上去，达不到要求的温度，这就使得正常进入气缸内的燃油不能充分燃烧，造成活塞环处和喷油嘴处严重积碳，气缸磨损加剧，使发动机工作性能下降，排气冒黑烟。发动机运行在 30% 额定负载以下时，经济性变差。综合各种因素，柴油发电机组要求负载必须在其 60% 额定功率以上。但是，由于 UPS 具有非线性特性，往往不能按照 60% 额定功率来选择，否则也会造成发电机组工作不正常。因此，要综合考虑。

表 4-1 给出了用一台 200kVA 发电机组做实验时得出的不同整流负载对发电机组工作的影响。

表 4-1 不同整流负载对发电机组工作的影响

发电机组允许负载端的电压畸变	发电机组允许带载百分比（功率因数匹配的情况下）		
	单相整流滤波 UPS	6 脉冲整流滤波 UPS	12 脉冲整流滤波 UPS
5%	22%	42%	78%
10%	36%	69%	100%
15%	52%	96%	100%

可以看出，在选择发电机组时不能按照常规理解，受 60% 负载的约束。由于中大功率 UPS 的输入整流器元件由晶闸管充当，再加上整流后滤波因素的影响，就会对市电电网造成一定程度的破坏，因此配套的后备发电机组的容量要数倍于 UPS 的容量，具体如下：

（1）发电机组带单相输入的工频机 UPS 时，发电机组的容量应是 UPS 功率的 5 倍以上。

（2）发电机组带三相输入（6 脉冲整流）的工频机 UPS 时，由于 UPS 的 6 脉冲晶闸管整流对电网的破坏性较大（造成很大的无功功率），因此需要加大发电机组容量，一般取 UPS 容量的 3 倍，如果带满负载的话，则需要 3 倍以上的容量。

（3）对于采用 6 相 12 脉冲整流的 UPS，发电机组的容量差不多和 UPS 容量相当，但由于 12 脉冲晶闸管整流对市电波形也有一定的破坏，因此发电机组容量一般取 UPS 容量的 1.5 倍或以上。

在实际应用中，许多用户认为输入功率因数为 0.99（接近于 1）的 UPS 可以配同容量（即 1:1）的发电机组，尤其是对于寸土寸金的数据中心，高频机型 UPS 的输入功率因数都在 0.99 以上，接近于 1，于是认为"可以配同容量（即 1:1）的发电机"，以节省后备发电机组的投资和占地面积，其实这是一种认识误区。

事实上，如果发电机组的负载功率因数为 1，则上述 UPS 与发电机组的配比大体上可以认为是正确的，但考虑到 UPS 的一些性能指标，实际应用中并不可以将发电机组的容量与 UPS 的容量对等，否则将造成损失。在实际应用中应考虑以下几个因素：

（1）充电功率。因为 UPS 的额定功率中不包括给电池的充电功率，这个功率是额外的，一般取额定功率的 20%~25%。

（2）过载能力。一般 UPS 都有过载到 125% 持续 10min、过载到 150% 持续 30s~1min 的指标，如果 UPS 的输入电源是由发电机提供的，那么这个过载部分也是由发电机承担的，在选择发电机组的容量时必须加以考虑。当然，过载到 150% 的情况并不多，如果出现这种情况，一般不是负载端故障就是负载的容量选得不合理。

（3）输入电压范围。目前，一般 UPS 的额定输入电压要求在 ±15% 的波动范围，如果在 −15% 的情况下供电，则需要考虑此时的电流增大情况。

在进行数据中心供电系统规划时，一般要考虑在最不利的情况下仍能正常供电，即在发电机输出 −15% 额定电压的情况下正好过载 25% 且同时给电池充电，此时发电机必须给出的功率为 $S_G = (1+(20\%+25\%+15\%))S_{ups} = 1.6S_{ups}$。

当代柴油发电机组的负载功率因数一般为 0.8，与 UPS 的功率因数并不匹配，因此即便不考虑上述的 UPS 性能指标因素，发电机的容量也必须加倍。

可以看出，在 12 脉冲整流的 1.5 倍 UPS 额定功率中，并不包含上述的充电功率、过载能力和输入电压的波动等因素，如果考虑这些因素，发电机的容量就要达到 UPS 容量的 2 倍以上。实际上，6 脉冲整流的 3 倍功率容量也没考虑上述三个因素。因此，在现场条件下所选择的发电机组的容量要比上述所列的大，有时甚至大很多，这要根据实际情况而定。一般情况下，宁愿选得大一些，以免机房建成后在运行中发现问题，就再无回旋的余地了。

5）与 UPS 配套使用时的注意事项

UPS 的整流电路是典型的非线性负载，尤其是晶闸管整流电路会产生大量谐波电流。例如，采用所谓的三相 6 脉冲可控硅（SCR）整流时，整流器输入的谐波电流主要是 5 次谐波电流，谐波电流总含量可达到 30%~33%，这就增大了供电电流的有效值，降低了电网的功率因数。当市电供电时，电网容量很大，电网输出等效内阻很低，电流的波动不会对输出电压造成影响。但对于柴油发电机组，其内阻比市电电网大得多，UPS 的输入谐波电流会在发电机绕组端产生压降，引起发电机组输出的电压波形畸变。尤其是谐波电流含量较大而发电机组容量较小时，这种危害会更明显，主要表现在以下几个方面：

（1）引起电压振荡。由遭到整流负载破坏后失真度很大的负载端反馈回来的波动电压会造成发电机输出电压极不稳定，严重者会形成振荡失真，振荡幅度一般是额定值的 ±（10%~20%）。当调整 AVR 达到最佳值时，振荡幅度仍大于 ±2%。

导致发电机输出电压失真的两大因素是固定不变的发电机绕组阻抗和脉冲形的负载电流，所以解决该失真问题也必须从以下两方面着手：

● 减小发电机的内阻抗。目前唯一的办法就是增大发电机的容量，因为发电机的容量越大，其绕组线径就越大，由公式 $R=\rho\dfrac{L}{S}$ 可知，发电机的内阻抗就越小（式中 R 为电阻，ρ 为电阻率，导电用铜 $\rho=0.0175\Omega\cdot mm^2/m$，$L$ 为长度，S 为导体截面积）。

● 提高负载端的输入功率因数。只有在迫不得已时才考虑用增大发电机容量来降低阻抗的办法。

（2）引起电流变化。在 UPS 负载稳定的情况下，发电机输出电流在 ±（20%~50%）范围内变化，但电流的这种变化是负载所致，故无法调整。

（3）造成发电机的频率变化。正常情况下，发电机的频率变化不像电压和电流那样大，一般在 ±5% 范围内，但其影响较大，如果超过这个范围就可能导致 UPS 处于频繁地切换状态。柴油发动机由于负载有规律地忽大忽小变化，其工作节奏也忽强忽弱，它的噪声也就有规律地忽大忽小。这就造成了柴油发电机组振动加剧，加速了机械磨损，甚至会损坏机件。

4.1.4 影响柴油发电机组选型的其他因素

在进行柴油发电机组的选型时，除了考虑机组的功率等级、容量甚至品牌等因素外，还必须考虑发电机组所在数据中心所处的环境条件以及未来可能面临的扩容问题，以便在满足数据中心应急供电的前提下，降低建设成本，提高经济效益。

1. 环境条件对柴油发电机组选型的影响

环境条件会影响发电机组的寿命、机组配置和输出功率等，这些环境条件包括环境温度、空气干净程度和腐蚀性、海拔高度等。

1）夏天机房温度过高

对于夏天机房温度高的环境，首先要考虑柴油发电机组在高环境温度时有没有功率折损。柴油发电机组的功率标定条件一般为标准状态，例如25℃环境温度和1个标准大气压，在高环境温度时发动机自身功率可能会减额。此外，散热水箱的散热能力必须保证在高机房温度下能够散发机组以额定功率工作时所发出的热量。市场上柴油发电机组散热水箱的环境温度能力有30℃左右、40℃左右和50℃左右。对于夏天气温高、机房通风条件不太好的机房，应该选择环境温度能力强的发电机组散热水箱，不能只考虑大气温度，因为发电机组运行时会对机房散热，机房内温度要高于室外温度。

除了散热水箱的环境温度能力外，发电机的绝缘能力也需要考虑。在发电机等电气设备中，绝缘材料是最为薄弱的环节。绝缘材料尤其容易受到高温的影响而加速老化或损坏。不同绝缘材料的耐热性能有区别，采用不同绝缘材料的电气设备其耐受高温的能力有所不同。因此一般的电气设备都规定其工作的最高温度。通常发电机的绝缘能力用绝缘等级和温升表示。绝缘等级是指绝缘材料的耐热等级，分为A级、E级、B级、F级、H级、C级、N级和R级，最高温度分别为105℃、120℃、130℃、155℃、180℃、200℃、220℃和240℃。例如，H级绝缘等级表示发电机采用的是H级的绝缘材料，最高温度为180℃。随着绝缘材料技术的发展，目前发电机上普遍采用H级和F级的绝缘材料。温升表示发电机在额定功率下运行时绕组温度与周围环境温度相比可能升高的最高温度。由于发电机的绝缘等级和温升的基准温度是40℃环境温度，而发电机房内的温度往往要高于40℃，因而加大发电机的规格可以降低额定负载运行时绕组的温升。

2）冬天机房温度过低

对于冬天机房温度过低的环境，必须考虑极寒地区柴油发电机组的启动问题。首先，柴油的标号必须能够满足极寒地区的温度要求，不能堵塞柴油滤清器，可能需要加装柴油加热器；其次，发动机润滑油（机油）必须采用冬天单粘度的润滑油，需满足最低温度要求，而且可能还需要配置预润滑装置或机油加热装置；发动机应加装乙醚喷射辅助启动装置；需要配置缸套水加热器和发电机防潮加热器等。

3）海拔过高

对于高海拔的环境，必须考虑发电机组在高海拔地区可能发生的功率减额情况。由于高海拔地区空气稀薄，机械喷油的柴油发动机可能会出现燃油燃烧不充分而产生大量黑烟的现象，燃烧不充分可能还会引起发动机启动困难，额定功率的下降也比较快。电喷发动机由于采用传感器系统来感应大气压力和温度、增压器增压后的进气压力和温度、发动机负载率、转速和对应的喷油正时等信息，可以自动调节电子喷油嘴少供油，所以在高海拔地区运行时黑烟少，功率折损小。

4）近海边

对于近海边潮湿有盐分的环境，需要关注柴油发电机组的耐腐蚀能力。有盐分的空气和粉尘会加快发电机绝缘材料的老化，降低耐压强度，所以发电机需要加装空气过滤器和除潮加热器，甚至加大发电机规格以降低额定负载时的温升，延长绝缘材料的寿命。发电机组的散热水箱也必须采用耐腐蚀性材料或者增加防腐蚀涂层，以防日后运行时腐蚀漏水。

5）近沙漠

对于近沙漠空气粉尘很大的环境，需要考虑机房进风口的粉尘过滤。在发电机组上可以加装发动机进气沙尘过滤器，在发电机进风口加装过滤网等，降低粉尘环境对发电机组的影响。

2. 未来电力增长对柴油发电机组选型的影响

数据中心对电力需求的增长很快，所以新建数据中心时通常会考虑未来若干年的增容需求，以保证若干年后数据中心电源系统无须扩容。因此，对后备柴发电源系统来说，为未来预留扩容的空间仍然很重要，比如预留发电机组机位、开关柜位置、电气系统接入口等，这将大大降低日后的扩容成本。当然，模块化的数据中心架构会给未来的扩容带来很多方便。

4.2　柴油发电机组运行方式

鉴于数据中心的重要性，在进行柴发电源系统设计时应按系统需求和用户要求来考虑电气系统架构的冗余度。在规划设计柴发电源系统时，按照需求容量可选用单台独立运行和多台并机运行两种形式。

4.2.1　单台独立运行

单台独立运行，即单台机组直接与市电主进线进行供电切换。这种方式一般在容量较小的低压系统中较为常见，其特点是系统简单，故障影响面小，可靠性高，启动时间短。图 4-1 所示为单台独立运行的柴油发电机组接入低压配电系统的情形。

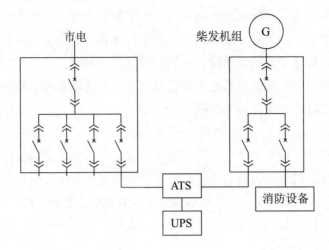

图 4-1　单台独立运行的柴油发电机组接入低压配电系统

4.2.2　多台并机运行

多台并机是将两台或以上的发电机组的所有能量汇集在一处公共母线上，经过并机控制系统投放。此种方式比分散的多台机组或者集中的单台大机组更能实现系统的优化，并且，当负载大幅度上升时，并联系统可以通过增加机组来满足负载增大的要求。由于数据中心的电力需求随着服务器机柜容量的增大上升很快，因此柴油发电机组的并机运行越来越普遍。

数据中心柴发电源系统采用并联方式的另一个主要原因是增加可靠性。并联系统中的各台发电机组互为冗余，这是非并联系统很难做到的。对于数据中心的关键负载，需要一台以上的发电机组与负载相连。在市电故障时，所有发电机组同时启动，至少有一台发电机组能启动成功并达到额定电压和频率的概率大大提高。第一台机组可以快速承担关键负载，剩余负载根据优先性也可以顺序投入。

发电机组并机系统在数据中心中作为应急备用电源，通常按孤岛模式运行。多台机组并联的方式便于能源调配，但送电时间略长，相比单台投放可靠性略低。一般按 N+1 或者 2N 的原则来配置发电机组的数量。选择应用时应根据现场环境、使用需求、建设成本、可靠性、运营管理等因素进行综合考虑。

1. 并机运行的相关条件

发电机组的并机操作必须在发电机组与电网或者发电机组之间同步时进行，同步指的是把一个交流发电机的输出波形和另一个交流电源的电压波形进行匹配。当两个系统同步时，必须满足下列四个条件：

- 相序相同；
- 电压幅值相同；

- 频率相同；
- 电压的相位角相同。

前两个条件在确定设备规格、进行设备安装和接线时已经决定。电压调节器能够自动调节发电机的输出电压，为此最好选择同品牌、同型号和同生产厂商的发电机组。对于后两个条件，必须严格控制各台并联机组的频率和相位角的匹配，在断路器合上时确保一致，以实现发电机组或系统的并联。

孤岛运行时，多台发电机组并联到与市电隔离的公共母线上，各台机组的调速器的任务是维持系统的频率，而各台机组的调压器维持系统的电压。而在机组与市电并机时（一般避免使用这种运行模式），频率和电压则由市电来决定。

多台机组并联孤岛运行时，各个独立的调速器和调压器互相作用，系统的稳定性降低，因此必须采用有功（kW）和无功（kVar）负载分配控制器，并控制并机发电机组之间的环流。

1）有功负载分配

并机系统从机组的电流互感器（CT）和电压互感器（PT）获得输出信号，并计算发电机输出的有功功率（kW）。当发电机负载发生变化时，电流通过 CT 会发生变化，而发电机的调压器维持电压在负载变化时不变。该控制系统将输出一个速度偏差信号到并机的调速器的速度控制回路，来按比例平衡所有并机发电机的负载。

2）并机发电机组的环流

当各台并联机组运行在公共母线上而各自的电压又不尽相同时，环流就会产生。这时，各台机组的端电压和备用母线电压相同，但是内部励磁电压略有不同。这些环流降低了一些机组的有效励磁，同时又提高了一些机组的有效励磁。由于发电机输出电压与励磁电压直接相关，所以励磁电压的不同就对应了各台机组的开路电压不一致，尽管并联后的闭路电压仍然相同。各台机组的开路电压不同时就会产生环流。

励磁输出是由调压器控制的，所以环流的控制是通过调压器的偏差电压来实现的。实际情况是，要精确匹配每台机组的电压是不太可能的。由于环流或者负载不平衡是电压不匹配导致的结果，因此调压器采用无功下垂补偿或者无功环流补偿的并联补偿线路来控制系统。

在发电机的调压线路上增加补偿线路，这样如果两台机组的电压设定值和电压倾斜线一致，二者就能均衡分配无功。当有不平衡时一台机组的负载将增大，而另一台的负载降低，这样补偿线路就会改变给调压器的电压值把负载重新平衡。

3）速度下垂率

速度下垂率又称速度降，是孤岛运行模式下发电机组常用的有功功率分配管理方法。下垂率指的是负载增大时速度设定的减小情况，用百分比表示，公式如下：

$$下垂率 = （空载转速 - 满载转速）/ 满载转速 \times 100\%$$

通常建议的下垂率为 3%~5%，对于带速度下垂率的调速器，下垂率不能低于 2.5%，以保持调速的稳定。并联的各台发电机组的下垂率必须调整保持一致，以确保机组并联时的有功功率分配。当采用电子调速和电子有功功率分配时，发电机组可以运行在零下垂率，即等时性，这意味着频率曲线为一条水平直线或者发电机的速度下垂率为零。

4）相序

并联的机组或系统的相序必须一致。

5）电压匹配

并联的机组或系统的电压相同，偏差不超过 1%~5%。改变励磁电压可以改变发电机的输出电压，通常通过调压器进行。

如果两台电压有偏差的同步发电机并联时，合并的电压与两台发电机的输出电压都有偏差，这个偏差将导致无功电流和系统效率的下降。

6）频率匹配

并机运行的发电机组的频率必须与系统频率相同，偏差不超过 0.2%。对于并机的同步发电机，可以通过调整发动机的转速来实现频率匹配。

7）相位角匹配

两个要并联的系统电压相位在并机前必须非常接近，通常应在 ±10° 之内。对于同步发电机，类似于频率匹配，可以通过控制发动机的转速来实现。

2．并机方式

发电机组的并机方式通常有四种，分别为手动并机、允许并机、半自动并机和全自动并机。

1）手动并机

手动并机系统包括调速器自复位开关（控制调速器同步马达）、两盏同步灯、一个开 / 关自复位开关和逆功率保护继电器。并联必须满足如下条件：

（1）电压相同。

（2）相序相同。

（3）频率相同：发动机调速器的速度下垂率必须相同或者只有一个是零下垂率，电子负载分配调速器除外。

（4）发电机组的电压下垂率相同或者有环流补偿。

为了满足后两个条件，发动机的调速器必须调整到在负载分配时具有相同的频率。如果一台机组比其他机组频率低，那么有功功率的分配就会不均匀，电流就会流入频率较低的发电机，拖动它运行到同步转速。

有许多手动并机的方法，最常见的是采用同步灯。当某台机组要与已经在线的机组并联时，首先确认前三个条件已经满足。手动并机时必须采用同步灯或者同步表。当同步灯灭的时候，表示相位一致，可以合上待上线机组的断路器。具体步骤如下：

● 在线机组断路器闭合，待上线机组断路器分断。

- 待上线机组的调速器手柄位于额定转速位置，打开同步灯开关，观察同步灯闪烁的频率。通过调整调速器改变待上线发动机的转速，直到同步灯由亮到暗的转换放慢到每分钟6~20次。注意保持待上线发电机组的频率略高于备用母线，这样确保新机组上线后可以承担部分负载。
- 当同步灯变暗的时候，快速合上断路器，这样就可实现发电机组与在线机组的并网。

2）允许并机

允许并机方式包括手动并机、一个同步继电器、带有低电压保护的断路器和一个可以合闸的指示灯。

这种方式允许经验不太丰富的操作人员在待上线机组和带电母线满足预先设置的条件下进行并机操作。操作人员首先启动待上线的机组，使其运行到额定频率和电压。接着把同步开关置于"On"的位置，同步继电器和同步灯工作，同步继电器将比较电压、频率以及待上线机组和备用母线的相位角，满足并机条件时发出信号，"可以合闸"灯亮，此时操作人员快速合上断路器。

3）半自动并机

半自动并机包括手动并机要求的装置以及同步继电器、断路器位置指示灯、电动断路器、断路器断开/闭合开关。

半自动并机操作类似于允许并机。操作人员把断路器控制开关置于"自动"位置，通过电动马达操作断路器。当并机条件满足时，同步继电器发出并机信号，命令断路器自动合闸。

4）全自动并机

全自动并机综合了手动并机、允许并机和半自动并机的功能，操作人员可以不做干预由自动同步装置自动完成并机。

数据中心要求柴发电源系统在尽可能短的时间内向关键负载送电，所以发电机组并机系统一般采用全自动的并机方式。

3. 并机逻辑

柴油发电机组并机的逻辑控制方式一般有三种：

（1）接到市电断电信号后，所有机组同时启动，同时运行。无论负载多少，并联的 $N+1$ 台柴油发电机组始终同时在线运行。

（2）接到市电断电信号后，所有机组同时启动，然后根据检测到的负载大小投入或者退出部分机组。在实际应用中，数据中心一般会设定一个最少启动机组的数量，也就是说，即使负载大小变为零，仍始终有几台机组一直处于运行状态。

（3）接到市电断电信号后，首先只启动一台机组，然后根据负载大小，由系统决定是否需要启动其他机组并联运行。

在上述三种并机逻辑控制方式中，第一种在负载率较低时会造成资源浪费，第二种和第三种是比较符合节能减排理念的，但第三种逐次启动方式下，有些负载的上电时间会有一定的延迟。总之，选用哪种并机逻辑控制方式需对项目的供电架构、用户需求、负载特点进行针对性分析后再确定。

近年来，大型数据中心纷纷建立，不少数据中心的用电都在兆瓦级。为了节能，对数据机房的用电 PUE（能效比）的要求近乎苛刻。在市电供电时，市电可以随着机房用电量的变化而化。但在柴油发电机组供电时，尽管其供电量也可以随着机房用电量的变化而变化，但在多机并联运行时发电机组的空载运行会造成能源的巨大浪费（上述第一种情形的控制逻辑就是如此），因此发电机组并联运行系统一般考虑采取上述并机控制逻辑后两种中的一种。例如，某数据中心采用 2000kVA×7（6+1）发电机组并联方案。在满负荷时，7 台发电机组全部投入运行，当负载每减小 2000kVA，比如负载小于10 000kVA 时，发电机组就自动停止 1 台的运行，变成 5+1 模式，仍是冗余供电；如果负载又减小了 2000kVA，机组便又停止运行 1 台，变成 4+1 模式，仍是冗余供电；如果负载增加到 11 000kVA，停止的发电机组又可及时启动……这种调节模式在一定程度上实现了节能。

4. 发电机组的并机系统

数据中心柴油发电机组的并机系统是柴发电源系统的一部分，由并机控制柜和并联断路器柜组成，通常两者分开布置。并机控制柜是柴发电源系统的控制核心，负责发电机组的系统管理，包括运行模式、负载管理、发电机组需求优化、自动加载 / 卸载以及并机操作、继电器保护（通过软件实现）、通信和监控等。并联断路器柜内布置并联断路器、母排、保护继电器（硬件实现）、电流互感器（CT）、电压互感器（PT）等装置。可见，并机系统实际上只是把并机控制的软件和硬件分开的一种布置方式。

1）并机系统的分类和作用

并机系统通常用电压等级来分类，分为低压并机系统和高压并机系统。典型的并机系统的电压范围为 380V~15kV，与发电机的发电电压相匹配。表 4-2 列出了并机系统不同电压等级对应的电压值。

表 4-2　发电机组并机系统不同电压等级对应的电压值

电压等级	系统名义电压
低压 /V	220/110、380、400、415、600
高压 /V	3000、3300、6000、6300、6600、10 000、10 500、11 000

发电机组的并机系统可以采用控制系统和断路器柜分开的布置方式，即把并机控制柜与各发电机组配套的并联断路器柜分开，以便开关柜的标准化，并降低并机控制柜的成本。某数据中心并机控制柜如图 4-2 所示。

图 4-2　左侧为并机控制柜（MCP），右侧为燃油控制柜（FCP）

并机系统配有同步控制、负载分配模块和自动分合闸开关，可提高供电系统的可靠性、连续性以及供电电压和频率的稳定性，可以承受较大负荷变化的冲击。并机系统可以对发电机组电源进行集中调度，合理分配有功负载和无功负载，可以根据负载大小投入适当台数的机组，以减少大功率机组小负载运行带来的燃油和机油浪费。

并联断路器柜的选择除了考虑电压等级、符合的电气规范和应用特点外，开关柜的功能设计、关键元器件和材料选择、保护性能等对日后的运行也非常重要。

2）并联断路器柜的结构

并联断路器柜按照结构主要分为三种：机柜式、间隔式和耐弧式。

（1）机柜式开关柜主要用于低压场合，其绝缘等级为尖峰耐压 2.2kV。机柜式开关柜通常包括以下装置：

- 低压塑壳断路器（带保险丝或不带保险丝）；
- 裸露连接的母线排；
- 仪表和计量表；
- 继电器、数字处理器和其他逻辑装置；
- 控制线、保险丝和接线端子；
- 发电机的转速和电压控制装置；
- 出线断路器和电力电缆；
- 电压调节装置。

（2）间隔式开关柜通常用于高压场合，其尖峰耐压能力为 95kV。高压间隔式开关柜的结构与机柜式开关柜不同，主要表现在以下几个方面：

- 主切换和分断装置是抽屉式，设有自对中和自连接的断开装置，并且控制线连接可以断开。
- 一次侧的主要部件完全用金属隔离，所有带电部件都安装在金属小室内，小室金属隔离板接地。前端设有金属挡板或者断路器挡板，确保打开柜门时不会触及一次侧连接的装置。
- 当可移动部件位于分断、测试或者拆卸位置时，会自动隔离一次侧的装置。

- 主母线接头和连接由绝缘材料整体覆盖。
- 设有机械或电气闭锁，确保在正常运行情况下的操作顺序。
- 除了很短的如仪表电压互感器端子的一些连线外，仪表、继电器、二次侧的部件及其控制线必须与一次侧的装置用金属板隔离。

（3）耐弧式开关柜具有保护内部电弧故障的设计，可以有效应对短路等故障引起的高电弧能量造成的周围空气温度的快速升高和腔体内压力的快速上升，具体表现在以下几个方面：

- 每个小室门和挡板能够承受内部电弧产生的压力突增；
- 热气体和熔化的部件从开关柜顶部专门设计的卸压通风口散出，避免对操作人员造成伤害；
- 断路器的位置可以在柜门关闭状态下调整；
- 观察窗允许操作人员在不打开柜门的情况下观察到断路器的状态；
- 低压室完全隔离，避免压力增高；
- 能够把故障限制在故障所在小室内，以降低停机时间。

3）并联断路器柜的母线

当一组并联断路器柜采用联拼方式安装时，通常在断路器的负载侧采用公共导体（汇流排，或称母线（排））将各台发电机组的输出汇总在一起，并传送到配电系统。汇流排可以是裸露的铜排，也可以是连接到对应端子排的电缆。

母线的规格必须满足能安全承担最大电流的要求。由于交流电的集肤效应，交流母排有约12m的厚度是无效的，因此在大电流的应用中，空心母排和扁平的母排最为常见。而且空心管的强度大于实心管，在两个母线支撑之间的跨度可以更大。

母排可以安装在绝缘子上，也可以完全由绝缘材料包裹起来。母排应设置避免意外接触的金属挡板，或者布置在正常够不到的位置。各相的母排是隔离的，可以把故障传递的可能性降到最低，并且防止外来物瞬时接触母排时引起故障扩大。但是接地母线通常和柜体的金属骨架用螺栓相连。

4）并联断路器柜的断路器

断路器是开关柜的一体化核心部件，位于负载和电源之间，有两个关键作用：

- 向发电机组切换负载；
- 保护发电机组免受短路和过载危害。

低压并联断路器柜通常采用框架式断路器，视低压柴油发电机组的输出功率大小选择适合的容量。对于3200A以下的框架式断路器，要求盘柜有500~900mm宽，允许在每面盘柜内堆装不超过4个断路器；对于3200A的框架式断路器，一面盘柜中最多允许安装2个断路器；对于4000A及以上的框架式断路器，要求盘柜有900~1200mm宽，一面盘柜只安装1个断路器。

高压并联断路器柜的断路器通常采用两种，即真空断路器和SF_6断路器，在每面开关柜上不允许堆装，只允许安装1个断路器。10kV系统中主要采用真空断路器，SF_6

断路器主要应用于 35kV 以上系统。

5）并机控制柜的主控制器

数据中心大型柴油发电机组都具备并联运行功能，每台柴油发电机组具备自动同步调节、自动负载分配和并联保护等基本功能。当市电失电时，发电机组能够同时启动，并在接到启动信号 10s 内使备用母线（汇流排）得电，所有需要启动的机组在随后的十几秒内完成并网操作。并网运行时，机组自动进行有功／无功功率分配。这些控制功能由主控制器实现。主控制器不涉及单台发电机组，主要用于控制整个并联柴发电源系统。通常与楼宇系统的整合也由主控制器完成。典型的主控功能包括以下几个方面：

（1）负载感应／负载需求。也称为"发电机需求优先性控制""母排优化""基于负载的发电机顺序""负载需求感应"，指的是并入备用母线的发电机组数量的优化，需满足负载要求并保持一定的安全裕量和较高的燃油效率。负载感应／负载需求通常留给用户设定点，来设置安全裕量的水平。

进入负载感应／负载需求运行模式时，首先所有的发电机组都启动和并机，为负载供电。当发电机组的负载率较低时，一些发电机组将按照优先性自动解列（最次要的发电机组最先解列）并自动停止运行。为了保证应急供电能力，即便负载率为零，也要求维持一定数量的机组始终保持运行。当发电机组的负载率提高到需要增加机组的设定值时，优先性相对较高的机组将启动，与备用母线同步并机。

（2）负载优先排列。用户根据负载重要性设定负载的优先性。最高优先性的负载最先加载，第 1 台发电机组投入后就可以接受最高级优先性的负载。随着并入备用母线的机组数量的增多，次级优先性的负载陆续投入，直到所有负载都投入。

单步加载的负载越大，发电机瞬间反应越大，可能对其所带负载造成一定影响。因此，建议先加载最大的负载，这样大负载的影响在系统重载前，可以减少对于系统其他负载的影响。

（3）自动卸载／加载。在电源系统设计和运行时已考虑了正常情况和应急情况下有足够的发电容量来满足负载需求。但是，系统的额外容量设计通常会有一个经济性的限制，所以，当发生负载超出系统容量的情况时，必须有一个自动程序来监控电源系统的负载水平，并在必要时降低负载。卸载系统能够自动感应过载情况，并卸去优先性低的负载，以降低过载发电机组的负荷，避免发电机组停机、解列、设备损坏或者系统无序停机。

反过来，加载系统基于电源系统容量按照负载优先性投入负载。对于关键的负载优先送电，而不需要负载等到所有机组并联成功后再送电。如果对加载控制不合理，可能会导致系统过载。

（4）不带电备用母线裁决。当多台发电机组同时启动时，它们并不是同步达到额定频率和电压。在发电机组开始同期前，将最先达到额定频率和电压的那台机组作为主机，合上并联断路器接入不带电备用母线，并禁止其他所有机组的并联断路器合闸，其他机组追踪主机的频率和电压参数，待一致时依次合上相应的并联断路器，最终完成并机。

（5）系统层面的测试。主控制器中可以配置自动或手动测试开关，以定期对柴发电源系统进行各种系统层面的功能测试、带载测试或空载测试。

除以上功能外，还包括报告、趋势分析、告警以及系统层面的仪表和保护继电器。

6）并联断路器柜的互感器

电流互感器（CT）：通常次级电流为标准的 5A，选择变比时考虑满载时刻度在 70% 位置，所以 CT 的初级标定应在满载电流的 140%~150%。

电压互感器（VT 或 PT）：通常次级电压为 100V 标准仪表电压。考虑发电机组的同期，建议只采用线电压对线电压的电压互感器。

7）并联断路器柜的控制电源变压器

控制电源变压器（CPT）通常用于给并联断路器柜提供辅助电源，用于除湿加热器、照明、插座以及电动断路器的控制。CPT 应该连接在主断路器的电源侧，用以提供主断路器的合闸电源。

8）并机控制柜的操作界面

并机控制柜通常计量的参数包括市电参数、跳闸单元参数、发动机 / 发电机参数、系统参数和发电额计量，这些参数均显示在操作界面上，供操作者浏览和调整。并机控制柜的操作界面还可以设定保护继电器、告警器、机组的同期和并联以及机组的运行模式，并浏览和调整电压和频率。如图 4-3 所示为某数据中心柴油发电机组并机控制柜的操作界面。

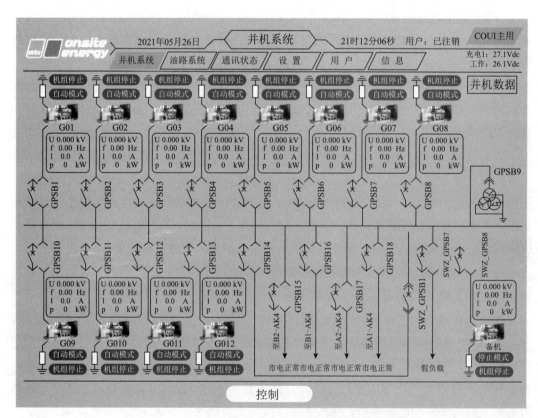

图 4-3　某数据中心柴油发电机组并机控制柜的操作界面

9）保护

并联断路器柜通常要求有最低要求的保护，以保护发电机组免受故障和非正常工况的影响。除了正确选择继电保护装置外，还要加装浪涌抑制器，防止大的浪涌（电力波动、雷击等）窜入电气系统（比如发电机组和配电线路），对电源设备和负载造成损坏，并确保工作人员的安全。

10）发电机组的控制

发电机组的控制主要包括电压调节和频率调节。电压调节通过电压调节器来完成，使发电机的输出自动地维持在一个恒定的电压水平。

频率调节主要通过控制发动机的转速来完成，通过调整发动机油门位置实现速度控制。速度控制也用来同步发电机组，并调整发电机组的负载水平。

11）并机部件的选择

并机部件主要包括同步表、同步检查继电器、自动同步器和负载分配模块，各部件的作用如下：

● 同步表是显示两个交流电压源的相位是否一致的仪表，通常有一个可360°旋转的指针，旋转方向表示待上线机组的频率比在线机组快还是慢，旋转速度的快慢表示机组之间的转速差异的大小。在并联时，调整发动机转速，让同步表指针旋转得足够慢，并且待上线机组的转速应略高于在线机组。当指针指向12点时，可以合上断路器。

● 同步检查继电器检测断路器两侧的电压和相位，并在确定电压和相位一致时发出断路器合闸指令。

● 自动同步器在同步时合上断路器，它会利用断路器合闸时间和频率滑移在相位一致前的瞬间发出合闸命令。

● 负载分配模块用来在系统频率不变的情况下按比例分配两台或以上机组的有功功率。

12）测试单元

测试单元用来模拟故障情况，以测试保护继电器及其动作能力。测试单元通常安装在并机控制柜中，与适当的测试设备一起使用。

5. 发电机组并机系统的中性线接地方式

柴油发电机组系统接地的目的是限制系统的电压，在系统出现高电压冲击时保护系统中的设备，同时也能够提供一个电流通道，使故障电流能够被及时探测到，从而及时隔离故障，保证系统其他部分的正常供电。在数据中心的供配电系统中，按规范要求普遍采用三相五线制的 TN-S 接地系统，变压器二次侧中性点直接接地，中性线（N）和保护零线（PE）分开。TN-S 接地系统理论上 PE 线不通过电流，系统干扰小。柴油发电机组的中性线接地方式与低压供配电系统的 TN-S 接地系统密切相关。

虽然柴油发电机组作为数据中心的备用电源，在一年中运行的总时间并不多，发生接地故障的概率不高，但是由于数据中心对于供电可靠性的特殊需求，需要在负载系统中出现接地故障时尽快隔离故障点，防止单个故障引起整个系统的供电中断，因此，合理选择接地方式并合理配置接地保护装置和保护方案是非常必要的。

1) 中性线接地方式

发电机组中性线接地方式通常有四种：不接地、经消弧线圈接地（谐振接地）、经电阻接地和直接接地。前三种被称为非有效接地系统或小电流接地系统，最后一种被称为有效接地系统或大电流接地系统。

(1) 中性线不接地。中性线不接地系统没有中性线与大地进行连接，只是利用导体对大地的分布式电容间接接地，结构简单、成本低、对系统的干扰小。

当发生单相接地故障时，由于系统的中性线不接地，不接地的两相与地之间的电压为线电压，所以中性线不接地系统对发电机的绝缘耐压要求比较高。

根据 NEMA（National Electrical Manufacturers Association，美国电气制造商协会）的规范要求，发电机应满足 1000V+2 倍额定电压的耐压性能测试的要求。通常情况下，发电机的绝缘能够承受不接地系统单相接地时的耐压要求，所以不接地系统可以承受一次接地故障而不中断运行。但是，必须考虑供配电系统中其他设备的耐压能力。如果过压持续时间较长，可能会触发其他发电机保护或者破坏绝缘而导致后续接地和其他故障的发生。

由于无中性线，因此这种不接地系统无法实现零序保护，检查故障接地点困难。

此方式偶尔应用于 600V 以下，要求或希望在出现一个接地故障时保持持续供电的三相三线制系统中。配电系统中可使用三角形 - 星形变压器，从而为需要 220V 相电压的负载设备提供一个中性点。

(2) 中性线直接接地。中性线和大地之间无连接电阻或者电抗，故障接地电流大，要求保护继电器动作迅速。

中性线直接接地系统一般用于采用低压柴油发电机组的小型数据中心，这种接地方式与 380V 的低压配电系统一致。如果发电机中性线连接至市电中性线上（通常在 4 极转换开关的中线端子上），则发电机中性线不得在发电机上接地。此种情况下，相关规范可能要求在市电供电的地方加贴标记，注明发电机中性线的接地位置。

对于高压柴油发电机组，由于故障电流太大，一般不采用直接接地方式。

(3) 中性线经电阻接地。在中性线和大地之间连接电阻，以限制接地电流，同时在一定程度上限制了非故障相电压的升高。在发生单相接地故障时，接地电流将触发保护继电器动作。

中性线电阻接地系统可以实现零序保护，提高系统的安全性，方便准确查找故障接地点。接地电阻起阻尼作用，可抑制谐振，可以有效地防止间歇性弧光接地过电压和谐振过电压。电阻值越小，消除谐振的效果越好。

通过保护继电器的延迟设定，中性线电阻接地系统可以承受瞬时接地故障而不中断运行。当接地故障持续时间较长时，保护继电器动作，故障发电机解列。

中性线电阻接地通常用于高压和高压发电机系统，在发电机系统出现单相接地故障时提供保护。但它在低压系统中使用较少，因为低压系统中要带单相负载，如果中性线通过电阻接地，就无法实现为单相负载供电。

（4）中性线经消弧线圈接地。在中性线和大地之间连接消弧线圈。在发生单相接地故障时，消弧线圈产生的电感电流补偿单相接地的电容电流，通过接地点的电流减小，使电弧自动熄灭。

中性线经消弧线圈接地不能抑制非故障相电压的升高。消弧线圈需要定期进行调谐，以避免谐振。

2）数据中心柴油发电机组中性线接地方式的选择

在数据中心高压（10kV）柴发电源系统中，一般都采用中性线经电阻接地方式，每台机组均宜配置接地电阻。这种接地方式在系统出现单相接地时能够产生保护动作的电流信号并发出告警，系统可以及时切断接地回路，自动隔离故障点，保证系统运行的安全性，同时可以减少数据中心柴发电源系统的运维工作量。接地电阻的选择依赖于对单相短路电流的设计，一般单相接地电流的范围是100~1000A，典型的单相接地电流取值是400A。

中性线经电阻接地有分散接地方式和集中接地方式两种。分散接地方式是每台机组均通过各自的接地电阻柜接地，如图4-4所示。

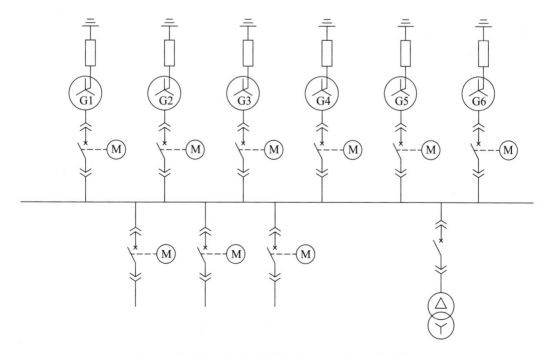

图4-4 分散接地方式（每台机组有一个独立的电阻柜）

集中接地方式是每台机组的中性线通过接触器连接一台公用接地电阻柜接地，如

图 4-5 所示。接触器的控制方式有两种：①只允许一台发电机组的中性线接触器闭合；②多台发电机组的中性线接触器全部闭合。当只允许一台发电机组接地运行时，如果该发电机组解列，则对应的中性线接触器断开，这时系统中的另外一台发电机组的中性线接触器将合上，以保证整个系统有且只有一台发电机组中性线通过电阻接地。这种接地方式有可能形成环流，因此当并联的发电机组特性匹配较好时，可以采用所有接触器同时闭合运行的方式。

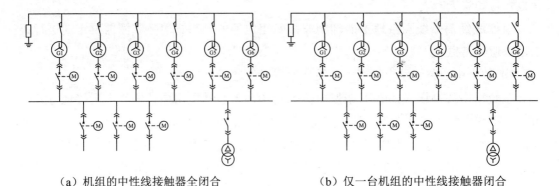

（a）机组的中性线接触器全闭合   （b）仅一台机组的中性线接触器闭合

图 4-5   集中接地方式（系统共用一个电阻柜）

低压发电机组的中性线通常直接接地，与发电机、电气设备和双电源转换开关构成 TN-S 接地系统。这时，双电源转换开关应采用 4 极结构，以保证电源系统的接地在市电正常时和发电机工作时相互独立。

对于并联运行的低压发电机系统，每台发电机组应连接中性线接触器，整个系统有且只有一台发电机组的中性线通过接触器接地。

发电机组底座、发动机气缸体、发电机框架等构成发电机组本体，一般独立就近接地，以确保发电机组本体的零电位。发电机组本体接地一般与中性线接地分开。

在实际的工程中，柴油发电机组使用时，将数据中心的负载系统与大电网隔离，两个不同供电系统接地方式的选择对于负载系统接地保护配置会有较大影响。如果市电采用的是中性点经小电阻接地方式，柴油发电机组也同样采用小电阻接地方式，由于彼此间电阻值选择不同和机组运行模式不同，对于接地保护的整定也会不同。相当数量的数据中心采用 110kV/10kV 的变电站供电，10kV 侧采用不接地或经消弧线圈接地（谐振接地）方式，当切换到柴油发电机组为小电阻接地方式时，接地保护的配置会有较大差别，需要特别注意。

4.3   发电和配电

数据中心是提供信息数据存储和信息系统运行的平台，柴油发电机电源作为应急备用电源，是保证数据中心不间断供电的最后一道屏障，因而对柴油发电机组的发电和配电提出了更高的要求。目前数据中心柴发电源系统主要由柴油发电机组、柴发主控制器柜、并联断路器柜、备用母线、柴发系统主断路器柜、系统配电母线和馈线断路器柜等组成,各部分作用如下:

- 柴油发电机组:提供应急备用电源;
- 并联断路器柜:负责多台柴发机组同步后的合闸;
- 备用母线:柴发电源主母线,汇集并联柴发机组的功率;
- 主断路器柜:负责将柴发电源系统功率送到系统配电母线;
- 系统配电母线:数据中心整个配电系统的母线,分配柴发电源系统或市电系统的电源输入功率;
- 馈线断路器柜:负责负载的送电或停电;
- 主控制器柜:并机控制柜,监控整个柴发电源系统的正常运行。

图 4-6 所示为某数据中心柴发电源供配电系统示意图,其中,柴发电源系统使用了 $N+1$ 台发电机组,每台机组配备两个并联支路,设计两段备用母线,采用两个主断路器,分别将两段备用母线的电能送到两段系统配电母线上。

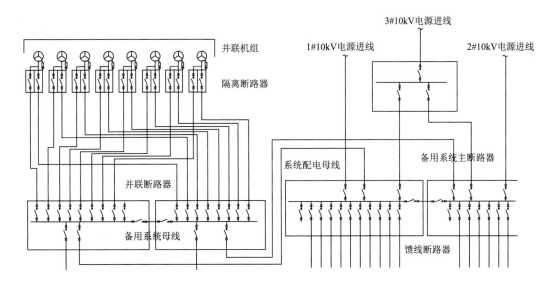

图 4-6 某数据中心柴发电源供配电系统示意图

4.3.1 柴发电源系统的可靠性设计

数据中心柴发电源系统的可靠性要求取决于数据中心的规模和等级、市电供电可靠性、配电设备及 UPS 的质量等因素,数据中心柴发电源系统发配电的可靠性设计依据不同的可靠性要求而采取不同的方案和规模。

1. 数据中心最基本的柴发电源系统的配电设计

图 4-7 所示为数据中心最基本的柴发电源系统，适用于数据中心规模不大或数据中心的设备可靠性非常高，且市电的停电概率很低而只须考虑市电短时停电期间启用柴发电源供电的情况。该电源系统的设计特点是，发电机组容量只按实际负载大小配置，不考虑任何冗余，每一个负载只考虑一条配电支路。其优点是系统简单，投资少；缺点是当市电停电启用柴油发电机组供电时，如果任何一台发电机组或并联断路器柜要进行计划性检修或发生故障，都将使柴发电源系统因过载而导致电压频率大幅度下降。如果不配置低频减载功能，则会造成柴发电源系统崩溃；如果配置了低频减载功能，则优先级较低的负载被迫停电。而当柴发电源系统供电时，如果负载的馈线断路器柜或 ATS 设备计划性检修或发生故障，则会造成相关负载非正常停电。

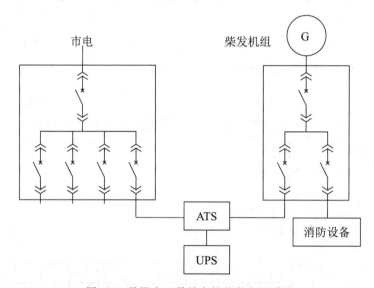

图 4-7　数据中心最基本的柴发电源系统

如果 ATS 计划性检修时数据中心的负载不允许停电，则需选用带旁路的 ATS，此时可将相关负载切换到 ATS 的旁路。同样，如果要求在发电机组进行计划性检修或发生故障时不中断对负载的供电，需要对柴发机组配置相同容量的冗余机组。

2. 数据中心"容性计划检修"型柴发电源系统的配电设计

在最基本的柴发电源系统方案中，作为终端负载的 IT 设备只有唯一的供电支路，在市电供电或柴发电源系统供电时，该配电支路中任一设备（例如 ATS 市电侧或柴发电源侧的上游馈线断路器）计划性检修或发生故障，都会中断 IT 负载设备的供电。

为了在供电设备进行计划性检修或发生故障时终端负载始终保持不中断供电，可采用如图 4-8 所示的供电方案。在该方案中，市电采用"一用一备"的方式，并配备柴发电源系统。

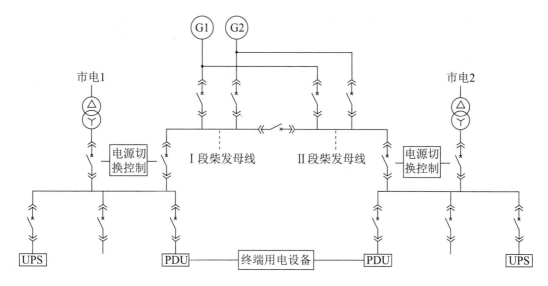

图 4-8 数据中心"容性计划检修"型柴发电源系统

该方案的工作过程如下:

（1）正常运行状态下，市电 1 及其配电支路给所有负载供电，市电 2 及其配电支路处于备用状态。

（2）当市电 1 及其配电支路 1 中的设备需要计划性检修或发生故障时，将所有负载切换到市电 2 及其配电支路 2 供电，此时柴发电源系统给市电 2 做备用。在两路电源切换过程中，可由 UPS 保持负载供电不中断。

（3）此时，如果市电 2 又停电，则柴发机组自动启动并将电源送到 II 段柴发母线，通过"电源切换控制"开关将柴发电源送到市电 2 配电母线，然后通过配电支路 2 给终端负载供电。

（4）当市电 1 及其配电支路 1 中的设备计划性检修完毕或故障修复时，如市电 2 正常供电，则退出市电 2 及其配电支路 2；如柴发电源供电，则退出柴发电源，并由柴发电源作为市电 1 的备用电源。

在该方案中，柴发电源的设计特点是，机组装机容量按实际负载容量配置，并根据需要做有限冗余设计，所以任何柴发机组正常检修均不影响柴发电源系统足够的备用容量；其次，每台柴发机组设两条并联支路，分别并联到两段备用母线，两段母线通过两个备用主断路器分别送到两段系统配电母线。两段备用母线通过母联断路器连接，正常运行情况下该母联处于断开状态，因此，柴发电源配电系统中任何并联断路器、主断路器以及任一段备用母线的计划性检修，都不影响柴发电源送电到终端负载。由此可见，上述设计能确保柴发电源系统在任何设备计划性检修时，不影响该系统的正常备用作用。

3. 数据中心"容错"型柴发电源系统的配电设计

图 4-8 的方案（配一台冗余机组）中，由柴发电源系统供电时，若两台以上机组同

时故障，将导致部分终端负载不得不停电。如果数据中心所有终端负载都不能容忍任何形式的设备或线路故障停电，则应在图4-8的基础上对柴发电源系统做相应的改进设计。

如图4-9所示是"容错"型柴发电源系统的配电设计，该设计的特点是，系统采用双活供电链路，油机、不间断电源、制冷设备均采用2N冗余配置。双活链路内，所有设备和配电路由完全物理隔离。任何一条链路的任何部件故障，不影响另一条链路的正常运行，不影响末端业务设备的运行。

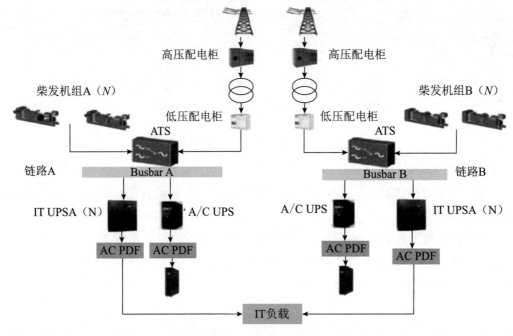

图 4-9　数据中心"容错"型柴发电源系统

4.3.2　柴发电源与市电的切换

在市电正常时，数据中心的终端设备采用市电作为主用电源，柴发电源在市电失电时才给终端设备供电。当市电恢复后，设备仍恢复到由市电供电。因此，在数据中心的配电系统中，不可避免地要涉及柴发电源和市电之间的切换设计和切换操作。

1. 柴发电源与市电的电源端切换和负载端切换

数据中心柴发电源与市电之间的切换按电源切换点在配电系统中的电气位置不同，可分为电源端切换和负载端切换。根据数据中心对供电可靠性的要求以及供配电系统建设的投资规模，选择不同的切换方式。

1）柴发电源在电源端与市电切换

图 4-10 所示为备用柴发电源与市电的电源端切换设计。柴发电源与市电之间的电源切换点在系统配电母线上游，当分别分、合市电主断路器和柴发电源主断路器时，便

可实现柴发电源与市电之间的切换。采用这种切换方式时，每一个终端设备可以通过单一馈线断路器柜和单回电缆供电，因而配电系统的设备投资较少，但这种配电设计在一定程度上降低了终端设备的供电可靠性，因为馈电线路上任何供电设备故障或计划性检修都将造成终端设备停电，因此不适合直接应用于对供电可靠性要求高的数据中心。可结合图4-8，将其有效地应用于柴发电源与一路市电的电源切换设计，从而在实现数据中心高供电可靠性的同时，有效降低配电系统的投资成本。

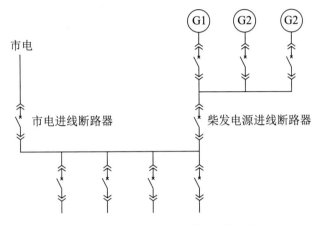

图 4-10 柴发电源与市电在电源端切换

2）柴发电源在负载端与市电切换

图 4-11 所示为柴发电源与市电的负载端切换设计，电源切换点在配电系统末端的负载侧，通过自动转换开关 ATS 实现柴发电源与市电之间的切换。

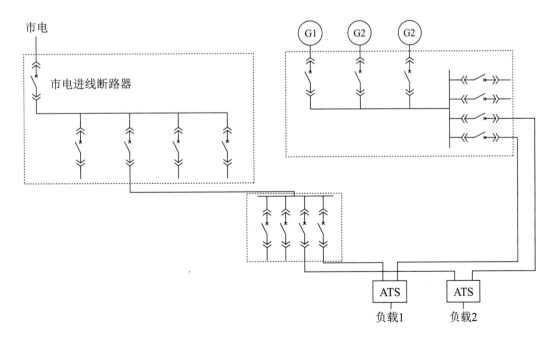

图 4-11 柴发电源与市电在负载端切换

柴发电源与市电在负载端切换时，各负载均需配置两个配电回路，因而配电建设投资明显增加，但各负载的供电可靠性由此得到很大提高。如果采用带旁路的ATS，则UPS上游任何配电设备进行计划性检修时，UPS的供电都不会中断。但当ATS及其下游UPS等设备故障时，仍然会造成IT负载等终端设备的供电中断。因此，对于市电供电可靠性非常高、ATS及其下游UPS等供电设备的质量很好的小型数据中心，可以采用如图4-11所示的设计。在此基础上，再进一步提高配电系统的不停电检修能力和"容错"能力。

2. 柴发电源向市电的断电切换和不断电切换

当市电失电时，数据中心的供电电源要从市电向柴发电源切换，由于柴油发电机组从启动到运行带载需要一个过程，因此这个电源切换过程会造成UPS等设备的供电中断。当柴发电源带所有负载运行而市电恢复时，柴发电源向市电切换则不一定造成设备供电中断，供电是否中断取决于柴发电源与市电的切换方式。因此柴发电源向市电切换时，根据是否会造成负载端停电，可分为断电切换和不断电切换两种方式。

1）柴发电源向市电的断电切换

当柴发电源带所有负载运行而市电恢复时，如果柴发电源在向市电切换时中断了负载设备的供电，则这种电源切换方式为断电切换，如图4-12所示。

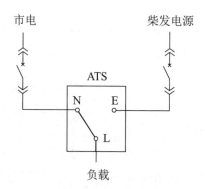

图4-12　柴发电源与市电的断电切换

电源的自动切换一般由ATS完成。当市电正常供电时，负载由市电供电，ATS的状态如图4-12所示，触头搠于左边市电侧；当市电失电时，柴发机组自动启动，待机组稳定可带负载时，ATS自动切换到右侧柴发电源供电。当市电恢复正常后，ATS再自动切回到左侧市电侧，然后柴发机组冷却停机。可见，对于由"单刀双掷"ATS完成的断电切换，两次电源切换都会造成UPS等下游负载停电。

由于ATS的切换速度较快，当ATS下游负载为高感抗负载或大容量电动机时，柴发电源向恢复正常的市电切换将导致电动机感应电源与市电非同步并联，从而损坏电动机及电气上临近的其他负载设备，因此需要ATS触头在中间位置停留一段时间，为此可选用三位式ATS，如图4-13所示。然后再向市电侧切换，触头在中间位停留时间的长短取决于电动机电压的衰减时间常数。

图 4-13 三位式和二位式 ATS

在市电因失电和恢复而与柴发电源进行相互切换操作时，由于是断电切换，数据中心 UPS 蓄电池需进行两次充放电操作。因此，在市电供电可靠性较低时，经常性的电源切换会增加蓄电池的充放电次数，从而降低蓄电池甚至 UPS 的使用寿命，因此可能因为数据中心 IT 设备等的高供电可靠性需求而不得不冗余配置 UPS。此外，当通过 ATS 给感性负载供电时，断电切换需要触头在中间位停留一段长短取决于负载的时间，这就增加了 ATS 有效应用的难度。因此，断电切换适用于市电供电可靠性很高的数据中心的非感性负载的电源切换。

2）柴发电源向市电的不断电切换

在柴发电源带所有负载运行的过程中，当市电恢复时，需要将负载切换回市电供电，如果这个切换不中断负载设备的供电，则柴发电源向市电的切换为不断电切换。

实现柴发电源与市电的不断电切换可采用如图 4-14 所示的具有两套动触头的 ATS，工作过程如下所示。

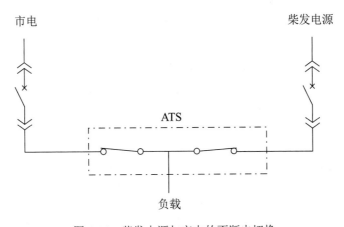

图 4-14 柴发电源与市电的不断电切换

（1）市电正常供电时，左侧的动触头闭合，右侧的动触头断开，负载由市电供电。

（2）市电失电时，备用的柴发机组启动，当机组运行稳定可带负载时，ATS 左侧的动触头断开，右侧的动触头闭合，ATS 自动切换到右侧柴发电源。

（3）市电恢复正常时，ATS 控制柴发机组电源与市电同步，达到同步条件时，

ATS 左侧的动触头闭合，负载由柴发电源与市电同时供电，然后断开 ATS 右侧的动触头，完成柴发电源向市电的不停电自动切换。

（4）柴发机组冷却停机。

可见，由"双刀双掷"型 ATS 执行的不断电切换在市电失电和恢复时，只造成 UPS 等负载设备停电一次。柴发电源向市电的不断电切换不会造成电动机的感应电源与市电非同步并联，因而不会损坏电动机及电气上临近的其他负载设备。

采用不断电切换方式使数据中心所有 UPS 投入 / 退出的频率等于市电停电频率，为断电切换方式下 UPS 投切频率的一半，因此当 UPS 设备及配电设备质量很高、市电的供电可靠性很高，且参考图 4-8 采用双路市电加柴发电源设计时，可根据终端负载设备需求，适当减少冗余的 UPS 的数量。此外，当 ATS 带感性负载且很难估算电源在 ATS 触头的中间位置的停留时间时，也可考虑采用不断电切换方式。

4.3.3　不同电压等级的电源架构

根据数据中心供电需求，备用柴发电源系统可采用 0.4kV 低压柴发机组或 10kV 高压柴发机组。不同电压等级的柴发电源系统有不同的电源架构，当低压备用电源系统在技术上满足不了数据中心供电需求，或投资成本上明显超过高压系统时，需要考虑选用 10kV 高压备用电源系统。

1. 0.4kV 低压柴发电源系统

在我国，数据中心终端设备的电源电压为低压 380V/220V，采用低压柴发电源作为备用电源系统供电，在可靠性、经济性等方面具有明显的优势。

1）系统组成

国内数据中心低压备用电源系统由 0.4kV 低压柴油发电机组、低压断路器柜、低压备用母线及低压电缆等组成，如图 4-15（a）所示。如图 4-15（b）所示为低压柴发作为备用电源的供电系统简图，该系统采用 5 台 0.4kV 低压备用发电机组，为 4+1 冗余系统。

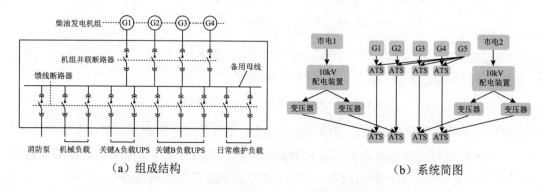

（a）组成结构　　　　　　　　　　（b）系统简图

图 4-15　数据中心低压柴发电源系统

2）系统设计要求

低压柴发电源系统的总容量受到备用母线容量限制和断路器短路保护能力的限制，通常 400V 低压母线的最大容量是 6300A，低压断路器的分断能力有 100kA、130kA、150kA 等不同的等级。在系统设计时需要合理分配负载，防止母线超过允许电流，并依据实际的发电机参数来计算系统的最大短路电流，依据断路器不同的分断能力选择合适的断路器，保证短路电流小于断路器的最大分断电流。当系统的短路电流较大时，还要计算核实下游断路器的选择是否满足其负载的短路分断能力。

（1）如果数据中心备用电源系统的总装机容量小于备用母线的限流容量，且馈线断路器出口处短路电流小于馈线断路器的短路开断容量，同时大部分终端设备距离柴油发电机组不远，则该数据中心可首选低压柴发电源系统，其设计可参考图 4-15。

（2）如果馈线断路器出口处短路电流小于馈线断路器的短路开断容量，大部分终端设备距离柴油发电机组不远，但备用电源系统的总装机容量需求在一定程度上大于备用母线的限流容量，则可在图 4-15 所示设计的基础上，通过合理调整并联低压机组与馈线断路器柜的相对电气位置，使备用母线上任何一处的实际工作电流小于母线的极限工作电流。

（3）如果数据中心的馈线断路器出口处短路电流远大于馈线断路器的短路开断容量，或备用电源系统的总装机容量需求远大于备用母线的限流容量，但终端设备与柴油发电机组的距离对应的低压电缆投资较低，具有很好的经济性，则可以根据馈线断路器的短路开断能力，将终端设备按容量需求分组，并按组匹配一定数量的低压并联机组，同时合理调整各机组-负载组内低压机组与馈线断路器柜的相对电气位置，使备用母线上任何一处的实际工作电流小于母线的极限工作电流。

低压柴油发电机组配置简单，一般配过电流保护（包括过载和短路保护）、过电压保护和低频保护，低压机组并联运行时只需加配逆功率保护和失磁保护。因为系统容量小，因而电气保护比较简单。此外，机组中性点接地方式一般采用直接接地。低压机组的配电系统安装调试简单，维护保养容易，供电范围较小时采用低压机组具有很好的经济性和可靠性。

对于中大型数据中心，由于功率密度高，系统需要 N+1 的备用电源模式，这样在市电失电采用低压柴发电源供电时，正常的工作电流非常大，一方面可能导致电缆投资成本增高，另一方面可能冲击低压备用母线和断路器的 6300A 载流极限。同时，数据中心低压柴发电源系统较大的装机容量使备用母线上各馈线断路器出口的短路电流非常大，对断路器的短路电流开断能力造成巨大挑战。这些都给低压柴油发电机组的应用带来很大的限制。因此，低压柴油发电机组主要应用于小型或分散分布的数据中心。

3）系统示例

下面以某个数据中心 0.4kV 低压柴发电源系统为例介绍柴发电源系统的运行、保护及控制方式，整个供电系统如图 4-16 所示。

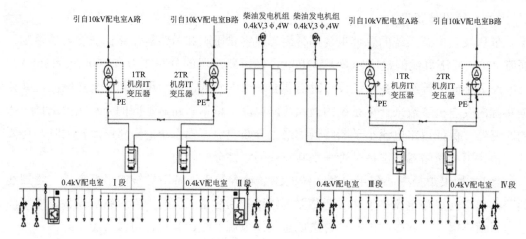

图 4-16   备用电源为 0.4kV 柴油发电机组的配电系统

（1）运行方式：

①高压配电室 10kV 主接线采用分段单母线（汇流排）。正常运行时，两路 10kV 电源分别向两段母线供电，此时母联断路器为断开状态。当一路 10kV 电源停电时，母联断路器手动（或自动）投入运行，由第二路电源向两段母线供电，每路电源均可带起全部负载。如果数据中心禁止采用 10kV 母联断路器投切的运行方式，则可以在低压 0.4kV 侧将各母联断路器投入运行，以保证全部负载的供电。

② 10kV 系统配电母线以放射式向各台变压器供电。变压器采用 1+1 配置，每台变压器的负载率不大于 50%。当一台变压器故障时，另一台变压器可带起全部负载。

③ 0.4kV 系统配电母线采用分段单母线运行方式。每两段 0.4kV 系统配电母线设母联断路器，母联断路器可设置为自投（自动投切）不自复（自动恢复）、自投自复、自投手复、手动四种控制状态。

④当两段 0.4kV 系统配电母线均失去市电后，柴油发电机组得到信号立即自启动，并机成功后，向低压配电室 0.4kV 系统配电母线供电。当市电恢复后，确认市电各项指标正常，手动完成市电 / 柴电切换，恢复市电供电，然后停止发电机组运行。

（2）自动装置：

① 0.4kV 系统母联断路器设有备用电源自动投入装置。当一台变压器故障停电后，0.4kV 母联断路器自动投入。当同组两段 0.4kV 系统配电母线市电均失电时，柴油发电机组立即自启运行。0.4kV 系统配电母线的市电和发电机电源之间设有自动（或手动）切换装置，市电失电后，切换装置自动（或手动）切换，0.4kV 系统配电母线由柴油发电机组供电。

②正常电源与柴发电源之间的切换采用自动转换装置，自动转换装置宜具有检修旁路功能，或采取其他措施，在自动转换装置检修或故障时，不应影响电源的切换。

（3）电气联锁要求：

① 10kV Ⅰ、Ⅱ段系统配电母线市电进线断路器与母线联络断路器之间设电气联锁，

不允许两路电源并联运行。

②0.4kV 系统配电母线发电机电源进线断路器与市电进线断路器之间设电气联锁，市电进线断路器全部断开后，发电机电源进线断路器才能合闸，不允许发电机电源和市电并联运行。

③柴油发电机电源和市电互投条件应该符合 GB/T 16895《低压电气装置》第 5-54 部分中有关继电保护装置的描述。

2. 10kV 高压柴发电源系统

随着数据中心规模的发展壮大，数据中心需要更大容量的机组作为备用电源，因此高压柴发电源系统成为目前国内外的主流应用方案。高压柴发电源系统降低了系统的短路电流和工作电流，可以有效地增加单个系统的供电容量，供电距离远，为大型数据中心不同区域的电源互相投切提供了方便，也大大地简化了系统中备用电源的设计难度。

1）系统组成及拓扑结构

国内数据中心高压备用电源系统一般包括 10kV 高压柴油发电机组、10kV 高压断路器柜、高压备用母线及高压连接电缆等，如图 4-17（a）所示。如图 4-17（b）所示为高压柴发作为备用电源的供电系统简图，该系统采用 5 台 10kV 高压备用发电机组，为 4+1 冗余系统。

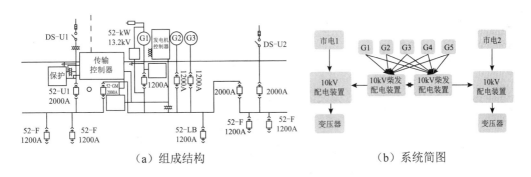

（a）组成结构　　　　　　　　　（b）系统简图

图 4-17　数据中心高压柴发电源系统

数据中心负荷一般较大，因此会用 10kV 机组多台并机的方式进行负荷共担和负荷分配。也有一些小型数据中心考虑到维护的方便性和可靠性，会使用 380V 低压机组并机，或者采用单母线分段联络的方式作为备用电源。

数据中心高压柴油发电机组备用电源系统的拓扑结构多采用单母线、双母线和环路母线的形式。

（1）单母线：将所有的机组出线均汇集在同一条母线上，再进行电能分配，一般配置一套并机系统，如图 4-18 所示。这种方式接线简单，维护方便，作为备用电源使用性价比很高，一般适用于 $N+1$ 的备用电源系统，但在母线进行检修或者做高压试验的时候，整个备用电源系统无法送出电力。

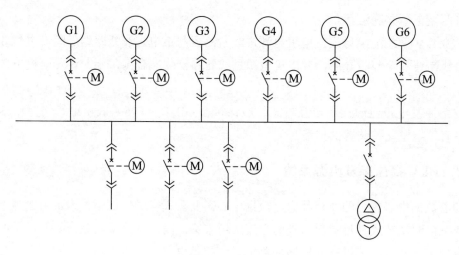

图 4-18 单母线

（2）双母线：系统具备两条地位对等的汇集母线，每台机组均向两条母线汇集，再从两条母线进行功率分配，如图 4-19 所示。两条母线都配置各自的并机系统，互为备份。双母线具备了完全冗余的母线和并机控制，可靠性高，维护也不复杂，是目前比较容易为用户接受的 2N 接线方式，经常为保障等级较高的数据中心采用。

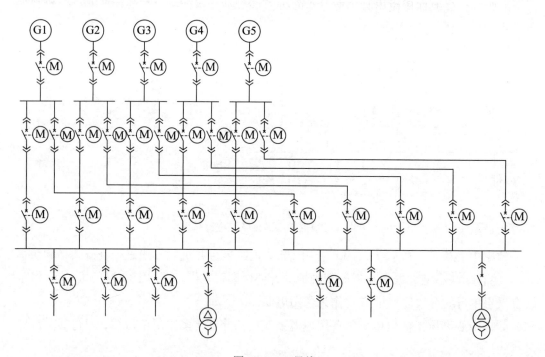

图 4-19 双母线

（3）环路母线：对于大型数据中心园区，一般需要配置多套柴油发电机组的并机系统作为不同负荷模组的备用电源，这时每条母线可以仅配置数量为 N 的机组容量，使用统一的配置了 N 台机组容量的母线作为备用母线，形成环网，互相联络，如图 4-20 所示。当系统中母线增多的时候，要注意两个问题：一是正常运行下负荷分配和机组投/退的逻辑问题;二是短路故障时各级断路器间的保护配合问题。

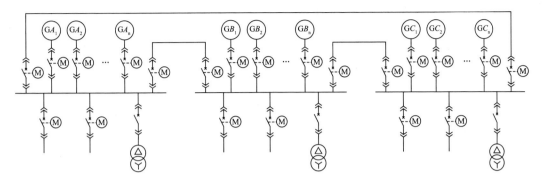

图 4-20　环路母线

3)系统设计要求

与低压发电机组相比,高压发电机组具有较高的工作电压,因此对于机组的设计、运行、维护和保养有特别的要求。

(1)需要特殊关注高压发电机的绝缘,例如配备防冷凝加热器可以有效地使高压发电机的绝缘保持干燥,从而使其绝缘特性维持在良好状态。此外,需定期对其绝缘特性进行监测。低温环境应用时需要对房间进行保温和加热处理,不能使发电机绝缘长期暴露在 –15℃ 以下,否则需要在发电机启动时预热,防止过大的快速温差变化导致高压绝缘损坏。

(2)定子绕组可配置电晕放电屏蔽,且需要考虑海拔高度变化对电晕放电的影响,例如海拔高度超过 3000m 时需要有特殊的考虑。

(3)高压机组在低压机组电气保护的基础上,可以增加差动保护。为了限制系统单相接地电流,需要设计中性点接地电阻。

(4)高压柴发电源系统中主要用到的真空断路器在开断电流时容易产生截流过电压,因此要求系统必须配置操作过电压保护,防止造成断路器相间击穿。高压柴发电源通常在高压侧与市电进行电源切换,对于市电的切换和机组高压断路器的保护整定设计需要符合相应的规范,对于系统的运行方式需要与当地的电力部门及时沟通。在系统的接地保护方面也需要做统筹的考虑。

(5)由于高压导体具有较高的电位,容易产生高压放电等危险,因此高压电缆及其电缆头的选择和安装需要符合电力行业的要求。

(6)高压柴发电源系统较低压电源系统更为复杂,对于运行维护人员的资质具有较高的要求,需要取得应急管理局的高压作业证。

4)系统示例

下面是某数据中心 10kV 柴发配电系统的运行方式及保护控制逻辑,整个供电系统如图 4-21 所示。

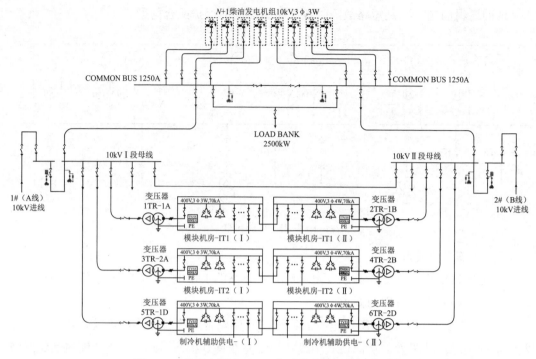

图 4-21　备用电源为 10kV 柴油发电机组的配电系统

（1）运行方式：

①高压配电室 10kV 主接线采用分段单母线，如图 4-21 所示。正常运行时，两路 10kV 电源分别向两段系统配电母线供电，此时母联断路器为断开状态。当一路 10kV 电源停电时，母联断路器手动（或自动）投入运行（此种运行方式需要与当地的电力部门沟通并得到许可），由第二路电源向两段系统配电母线供电，每路电源均可带起全部负载。

② 10kV 系统配电母线以放射式向各台变压器供电。变压器采用 1+1 配置，每台变压器的负载率不大于 50%。当一台变压器故障时，另一台变压器可带起全部负载。

③ 0.4kV 系统配电母线采用分段单母线运行方式。每两段 0.4kV 系统设母联断路器，断路器可自动投切。

④当两路 10kV 市电均失电后，柴油发电机组得到信号后自启动，并机成功后，向高压配电室两段 10kV 系统配电母线供电。当市电恢复后，确认市电各项指标正常，手动完成市电 / 柴电切换，恢复市电供电，然后停止发电机组运行。

（2）自动装置：

①柴油发电机组需具备快速自启动 / 手动启动功能。

② 10kV 系统配电母线的市电和发电机电源之间设有自动切换装置，市电失电后，切换装置可自动切换，10kV 系统配电母线由柴油发电机供电。为保证绝对安全，有些数据中心要求采用手动切换方式将柴油发电机电源输送到 10kV 系统配电母线。

③低压侧配合高压侧具有更多选择性时，0.4kV 系统母联断路器通常设有备用电源自动投入装置，当一台变压器故障停电后，0.4kV 母联断路器自动投入。母联断路器可设置为自投不自复、自投自复、自投手复、手动四种控制状态。

（3）电气联锁及机械连锁要求：

① 10kV Ⅰ、Ⅱ段系统配电母线市电进线断路器与母线联络断路器之间设有电气联锁，不允许两路电源并联运行。

② 10kV Ⅰ、Ⅱ段系统配电母线发电机电源进线断路器与母线联络断路器之间设有电气联锁，不允许两路电源并联运行。

③ 10kV Ⅰ、Ⅱ段系统配电母线发电机电源进线断路器与市电断路器之间设有电气联锁，市电断路器全部断开后，发电机电源进线断路器才能合闸，不允许市电与柴油发电机电源并联运行。

④柴油发电机电源和市电互投条件应该符合 GB/T 16895《低压电气装置》第 5-54 部分中有关继电保护装置的描述。

4.3.4　柴油发电机并机母线之间母联的设置分析

在数据中心的设计过程中，当柴油发电机组做双母线并机输出时，应根据不同的配置确定是否需要添加并机母线间的母联断路器。

1. 柴油发电机 2N 配置，需要在并机母线之间增加母联

国内早期高等级的数据中心在进行柴油发电机电源系统架构设计时，柴油发电机组几乎都是 2N 配置，如图 4-22 所示。

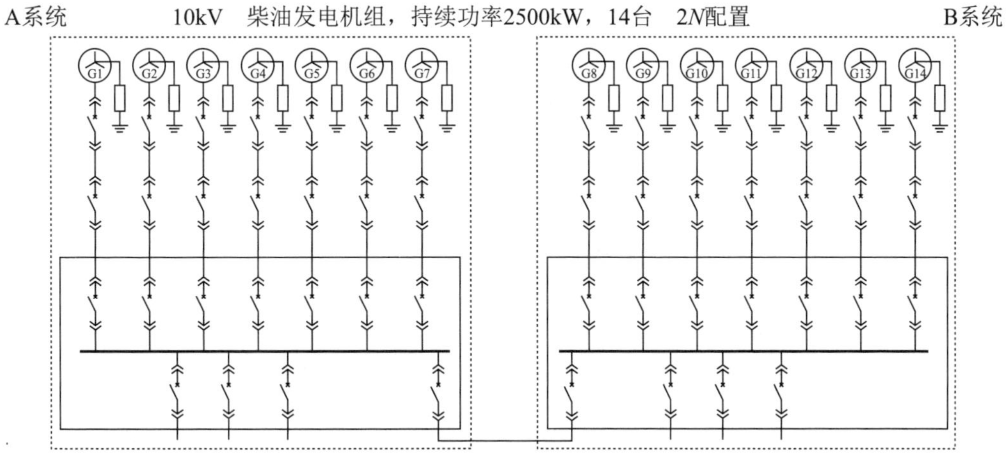

图 4-22　2N 配置的柴发电源系统架构

柴油发电机 A 系统和 B 系统均采用 7 台持续功率为 2500kW 的柴油发电机组。其中，A 系统的 7 台柴油发电机组并机到 A 系统的并机母线，B 系统的 7 台柴油发电机组并机到 B 系统的并机母线。数据中心的总负荷为 15 000~17 500kW，由于采用 2N 配置，因此单侧 N 台柴油发电机组总容量大于该总负荷。在市电全部失电时，柴发电源系统启动，带数据中心全部负荷。

当 A 系统的柴油发电机组有任何一台出现故障或 A 系统的柴发需要维护、维修时，A 系统的全部柴油发电机组都需要隔离出来而退出运行序列，在此情况下，末端 IT 设备单电源运行。为了进一步提高此期间的供电可靠性，便产生了并机母线间的联络（母联）。如并机母线间无此母联，则 B 系统通过并机母线及变压器、UPS 等为 IT 设备单侧供电。当 B 系统再出现故障时，例如此路径上的 UPS 出现故障，末端 IT 设备将失去全部电源而中断运行。如并机母线间增加了母联，则 B 系统的并机母线（B 段）可通过母联及 A 系统并机母线（A 段）为 A 侧提供配电，末端 IT 设备可以实现双侧供电，当再出现故障时，例如 B 路径上的 UPS 故障，末端 IT 设备仍有一侧可以正常供电，避免了运行的中断。

2. 柴油发电机组 N+1 配置，无须在并机母线之间设置母联

目前数据中心在进行柴发备用电源系统设计时，柴油发电机组一般采用 N+1 配置，在保障可靠性的同时，降低了投资和运行成本。在 N+1 配置时，双并机母线之间无须设置母联断路器。

如图 4-23 所示，数据中心柴发电源系统按 N+1 配置柴油发电机组，柴发电源系统由 7 台（6+1）持续功率为 2500kW 的柴油发电机组组成。每台柴油发电机组通过双输出柜分别并机到 A 侧并机母线和 B 侧并机母线，数据中心的总负荷为 12 500~15 000kW，不大于 6 台柴油发电机组运行的总负荷。在市电全部失电时，柴发电源系统启动，带数据中心全部负荷。

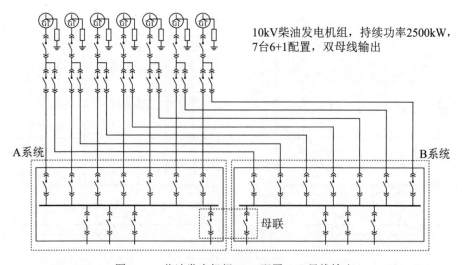

图 4-23　柴油发电机组 N+1 配置，双母线输出

当柴油发电机组有任何一台出现故障或需要维护、维修时，此台柴油发电机组可以单独隔离出来，其他柴油发电机组仍正常并机输出到双并机母线，为后续设备正常供电，即末端 IT 设备仍可以双侧供电。当任何一侧的并机母线需要维护、维修时，只有另一侧的并机母线正常使用。因此，在柴油发电机 N+1 配置且双并机母线输出的情况下，并机母线之间的母联设置是没有意义的，也无法提高系统的可靠性。

4.4 数据中心柴发电源系统的监测和控制

在市电失电启动柴发电源系统为数据中心负载供电时，不仅需要柴发机组本身安全可靠运行，而且需要一套控制系统对配电系统中的市电、发电机组、并联断路器柜、备用母线、系统主断路器柜乃至馈线断路器柜等设备进行监测和控制，以确保整个备用柴发电源系统的正常运行。

4.4.1 监控需求

数据中心柴油发电机组通过燃烧柴油发电输出电能，通常国内燃油价格相对较高，且燃油产生的化学能转换成电能的效率不到35%，因而备用发电的成本远远高于市电。此外，我国电网的可靠性较高，正常情况下市电相对稳定，备用的柴发电源系统基本上长期处于"闲置"状态，考虑到柴发电源系统使用率和投资成本，即使有冗余需求，系统装机容量也非常有限。这种有限性导致柴发电源系统存在两方面不足：一方面，柴发电源系统一旦因一定数量的机组故障导致过载，系统频率将过度下降，如果不做相应的系统监控设计，则一定延时后必将低频停机，导致柴发电源系统彻底崩溃；另一方面，数据中心通常对备用电源系统的装机容量有一定冗余要求，因此如果不考虑负载率而投运所有柴发机组，则势必导致柴发电源系统经常性轻载运行，从而进一步提高备用发电成本，而负载率长时间低于30%运行将大大加速备用发电机组的老化。为克服上述不足，需要一套具备基本监控功能的监控系统来监测、控制柴发电源系统的运行，如图4-24所示。

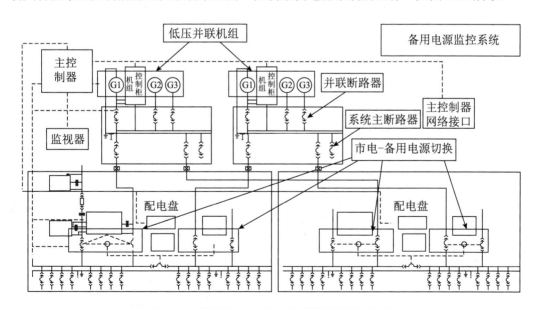

图 4-24 数据中心柴发电源系统的监测和控制

数据中心柴发电源监控系统一般由系统主控制器、机组控制器、断路器辅助开关、控制电缆等硬件以及相关的监控软件等组成。柴发电源监控系统应具有以下两个方面的主要功能：

● 市电系统常规的监控功能；

● 自动加/减载、自动增/减机组等独特的监控功能。

4.4.2 柴发电源系统的常规监控

根据数据中心应用现状，备用柴发电源系统常规的监控内容主要包括市电和柴发电源的测量、断路器的监控、电源切换监控、机组中性点接地控制、系统的手动控制和系统故障记录等。

1. 市电和柴发电源的测量

柴发电源监控系统通过各种电压互感器、电流互感器以及系统主控制器、机组控制器等对市电和柴发电源的相关电气量参数进行测量，测量内容主要包括以下几项：

（1）柴发电源的电压和电流。对于低压柴发电源系统，系统主控制器直接测量备用母线的电压；对于高压柴发电源系统，需通过电压互感器测量。无论低压还是高压柴发电源系统，系统主控制器通过电流互感器来测量备用母线各馈线支路的电流。电流互感器的二次电流为5A或1A，一次电流应当可高达25 000A。

（2）市电进线端的电压和电流。测量市电进线端电压和电流，以便进行负载的有效管理。

（3）电源其他参数的监测。监测市电及柴发电源的频率、相序、总电流、有功功率、无功功率、视在功率、功率因数等参数，可通过对备用母线、市电进线端电压、电流的测量间接进行监测。

2. 断路器的监控

在柴发电源系统的运行过程中，需要对系统的并联断路器、柴发电源系统主断路器、市电进线断路器和馈线断路器等进行实时监控，以确保断路器运行正确，具体如表4-3所示。

表4-3 断路器的监控

监控内容	监控手段
合闸、分闸操作	借助断路器的合闸、分闸控制回路，输出常开或常闭接点信号
确定控制模式（"远程"或"就地"）	监测断路器控制开关的位置
确定物理位置（"工作"或"检修"）	监测抽出式断路器行程辅助开关
确定工作状态（"合闸""分闸""事故跳闸"）	测量断路器的常开、常闭、事故跳闸等辅助接点

监控系统一旦发现异常，将发出声光报警信号，并进行相关的后续处理。

- 断路器合闸失败：控制系统向断路器发出合闸指令时，会监测断路器辅助开关的状态，如果在预先设定的时间内检测到断路器仍处于分闸状态，则发出断路器合闸失败报警信号。
- 断路器分闸失败：控制系统向断路器发出分闸指令时，会监测断路器辅助开关的状态，如果在预先设定的时间内检测到断路器仍处于合闸状态，则发出断路器分闸失败报警信号。
- 断路器位置触点出错：控制系统监测断路器"常开"和"常闭"两个辅助开关。如果断路器触点位置与其分合状态不一致，则会发出断路器位置开关报警信号。

3. 中性点接地控制

系统中所有并联机组的中性点可通过各自的接地电阻柜单独接地，也可通过一个公共电阻柜接地。在柴发电源系统需要接地保护时，任一台机组的中性点接地控制应当与机组并联断路器的控制同步，即控制系统控制机组并联断路器合闸（或分闸）的同时，必须同步控制机组中性点接地回路的断路器或接触器合闸（或分闸）。

4. 系统的手动控制

当系统主控制器故障，不能正常自动控制时，控制系统允许运行人员手动控制每台柴发机组的启动和停机，以及手动控制各断路器的合、分闸。当控制系统以手动控制方式工作且市电失电时，控制系统自动启动所有发电机组，但柴发机组并联断路器、主断路器等的合、分闸需要操作人员手动操作。

5. 系统故障记录

柴发电源控制系统应当接收并记录柴油发电机组、断路器等的故障信息，以备系统及设备的故障处理和维护保养之用。

4.4.3　柴发电源系统的电源切换监控

柴发电源与市电之间进行自动切换时需要进行电源切换监控，如图 4-25 所示。数据中心负载端的电源切换监控由 ATS 本身的控制器完成，电源端的电源切换监控由系统主控制器负责。电源切换监控需要监测市电进线端和备用母线电压，并且需要控制市电主断路器和柴发主断路器的分、合闸操作，以保证安全、顺利地完成两路电源的切换，防止柴发电源窜入市电对电网造成威胁或者市电接入柴发电源而损坏发电机组。

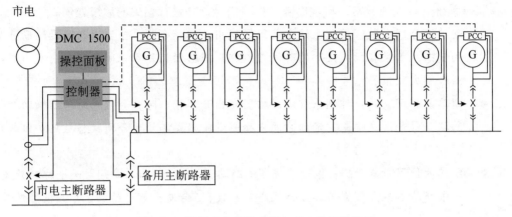

图 4-25　数据中心柴发电源与市电的切换监控

1. 柴发电源系统电源切换的监控基准

电源切换对切换控制提出了很高的要求，以保证安全、准确、及时，因此需要准确测量需要切换的电源电压，从而制定电源切换控制基准，包括电源电压的动作值、恢复值及其相关的延时时间。具体如下：

- 判断市电失电的电压动作值和市电恢复正常的电压恢复值：应根据数据中心市电的电能质量确定；
- 确定机组能正常带载的机组最小正常输出电压和频率：应根据机组的输出性能确定（一般定为机组额定值的90%）；
- 市电失电时发电机组启动延时（TDES）：应确保有效规避市电的正常波动；
- 市电向柴发电源切换的延时（TDNE）：应根据柴发机组启动带载稳定性能确定；
- 负载回切至市电供电后机组停机前冷却延时（TDEC）：应根据机组负载最小容许运行时间和市电恢复后所需要的稳定时间确定；
- 在断电切换方式下电源切换的中间暂停时间（TDPT）：应根据感性负载的容量及其剩余电压衰减时间常数确定。

2. 柴发电源系统电源切换的监控过程

市电带负载正常运行时，控制系统会连续监测市电电压，以随时准备进行电源切换：

（1）当电压下降到电源切换电压动作值以下并持续 TDES 时，系统控制所有柴发机组启动。

（2）当机组输出达到最小正常输出电压和频率并持续 TDNE 时，断开市电主断路器，合上柴发电源系统主断路器，数据中心负载由柴发电源供电。在此过程中，控制系统继续监测市电进线电压。

（3）当市电恢复且电压达到电压恢复值并持续 TDEN 时，切换回市电供电。具体包括以下两种情形：

- 如果是断电切换，则断开柴发电源系统主断路器，合上市电主断路器（非感性负载切换），或延时 TDPT 控制市电进线断路器合闸（感性负载切换），负载由市电供电，TDEC 延时过后控制系统断开机组启动信号，柴发机组冷却停机；

- 如果是不断电切换，则控制系统控制备用母线电压与市电同步，满足同步条件时控制市电主断路器合闸，并控制机组负载平稳转移到市电，然后控制柴发电源主断路器分闸，TDEC 延时后断开机组启动信号，柴发机组冷却停机。

ATS 控制器监控电源切换的过程基本与上述过程相同。

3. 柴发电源系统电源切换的故障处理

柴发电源系统电源切换的常见故障及处理方法如下：

（1）主断路器合闸失败：如果在市电向柴发电源切换过程中，柴发电源主断路器合闸失败，则无论市电是否有电，控制系统将重新控制市电主断路器合闸，负载重新接回到市电侧，直到故障复位。如果在柴发电源向市电的切换过程中，市电进线主断路器合闸失败，则有以下两种情形：

- 断电切换方式：控制系统将重新控制柴发电源主断路器合闸，数据中心负载继续由柴油发电机组供电；
- 不断电切换方式：控制系统将保持柴发电源主断路器合闸状态，负载继续由柴油发电机组供电，直至故障排除。

（2）"断路器分闸失败"和"断路器位置触点出错"：如果在电源切换过程中，柴发电源控制系统同时收到市电进线主断路器（或备用主断路器）"断路器位置触点出错"和"断路器分闸失败"报警，则系统将检测流过断路器的三相电流是否超过最小临界值，如果超过则判定主断路器仍处于合闸状态，控制系统将保持原电源继续供电，如果小于则判定主断路器已成功分闸，系统将继续电源切换进程，将负载切换到另一电源。

4.4.4　柴发电源系统的自动加载与减载

数据中心的备用柴发电源系统由于受到装机容量的限制，在市电失电启动带载时，要求具有自动加 / 减载功能，按照设定的加 / 减载次序依次加载 / 减载，为此需要区别负载的重要程度，并确定装机容量的最小化需求。

1. 柴发电源系统的自动加载

柴发电源系统的自动加载是指柴发电源启动带载时，控制系统按负载的优先级分步控制馈线断路器合闸，从而实现先后给负载送电。负载的加载优先级，即加载次序，主要取决于负载的重要程度，重要的负载会优先加载，电源切换时的停电时间也较短。

1）备用电源系统负载加载优先级的确定

负载加载的优先级别取决于负载的重要程度和负载特性。负载的加载优先级首先应当按负载的重要程度排序，对于数据中心来讲，负载优先级的确定原则如下：

（1）市电停电 10s 内必须恢复供电的紧急及救生类负载，柴发机组启动后必须优先加载。

（2）按最小化系统装机容量的负载特性进行排序：

- 优先启动电动机可有效降低装机容量，故法定优先的负载供电后，应优先加载电动机负载，且非变频启动电机优先于变频启动电机；
- UPS 相关保护对电源频率的波动非常敏感，最后投入可有效减少装机容量，故 UPS 的加载次序在所有非循环负载之后，或者在需要经常性投入和退出的循环负载的加载序列中排最后，确保循环负载经常性启停所引起的电压、频率波动不至于影响 UPS 等在线负载的正常工作。

（3）同类负载加载时，应当按负载容量大小排序，容量大的负载先加载。

2）柴发电源系统加载最小在线容量的确定

柴发电源系统加载最小在线容量是指为了确保系统能够按加载优先级成功带所有负载运行，第一级负载加载前备用母线上应当具有的最小在线机组容量。如果母线上的机组在线容量小于该最小容量，则系统将因启动容量不够导致第一级负载加载失败，或虽然第一级负载能够成功加载，但系统也会因启动容量不够（即使有新的机组随负载的加载依次上线并入）而导致第二级或后续负载加载失败。

有效的系统加载最小在线容量取决于市电失电时不容许卸载的负载容量、负载加载次序以及单台机组容量等因素。对负载加载次序影响最大的因素是最大电动机负载的加载次序，以及带电动机负载前按负载重要程度必须优先送电的在线负载总容量等。系统加载最小在线容量的确定直接影响电动机等负载能否加载成功。

3）柴发电源系统的自动加载控制

柴发电源系统的自动加载分为以下几种情况：

（1）市电失电时，柴发电源系统加载最小在线容量小于单机容量时：

控制系统同时启动所有柴发机组，并监测其输出电压和频率。当某机组的输出电压和频率最先达到 90% 额定值时，系统控制其并联断路器直接合闸向备用母线送电，并将其他机组向备用母线送电的方式由直接合闸改为同步并联。备用母线加电后，系统控制负载优先级最高的馈线断路器合闸送电。当第二台机组同步并上备用母线后，系统控制第二级负载送电，以此类推。当所有机组都并上备用母线时，系统按优先级依次延时控制剩余的馈线断路器合闸为负载送电，直到所有负载启动运行，加载过程如图 4-26 所示。

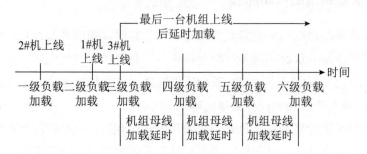

图 4-26　数据中心柴发电源系统自动加载控制

（2）市电失电时，柴发电源系统加载最小在线容量大于单机容量时：

控制系统同时启动所有柴发机组，并监测其输出电压和频率。当某机组的输出电压和频率最先达到90%额定值时，系统控制其并联断路器直接合闸向备用母线送电，并将其他机组向备用母线送电的方式由直接合闸改为同步并联。当备用母线在线机组容量达到最小在线容量时，一方面未上线机组在各自机组控制器的控制下继续与备用母线同步，另一方面系统控制主断路器合闸，并控制优先级最高的馈线断路器合闸送电；控制系统继续检测备用在线机组数量，每上一台机组则增加一级负载送电，直到最后一台机组并上备用母线。当所有机组都上线运行时，控制系统按负载优先级别，依次延时控制相应馈线断路器合闸给剩余负载送电。

2. 柴发电源系统的自动减载

市电失电后，柴发电源系统所有机组并联运行带载。运行一段时间（稳定延时）后，控制系统开始检测备用母线上的负载总容量和系统频率，当负载总容量超过柴发电源系统容许的最大容量一段时间时，或系统频率低于负载容许频率下限一段时间时，系统控制器将根据负载的减载优先级控制相应馈线断路器分闸断电，减去一部分负载，直到备用母线过载状态消失且频率恢复到正常范围。负载的减载次序取决于其减载优先级（即负载的不重要程度），负载越不重要，其在自动减载的过程中停电的时间点就越靠前，停电的时间就越长。

1）柴发电源系统负载减载优先级的确定

负载减载优先级与负载自动加载优先级刚好相反，一般情况下，在自动加载队列中越靠前的负载在自动减载队列中越靠后，因此自动减载优先级应当与自动加载优先级同时确定，但自动减载序列中可能有要求不许卸载的负载，其减载级别应为零，也就是说，在柴发电源与市电的切换过程中及柴油发电机组的运行过程中，控制系统不会控制这类负载所对应的馈线断路器分闸，即使整个柴发电源系统彻底崩溃，其相应的馈线断路器也不会分闸，因此柴发电源系统主断路器合闸时，柴发电源系统将同时启动所有减载级别为零的负载。可见，减载级别为零的负载是柴油发电机组启动运行时加载最小在线容量的主要决定因素，也是柴发电源系统自动增减在线运行机组时决定最小在线运行机组容量的主要决定因素。

2）柴发电源系统的自动减载控制

柴发电源系统投入运行后，系统主控制器连续检测系统的总负载需求容量，并与系统的在线机组容量相比较。当系统总负载需求容量大于备用母线上的在线机组容量时，即备用母线过载，此时柴发电源系统频率下降。正常情况下，负载的任何瞬时波动都会造成柴发电源系统频率的瞬时波动，但当系统总负载需求容量大于备用母线上在线机组容量的持续时间超过频率的正常波动时间时，会导致柴发电源系统频率永久性下降。此时，为了防止整个柴发电源系统崩溃，以保证重要负载的正常供电，柴发电源系统将减载优先级最高（即最不重要）的负载卸载。接下来如果控制系统检测到备用母线过载状况消失，则系统立即停止自动减载；如果过载状态继续维持，且系统过载持续的时间仍然超过频率的正常波动时间，则继续控制第二级不重要的负载卸载，以此类推，直到系统负载适配，柴发电源系统频率稳定在用户负载可接受的范围之内。自动减载过程如图 4-27 所示。

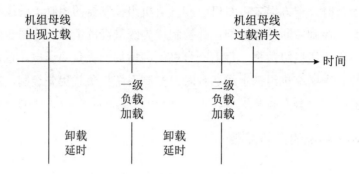

图 4-27　数据中心柴发电源系统自动减载控制

4.4.5　柴发电源系统的自动增/减机组

　　数据中心柴发电源系统的装机容量取决于实际负载容量、加载次序设计以及冗余设计等因素。数据中心对柴发电源系统可靠性要求较高，在配置柴发机组数量时，一般采取 N+1 冗余设计，这就使得数据中心的实际柴发机组的装机容量在一定程度上大于负载的满载运行需求容量，加之部分负载可能小于额定容量运行，系统很容易出现长期轻载运行的情况。此外，为了使柴发电源系统能够有效启动所有负载运行，市电失电时必须启动所有柴发机组投入运行，因此，如果柴发电源系统没有自动增 / 减机组功能，则柴油发电机组从启动运行到市电恢复供电很可能一直轻载运行。柴油发电机组长时间运行的负载率在 30%~70% 较为适合，长期轻载运行不仅加速发动机老化，也会增加发电成本。因此，数据中心柴发电源控制系统必须具有根据负载大小自动增 / 减机组的功能，即根据备用母线上在线机组容量与实际负载容量的偏差自动退出在线运行机组或自动启动冷备用机组上线运行，这样不仅能延长柴发机组的使用寿命，而且能有效降低柴发电源系统的运行成本。

1. 柴油发电机组优先级确定

　　数据中心柴发电源控制系统在自动增 / 减在线运行机组时，首先需确定自动增 / 减机组的优先级。机组的优先级可按机组运行时间自动确定，或直接采用固定优先级。

　　1）按固定优先级方式自动增 / 减机组

　　按固定优先级方式自动增 / 减机组时，运行人员需根据柴油发电机组的现有状况，指定自动增加和自动退出机组的次序，自动增加机组的次序与自动退出机组的次序相反。在如图 4-28 所示的示例中，1# 机组（未画出）始终在线运行，自动增加机组的优先次序是 2#、3# 和 4#，自动退出机组的优先次序是 4#、3# 和 2#。

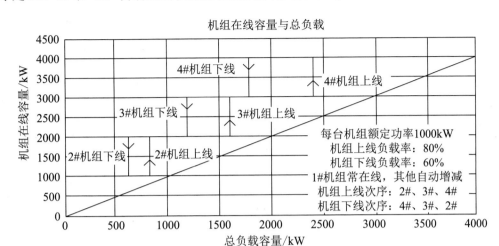

图 4-28 数据中心柴发电源系统自动增减机组控制

2）按机组运行时间自动确定增 / 减机组优先级

按机组运行时间确定增 / 减机组优先级时，系统根据每台机组的运行时间即时自动确定系统自动增加机组或自动退出机组的先后次序。需要增加机组时，运行时间最短的冷备用机组优先启动运行；需要退出运行机组（系统在线运行机组容量超过负载实际容量一定数值）时，运行时间最长的在线机组优先离线停机。

2. 柴发电源系统自动增/减机组

数据中心市电失电时，控制系统启动所有备用柴发机组运行，然后按负载加载优先级自动控制负载依次上电。经过一定的稳定运行延时后，柴发电源控制系统根据实际所带负载大小自动增 / 减机组，以保证每台机组的带载率合适，并节约运行成本。

数据中心柴发电源控制系统自动监测备用母线的负载率（实际负载总运行容量与在线机组总装机容量之比）。如果退出一台在线运行机组时，备用母线的负载率小于系统设置的自动减少在线机组的负载率，且持续时间超过系统预先设定的延时时间，则系统将按自动减少机组优先级控制一台在线机组离线停机，并继续监测备用母线负载率。如果实际负载率上升，超过柴发电源系统增加机组的负载率（例如图 4-27 中所示为80%），且持续时间超过系统预先设定的延时时间，则系统按预先设定的自动增加机组优先级，启动一台冷备用机组并联到备用母线运行，以此类推。控制系统通过自动监测备用母线上的负载率，自动控制机组的启动运行或离线退出，直到市电恢复供电，柴发电源系统退出运行为止。

4.4.6 柴发电源系统的远程监控

数据中心的柴发电源系统相对于数据中心楼宇管理系统来说是一个较小的系统，尤其是备用柴发机组年开机运行时间一般不超过 200h，因此配备专门的负责监控的运行人员过于浪费，但柴发电源系统的系统、设备及其控制系统的运行状态必须在日常监控之下，为此，通过数据中心的楼宇中央控制室对柴发电源系统进行实时监控是解决柴发电源系统日常监测和控制的最佳途径。

数据中心楼宇管理系统远程监控柴发电源系统可通过数据中心楼宇管理系统与柴发电源系统之间的数据采集和监控系统实现，通过采用总线型、环形、星形及组合型等物理结构的通信网络完成对柴发电源系统的远程数据采集和监控，数据传输协议通常采用 Modbus RTU 和 Modbus TCP/IP，通过系统主控制器的 RS485 或 TCP/IP 端口，可以访问系统主控制器，从而远程监测柴发电源系统和市电系统的电压、电流和功率，以及发电机组运行 / 备用状态及发动机转速、冷却液温度、机油压力及机组频率、电压、输出功率等实时运行参数，并查阅机组历史运行参数及故障记录，甚至远程监测系统中各断路器 /ATS 的合闸 / 分闸状态等。柴发电源系统处于非自动工作模式时，运行人员可远程控制机组启动运行或停机备用，并远程控制各断路器 /ATS 的合闸或分闸，以改变系统运行方式等。此外，数据中心的楼宇管理系统可通过机组控制器的 RS485 或相关 TCP/IP 端口，直接访问柴发电源系统中的每一台发电机组，远程监测各机组的运行 / 备用状态，以及发动机和发电机的实时运行参数。当系统工作在非自动模式时，可远程控制机组的启动运行或停机备用，并实现对断路器和转换开关测试的控制。

4.4.7 发电机组的保护

在低压（600V 以下）柴发电源系统中，发电机组为重要负载供电，且每年运行小时数相对较少，因此对发电机组的保护应满足适用电气规范的最低保护要求。除此之外，专业工程师应在设备保护与重要负载的持续供电之间进行权衡，提供高于基本等级的保护。例如，如果柴发电源系统供电的负载关系到生命安全，如在医院或高层建筑中，应优先考虑保持供电的持续性，而不是对柴发电源系统的保护。

1. 选择性配合

电气故障包括外部故障（如市电断电或限电）以及建筑物配电系统内部故障（如导致过电流保护装置断开电路的短路故障或过载）。因为使用柴发电源系统的目的是在系统发生故障时能够最大限度地保证重要负载的持续供电，因此，过电流保护系统应进行有选择的配合。

选择性配合是指仅由故障线路侧的过电流保护装置动作，来清除各种短路故障，否则，距离故障点最近的上级过电流保护装置对故障的"频繁动作"将造成配电系统中正常支路断电，并导致柴油发电机组不必要的启动。

2. 发电机的过电流保护

发电机的保护区域包括发电机和从发电机的输出端子到首个过电流保护装置之间的导线、主过电流保护装置（如果使用的话）或馈线过电流保护装置汇流排。发电机的过电流保护还包括对此区域内短路故障的保护。

1）三相短路故障

发电机后端发生三相短路故障会造成输出电压陡降，励磁系统很难维持原电压。如果没有永磁机的支持则无法维持延续电流，因此发电机的设计要考虑在三相短路时满足3倍额定电流延续10s的耐热能力，用于系统的选择性保护。

2）单相接地短路故障

发生单相接地短路故障时，同步电机及其励磁系统的反应不同，发生故障相的电流只需要很少的励磁能量来维持，故障相的电流也不会降低，因此在很短的时间内（1~3s）发电机可能会过热损坏，无法满足3倍短路电流和延时10s的选择性保护要求。解决这个问题的方法是在系统中加入一个小电阻，使短路相的故障电流维持在1.5~2倍的额定电流范围内，以延续10s用于负载侧清除短路故障。这样做的缺点是在大系统中，如果需要快速切除故障电流，则可能得不到足够的故障驱动电流。

发电机的AVR（Automatic Voltage Regulator，自动电压调节器）主要用于稳定和调节发电机的电压。发生单相接地短路故障时，AVR励磁强度增加，会对发电机和负载造成过电压，尤其是在高压系统中，由于系统中对地绝缘余度不大，更有可能存在这些风险。

可见，发电机组在发生单相接地短路故障时造成的危害比三相短路故障更大，所以要对单相接地短路保护予以重视。可以采用两种保护性措施：一是通过接地电阻接地的形式，限制单相接地的短路电流来保护发电机，同时又可以延长短路电流的持续时间，实现选择性保护；二是通过调节励磁系统，将电压调节模式改为电流调节模式，以降低短路电流的幅值，延长短路电流的保持时间，在不损坏发电机的前提下实现"3倍10s"的保护要求，同时也可避免过电压的产生。

4.5 某大型数据中心柴发电源系统示例

本节以某大型数据中心10kV柴发电源系统为例详细介绍数据中心常见的柴发电源系统的运行方式及控制逻辑。该数据中心10kV柴发配电系统如图4-29所示，其中"1/3段并机母线"对应于图中的"1#市电"和"3#市电"，"2/4段并机母线"等含义以此类推。

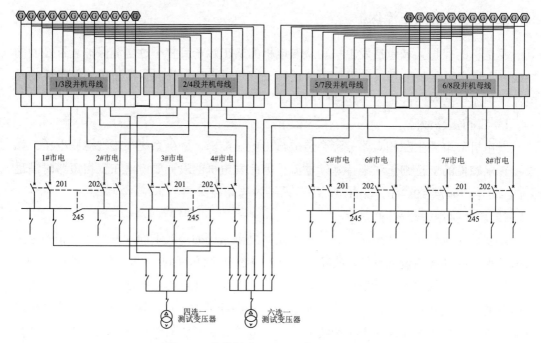

图 4-29 某数据中心 10kV 柴发配电系统图

4.5.1 供电原则

在制定供电系统的运行方案时，该数据中心根据供电部门的规定及供电系统架构，采取以下供电原则：

（1）供电电源选择策略：先市电，后柴发。

（2）10kV 母线运行策略：先分段，后单供。

（3）柴油发电机组并机母线断路器运行策略：常态闭合，故障分断。

（4）低压母线运行策略：先分段，后单供。

（5）IT 系统供电优先策略：双路 UPS 电源＞一路 UPS 电源＋一路市电＞双路市电＞单路 UPS 电源＞单路市电。

（6）断路器逻辑判断切换动作时间设置策略：10kV 供配电系统＜低压配电系统＜末端供电系统。

（7）市电恢复确认策略：市电进线断路器上口带电 5min 以上，并与供电部门确认，以上两个条件均满足才能确认市电已经恢复正常供电。

4.5.2 运行控制逻辑

对于大、中型数据中心，其供配电系统庞大而复杂，要确保整个供配电系统可靠运行，并具备应急处置能力，需对供配电系统制定清晰正确的运行控制逻辑。

1.10kV 配电系统控制逻辑

参照图 4-29,以 1#、2# 市电与 1/3 段、2/4 段柴发电源的控制逻辑为例进行说明,系统控制逻辑如表 4-4 所示。3# 和 4#、5# 和 6#、7# 和 8# 市电与柴发电源的控制逻辑关系与之类同。

表 4-4   10kV 配电系统控制逻辑

场景		断路器状态					备注
序号	描述	1# 市电进线断路器	1/3 段柴发电源进线断路器	10kV 母联断路器	2/4 段柴发电源进线断路器	2# 市电进线断路器	
1	1# 市电正常, 2# 市电正常	1	0	0	0	1	综保完成
2	1# 市电失电, 2# 市电正常	0	0	1	0	1	
3	1# 市电正常, 2# 市电失电	1	0	1	0	0	
4	两路市电失电, 1/3 段柴发电源正常, 2/4 段柴发电源正常	0	1	0	1	0	PLC 系统完成
5	两路市电失电, 1/3 段柴发电源正常, 2/4 段柴发电源故障	0	1	1	0	0	
6	两路市电失电, 1/3 段柴发电源故障, 2/4 段柴发电源正常	0	0	1	1	0	
7	1# 市电失电, 2# 市电正常, 10kV 母联故障, 1/3 段柴发电源正常, 2/4 段柴发电源正常	0	1	0	1	0	综保和 PLC 系统先后完成
8	2# 市电失电, 1# 市电正常, 10kV 母联故障, 1/3 段柴发电源正常, 2/4 段柴发电源正常	0	1	0	1	0	

注:1 为闭合状态,0 为断开状态。

(1)场景 1(对应于表 4-4 中的序号 1,下同):两路 10kV 电源单母线分段供电。

(2)场景 2~3:市电之间的切换由综保来完成,母联断路器采用自投手复的方式。

(3)场景 4~6:市电与柴发电源之间的切换由 PLC 系统来完成,采用自投手复方式。

(4)场景 7~8:由综保和 PLC 系统先后完成,采用自投手复方式。

对于单路市电失电且 10kV 母联断路器故障的场景,可以有以下两种处理方式:

● 方式 1:启动 10kV 柴油发电机组供电;

● 方式 2:单路市电通过低压母联进行供电。

正常情况下，以上两种方式均能满足后端设备快速恢复供电的需求。但是，鉴于单路市电失电且10kV母联断路器故障时，采用启动10kV柴油发电机组供电的方式可靠性较高，防范二次故障能力强，操作简单。因此，本方案采用启动10kV柴油发电机组供电的方式，低压母联断路器设置延时自投，作为10kV柴油发电机组启动失败的后备措施。

在进行电源切换时，须根据数据中心所在地供电部门的电力运行规定制定相应的切换措施。例如，本示例中的数据中心所在地供电部门允许在一路市电失电的情况下采用高压联络的方式通过另一路市电为全站供电，但不允许采用一路用市电、一路用柴电的运行方式。

2. 低压配电系统控制逻辑

从使用角度出发，低压母联断路器主要是为了应对10kV供配电系统二次故障，以及变压器自身及线路故障，因此，低压母联断路器自投应设置延时，延时时间的设置应能既大于10kV供配电系统切换时间，又尽可能快速恢复后端负载供电。在不允许采用高压联络供电方式的地区，主要采用低压联络供电的方式，在一路市电失电时由另一路市电带全站负荷，此时低压母联断路器自投设置的延时需满足快速恢复后端负载供电的要求。根据设计要求，互备的变压器总负载最高不超过单台变压器容量的100%，以满足低压母联断路器的自投条件。低压母联断路器采用自投手复方式。低压配电系统控制逻辑如表4-5所示。

表4-5　低压配电系统控制逻辑

序号	场景	1# 电源进线断路器	母联断路器	断路器状态
	描述			2# 电源进线断路器
1	1# 电源正常，2# 电源正常	1	0	1
2	1# 电源失电，2# 电源正常	0	1	1
3	1# 电源正常，2# 电源失电	1	1	0

注：1为闭合状态，0为断开状态。

4.5.3　10kV供配电系统运行方案分析

针对市电运行情况、柴发电源系统状况以及供配电系统中高压母联断路器的状态，10kV供配电系统会有不同的运行方案。在实际应用中，需根据实际情况采用正确的运行方案，以确保后端负载在任何情况下都保持供电不中断。

1. 1#、2# 市电正常时的运行方案

1#、2# 市电正常时的运行方案如下：

（1）运行状态：两路市电单母线分段运行供电。

（2）断路器状态：见图 4-30 中的虚线部分。具体为：

● 　1#、2# 市电进线断路器为闭合状态；

● 　高压母联断路器为断开状态；

● 　1/3 段、2/4 段柴发电源进线断路器为断开状态。

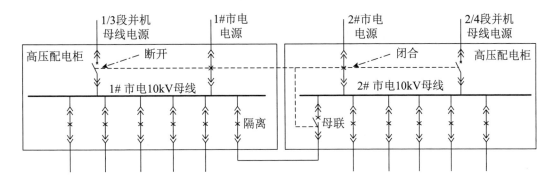

图 4-30　1#、2# 市电正常时的断路器状态图

2. 1# 市电失电，2# 市电正常，母联断路器正常时的运行方案

1# 市电失电，2# 市电正常，母联断路器正常时的运行方案如下：

（1）运行状态：2# 市电通过 10kV 母联断路器承担 1#、2# 市电 10kV 母线全部负载。

（2）自动切换时间：依设置而定，一般不超过 10s。

（3）断路器状态：见图 4-31 中的虚线部分。具体为：

● 　1# 市电进线断路器为断开状态；

● 　2# 市电进线断路器为闭合状态；

● 　高压母联断路器为闭合状态；

● 　1/3 段、2/4 段柴发电源进线断路器为断开状态。

（4）影响范围：1# 市电 10kV 母线所带的变压器。在自动切换期间，相关变压器
会有短时（示例中不超过 10s）断电。

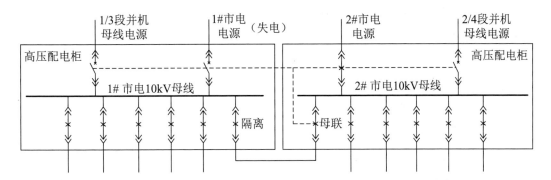

图 4-31　1# 市电失电，2# 市电正常，母联断路器正常时的断路器状态图

3. 1#市电正常，2#市电失电，母联断路器正常时的运行方案

1#市电正常，2#市电失电，母联断路器正常时的运行方案如下：

（1）运行状态：1#市电通过10kV母联断路器承担1#、2#市电10kV母线全部负载。

（2）自动切换时间：依设置而定，一般不超过10s。

（3）断路器状态：见图4-32中的虚线部分。具体为：

● 2#市电进线断路器为断开状态；

● 1#市电进线断路器为闭合状态；

● 10kV母联断路器为闭合状态；

● 1/3段、2/4段柴发电源进线断路器为断开状态。

（4）影响范围：2#市电10kV母线所带的变压器。在自动切换期间，相关变压器会有短时（示例中不超过10s）断电。

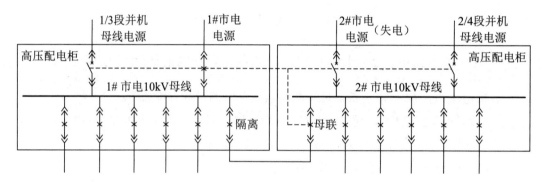

图4-32　2#市电失电，1#市电正常，母联断路器正常时的断路器状态图

4. 双路市电失电时的运行方案

双路市电失电时的运行方案如下：

（1）运行状态：1/3段柴发电源、2/4段柴发电源通过1#、2#市电10kV母线分段供电。

（2）自动切换时间：依柴发电源启动时间而定（示例中约200s）。

（3）断路器状态：见图4-33和图4-34中的虚线部分。具体为：

● 10kV柴发电源系统所有断路器均为闭合状态；

● 1#、2#市电进线断路器为断开状态；

● 10kV母联断路器为断开状态；

● 1/3段、2/4段柴发电源进线断路器为闭合状态。

（4）影响范围：1#、2#市电10kV母线所带的变压器。在自动切换期间，相关变压器会有短时（依柴发启动时间而定）断电。

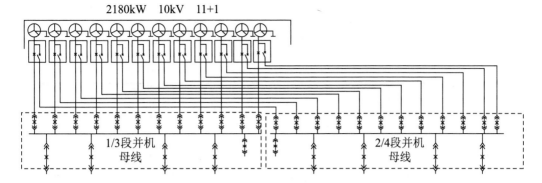

图 4-33 10kV 柴发电源系统断路器状态图（以 A 路为例）

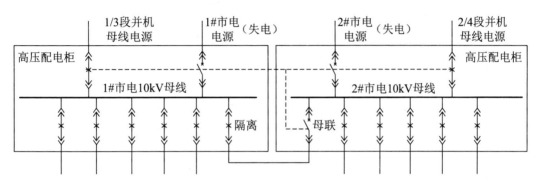

图 4-34 双路市电失电时的断路器状态图

5. 1#、2# 市电失电，1/3 段柴发电源正常，2/4 段柴发电源故障时的运行方案（预设柴油发电机组 A 路输出）

1#、2# 市电失电，1/3 段柴发电源正常，2/4 段柴发电源故障时的运行方案如下（预设柴油发电机组 A 路输出）：

（1）运行状态：1/3 段柴发电源通过 10kV 母联断路器承担 1#、2# 市电 10kV 母线全部负载。

（2）自动切换时间：依柴发电源启动时间而定（示例中约 200s）。

（3）断路器状态：见图 4-35 中的虚线部分。具体为：

● 1#、2# 市电进线断路器为断开状态；

● 10kV 母联断路器为闭合状态；

● 1/3 段柴发电源进线断路器为闭合状态；

● 2/4 段柴发电源进线断路器为断开状态。

（4）影响范围：1#、2# 市电 10kV 母线所带的变压器。

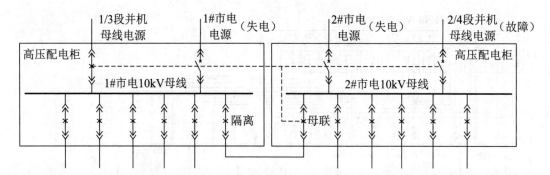

图 4-35　1#、2# 市电失电，1/3 段柴发电源正常，2/4 段柴发电源故障时的断路器状态图

6.　1#、2# 市电失电，1/3 段柴发电源故障，2/4 段柴发电源正常时的运行方案（预设柴油发电机组 A 路输出）

1#、2# 市电失电，1/3 段柴发电源故障，2/4 段柴发电源正常时的运行方案如下（预设柴油发电机组 A 路输出）：

（1）运行状态：2/4 段柴发电源通过 10kV 母联断路器承担 1#、2# 市电 10kV 母线全部负载。

（2）自动切换时间：依柴发电源启动时间而定（示例中约 200s）。

（3）断路器状态：见图 4-36 中的虚线部分。具体为：

● 1#、2# 市电进线断路器为断开状态；

● 10kV 母联断路器为闭合状态；

● 1/3 段柴发电源进线断路器为断开状态；

● 2/4 段柴发电源进线断路器为闭合状态。

（4）影响范围：1#、2# 市电 10kV 母线所带的变压器。

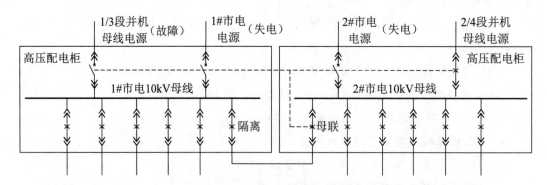

图 4-36　1#、2# 市电失电，1/3 段柴发电源故障，2/4 段柴发电源正常时的断路器状态图

7.　1# 市电失电，2# 市电正常，10kV 母联断路器故障时的运行方案

1# 市电失电，2# 市电正常，10kV 母联断路器故障时的运行方案如下：

（1）运行状态：1/3 段、2/4 段柴发电源通过 1#、2# 市电 10kV 母线分段供电。

（2）自动切换时间：依柴发电源启动时间而定（示例中约 200s）。

（3）断路器状态：见图 4-37 中的虚线部分。具体为：

- 1#、2# 市电进线断路器为断开状态；

- 10kV 母联断路器为断开状态；

- 1/3 段、2/4 段柴发电源进线断路器为闭合状态。

（4）影响范围：1#、2# 市电 10kV 母线所带的变压器。

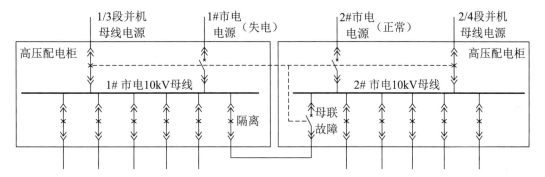

图 4-37　1# 市电失电，2# 市电正常，10kV 母联断路器故障时的断路器状态图

8．2# 市电失电，1# 市电正常，10kV 母联断路器故障时的运行方案

2# 市电失电，1# 市电正常，10kV 母联断路器故障时的运行方案如下：

（1）运行状态：1/3 段、2/4 段柴发电源通过 1#、2# 市电 10kV 母线分段供电。

（2）自动切换时间：依柴发电源启动时间而定（示例中约 200s）。

（3）断路器状态：见图 4-38 中的虚线部分。具体为：

- 1#、2# 市电进线断路器为断开状态；

- 10kV 母联断路器为断开状态；

- 1/3 段、2/4 段柴发电源进线断路器为闭合状态。

（4）影响范围：1#、2# 市电 10kV 母线所带的变压器。

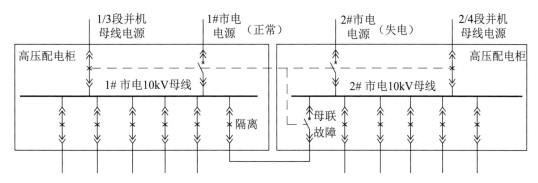

图 4-38　2# 市电失电，1# 市电正常，10kV 母联断路器故障时的断路器状态图

习题

一、简答题

1. 通过查找资料回答什么是发电机组的孤岛运行方式。

2. 简述柴油发电机组并机的三种逻辑控制方式。

3. 柴油发电机组并联断路器柜的断路器位于负载和电源之间，它的两个关键作用是什么？

二、选择题（不定项选择）

1. 发电机组的性能分为四个等级：G1、G2、G3、G4。数据中心对发电机组的输出频率、电压和波形有严格要求，故要求发电机组的性能等级不应低于（　　）级。

A. G1　　　　　　　B. G2　　　　　　　C. G3　　　　　　　D. G4

2. 对于 A 级数据中心，柴油发电机组的功率需采用（　　）。

A. 持续功率或主用功率　　　　　　　B. 限时运行功率或基本功率

C. 应急备用功率　　　　　　　　　　D. 限时运行功率

3. 随着绝缘材料技术的发展，目前发电机上普遍采用（　　）的绝缘材料。

A. H 级和 F 级　　　　　　　　　　B. N 级和 R 级

C. H 级和 N 级　　　　　　　　　　D. F 级和 N 级

4. 发电机组的并机操作必须在发电机组之间同步时进行，当两台机组同步时，必须满足的条件是（　　）。

A. 相序相同　　　　　　　　　　　　B. 电压幅值相同

C. 频率相同　　　　　　　　　　　　D. 电压的相位角相同

5. 在数据中心高压（10kV）柴发电源系统中，中性线一般都采用（　　）的接地方式。

A. 不接地　　　　B. 经电阻　　　　C. 经消弧线圈　　　　D. 直接接地

6. 低压柴发电源系统的总容量受到备用母线容量限制和断路器短路保护能力的限制，通常 400V 低压母线的最大容量是（　　）。

A. 10kA　　　　　B. 630A　　　　　C. 5000A　　　　　D. 6300A

三、判断题

1. 采用高压柴油发电机组的数据中心的供配电系统与采用低压柴油发电机组的供配电系统在进行发电机组与 UPS 容量匹配时的配比可能不同。　　　　　　　　（　　）

2. 在实际应用中，输入功率因数为 0.99（接近于 1）的 UPS 可以配同容量（即 1:1）的发电机组。　　　　　　　　　　　　　　　　　　　　　　　　　　　　（　　）

3. 柴油发电机组中性线经电阻接地有分散接地方式和集中接地方式两种。（　　）

4. 数据中心柴油发电机组采用 $N+1$ 配置时，无须在并机母线之间设置母联断路器。
（　　）

5. 为了使柴油发电机组运行时保持合适的带载率，以节约运行成本和保护发电机组，数据中心柴发电源控制系统必须具有根据负载大小自动增减机组的功能。（　　）

6. 如果柴发电源系统供电的负载关系到生命安全，如在医院或高层建筑中，应优先考虑保护柴油发电机组。（　　）

7. 发电机组在发生单相接地短路故障时造成的危害比三相短路故障更大。（　　）

参考答案

一、简答题

略

二、选择题（不定项选择）

1. C　　2. A　　3. A　　4. ABCD　　5. B　　6. D

三、判断题

1. √　　2. ×　　3. √　　4. √　　5. √　　6. ×　　7. √

第 5 章　柴油发电机系统的设计

良好的系统设计是保证柴油发电机组平稳、高效工作的基础。目前，数据中心的柴油发电机组（简称柴发或柴发机组）主要有两种设计应用方案：一是柴油发电机房安装的柴发机组；二是采用集装箱式柴发机组，安装于室外。两种方案各有优缺点，可根据数据中心的规划设计方案采用适合的方案。

5.1　柴油发电机系统的机房设计

对于安装于机房内的柴油发电机组，机房设计是保证柴油发电机组安全平稳运行的重要条件。柴油发电机系统的机房设计是一个系统工程，主要包括机房的选址、机房布局、机房通风系统设计、机房降噪与保温、机房冷却系统设计、机房排烟系统设计及尾气处理、燃油供给系统设计、机房消防及机房辅助电源设计。

柴油发电机组自重较大，需要独立的进/排风系统、供储油系统和气体灭火系统等。如果将机房设于主体建筑内，会对建筑物本体的结构荷载、降音抑制、内部有效使用空间等方面的整体设计带来较大的负面影响。为了降低这种影响，在建设用地宽裕的情况下，可以考虑建设独立的柴油发电机房，将发电机供电系统设置在独立的建筑内。建设独立的柴油发电机房的主要优点如下：

（1）可以集中放置机组设施设备，最大限度地减少数据中心的建筑面积，降低数据中心主体结构的建设成本。

（2）独立设置的柴发机房使得发电机组直接进/排风的效果更好，机组效能更佳，容易施工安装，方便集中运营管理，可有效降低建设成本及运营费用。

（3）避免因续加注燃油管路对油料的二次污染，降低了运维期间对建筑物整体的消防防火需求。

（4）避免因柴油发电机组的进/排风管路过长和机组运行"背压"过高，造成输出的功率损失及对建筑物主体的结构性要求。

这种应用形式较多地应用于大中型功率段的柴油发电机组，相对于内置式机房，该形式存在占地较大、配电距离增加、噪声抑制相对困难等缺点，因而会造成建筑群落的平面整体规划和电气工程中的配电与控制系统设计的成本增加。

5.1.1 机房的选址

机房选址包括建筑外选址和建筑内选址两方面。

1. 建筑外选址要求

建筑外选址主要考虑对周边环境的要求和对周边环境的影响，应把握以下几点：

（1）注意噪声对周边环境的影响。发电机房的选址应尽量远离居民区，以减少机组运行时的噪声及排放对周边居民的影响。

（2）机房应尽量在开阔场地上修建，以利于机组及附件的进出风和通风散热。

（3）尽量避开建筑物的主入口、正立面等部位，以免排烟、排风对其造成影响。

（4）机房宜靠近建筑物的变电所，这样便于电缆连接，减少电能损耗，也便于日常运行管理。

2. 建筑内选址要求

考虑到柴油发电机组的进风、排风、排烟等情况，根据 GB 51348—2019《民用建筑电气设计标准》的要求，机房最好设在首层。部分机房因空间及位置等因素受限，发电机房一般设在地下室。由于地下室出入不方便、自然通风条件不良，因而会给机房设计带来一系列不利因素，设计中要注意并处理好。

（1）机房的空间应充分考虑机组及附件的体积，保证机组和附件有足够的安装空间。

（2）机房不应设在四周无外墙的房间，以便为热风管道和排烟管道导出室外创造条件。

（3）机房应不会被水淹没，不应设在厕所、浴室或其他经常积水场所的正下方或贴邻这些区域。

（4）机房不应靠近防微振的房间或离通信机房太近，以免机组运行时产生的振动和噪声污染影响房间设备或通信效果。

（5）机房支撑结构适合机组及附件的安装。

（6）机房面积应足够大，以方便对机组进行维护、保养。

（7）机房应有足够的通风面积，以保证通风良好。

5.1.2 机房布局

典型的机房布局必须具备以下要素：混凝土基础、进风百叶窗、排风百叶窗、排烟口、排烟消声器、排烟弯头、防震及膨胀排气接管、吊装弹簧等。此外，在机房或机房

附近应设置油箱进 / 排风机、电池、控制屏、配电柜和空气开关等辅助设备，一般还会在柴油发电机房内设置储油间。

1. 机房布置要求

机房布置应按以下要求进行：

（1）机组应安放在接近外墙处，以减少通风道、排气管及其他管道的尺寸基础制作。

（2）柴油发电机房应采用耐火极限不低于 2h 的隔墙和耐火极限不低于 1.5h 的楼板与其他部位隔开。

（3）机房应有两个出入口，其中一个出口的大小应满足搬运机组的要求，机房门应采取防火、隔音措施，并应向外开启。

（4）机房四周墙体及天花板应做吸声体以吸收部分声能，减少由于声波反射产生的混响声。

（5）机房内设备的布置应满足《民用建筑电气设计标准》的要求，力求紧凑，保证安全性，并便于日常操作和维护。

（6）必须有效地隔震、减震，以减少振动的传播，防止连接系统的疲劳断裂。

（7）应可以随时供应足够的燃油以维持机组运行。燃油的主供给应尽可能接近机组，如果主燃油箱埋入地下，可能要采用辅助油泵和日用油箱将主燃油箱中的燃油转入日用油箱中。

如图 5-1 所示为机房内柴油发电机组布置示意图。

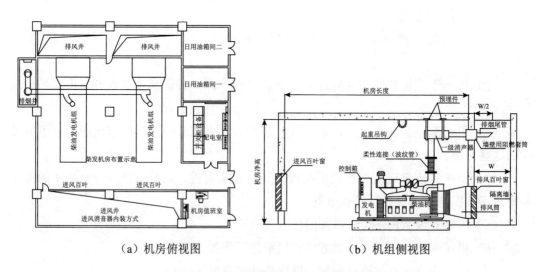

（a）机房俯视图　　　　　　　　　　（b）机组侧视图

图 5-1　机房内柴油发电机组布置示意图

如图 5-2 所示为一个典型的固定安装的柴油发电机组安装示意图。部分容量的发电机组外轮廓距墙及屋顶的距离可参见表 5-1。

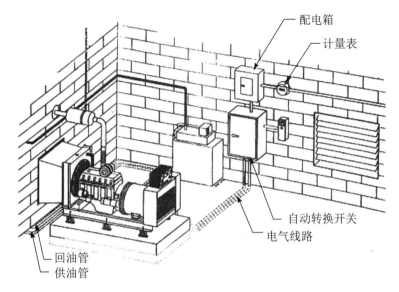

图 5-2 典型的固定安装的柴油发电机组安装示意图

表 5-1 发电机组外轮廓距墙及屋顶的距离（单位：m）

机组容量 / kW 距离	64 及以下	75~150	200~400	500~1000
机组操作面	1.60	1.70	1.80	2.20
机组背面	1.50	1.60	1.70	2.00
柴油机端	1.00	1.00	1.20	1.50
发电机端	1.60	1.80	2.00	2.40
机组间距	1.70	2.00	2.30	2.60
机房净高	3.50	3.50	4.00~4.30	4.30~5.00

2. 机组基础结构

柴油发电机组运行时会产生较大的振动，因此，机组安装之前必须仔细考虑发电机组的基础。基础的作用是支撑柴油发电机组及其他辅助部件的重量，吸收机组在运行中产生的不平衡力，保持发电机组和随机辅助设备之间的安装距离，将机组的振动和周围结构隔离，以减少机组振动对机房和附近建筑物造成的影响。机组的基础必须坚固，具有足够的刚度和稳定度。

一般来说，大多数机组安装在地面混凝土基础上。当浇注混凝土底座时，应确保混凝土的表面平整光滑、没有任何损伤。用于制作混凝土平台的底土同样必须有足够的承载强度来承受它上面的整个装置和混凝土基础的总重量。

机组也可安装在建筑物的任何一层楼面或屋顶上，此时必须考虑楼板能否支撑机组和附件的重量、承受动态负荷，并能隔断机组的噪声和振动。

机组基础的设计要求和常见做法如下：

（1）基础应有较好的土壤条件，其允许压力一般要求在 0.15~0.25MPa。

（2）基础应为钢筋混凝土结构，地基重量为机组总重量的 1.5 倍，混凝土强度等级不低于 C15 级。

（3）机组基础与机房结构不得有刚性连接。

（4）机组运行和检修时可能会出现漏油、漏水等现象，因此基础表面应进行防渗油和防渗水处理，并有排水措施。

（5）小功率机组一般带机底油箱，与柴油发电机组一起固定在钢制公共底座上，并配置橡胶减震器。因此，机组可以直接安装在预留了地脚螺孔的混凝土基础上，基础载重=整台机组重量/底座接触地面面积；大功率机组需在机组底座和混凝土地基之间加减震胶垫，机组重量平均分布在各个垫上，基础载重=整台机组重量/（减震垫面积×减震垫数目），基础厚度=发电机组总湿重/（混凝土密度×基础宽度×基础长度）。混凝土基础如图 5-3 所示。

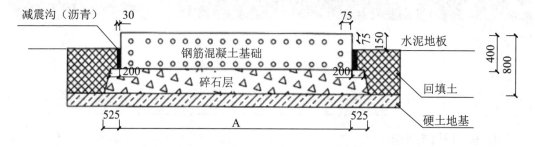

图 5-3　混凝土基础

（6）基础材料为混凝土，主要由水泥、砂、碎石和水分等组成。基础下面的地或地坑应事先夯实平整好，使其可支撑基础和发电机组的重量（如果发电机组打算安装在高于地平面的建筑结构上，建筑结构必须能承受机组的重量、储备的燃油及附件等）。如果地面经常受潮湿水气影响，则基础应略高于地面，便于使用和维修保养，并尽可能减少金属底座的腐蚀。

（7）基础应高出地面 50~300mm，在曲轴中心线上油底壳正下方的地面设置清污斜面，并有通道排到主排污沟内。最低中心为清污孔，直径为 $\phi=40mm$，四周呈凹形，以便自流清污。

（8）基础的长度和宽度依据机组外形的长、宽尺寸设计，一般基础周围每边比机组底盘每边各长 200mm。

（9）对于地质及环境有特殊防震要求的，基础的四周应布置宽约 25~30mm 的隔震沟。地基的底部还应设置隔震层，基坑底部夯实之后，用水泥、煤渣、沥青和水敷设，厚度为200mm，混凝土浇注在此隔震层上，形成具有隔震层和隔震沟的基础结构。

（10）机组的地脚螺钉可一次浇筑，也可预留孔进行二次浇筑。地脚螺钉位置尺寸应根据设备的准确尺寸确定，螺钉深度取 $H=0.05$m。

（11）预留发电机配电输出电缆沟，机组的电缆、全损耗系统用油、燃油和冷却水管线沟应环绕基础挖砌，起到隔震和防震的作用，排污问题也可得到解决。

3. 接地

柴油发电机房一般应有三种接地：

● 工作接地，即发电机中性点接地；

● 保护接地，即电气设备正常不带电的金属外壳接地；

● 防静电接地，即燃油系统的设备及管道接地。

各种接地与建筑物的其他接地共用接地装置，即采用联合接地方式。在做机房设计时，应在机房设接地预埋件。

柴油发电机房的其他设计要求须遵守《民用建筑电气设计标准》及供配电设计手册的要求。

5.1.3　冷却系统

柴油发电机组的发动机在带载运行时，燃油在燃烧室内燃烧产生大量的热量，使气缸内气体温度高达1800℃以上，为确保柴油发电机组的正常运行发电，需要将燃烧热通过冷却系统从发动机本体带出。为此，必须在柴油发电机组选型时根据环境温度、机房最大容许进风量等用户环境条件设计有效的冷却系统，及时冷却发动机的缸套、润滑油和增压空气，以免活塞、气缸套、气缸盖等关键部件因高温而损坏。

数据中心柴油发电机组的冷却系统可分为联机式冷却系统和远置式冷却系统，其特点如下：

● 联机式冷却系统，即一体式冷却系统，其具体方案在机组的设计阶段验证定型，可靠性和冷却效率高，具有较高的性价比，现场安装简单，故障率低且故障处理容易，但对机房的进风量要求大，机组运行时水箱/散热器风扇噪声大。

● 远置式冷却系统，即分体式冷却系统，其水箱/散热器远置于发电机房外，冷却系统的具体方案在机房设计阶段定型，属于客户化设计，故可靠性和冷却效率都比较低，现场安装复杂，故障率高且故障处理难度大，但机组运行对机房的进风量要求较小，机组运行时机房内噪声较小。

数据中心柴油发电机组采用何种冷却系统受制于机组发动机的进气方式，应在机组选型和机房土建规划时确定，如表5-2所示。

表 5-2 数据中心柴油发电机组的冷却系统选用

发动机的进气方式和使用条件	冷却系统	备注
发动机采用涡轮增压空空中冷	联机式冷却系统	只能采用
发动机采用涡轮增压单泵双循环空水中冷	联机式冷却系统	建议采用
机组采用其他进气方式，且机房满足所有机组满载运行的进风量需求	联机式冷却系统	优先采用
机房需要进一步降噪	远置式冷却系统	建议采用
机房进风量无法通过土建规划设计满足机组满载运行的进风量需求	远置式冷却系统	必须采用，且不能选用涡轮增压空空中冷机组，也不建议选用涡轮增压单泵双循环空水中冷机组

柴油发电机组采用联机式冷却方式时，机房设计不需要考虑冷却系统设计，直接使用机组联机式冷却系统即可，但机房的进风量务必按用户使用环境（海拔高度和环境温度）下机组满载运行时的总进风量需求进行设计。柴油发电机组采用远置式冷却方式时，安装于机房外的水箱/散热器与机组的相对位置决定了柴油发电机组采用哪种冷却系统设计方案。

1. 水箱/散热器直接远置

当需要水箱/散热器远置，且水箱/散热器与机组的相对位置不超过发动机的静压头要求和摩擦压头要求时，可采用水箱/散热器直接远置的冷却系统，如图 5-4 所示。涡轮增压单泵双循环空水中冷机组不宜采用该冷却系统。

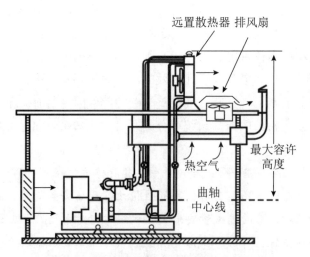

图 5-4 水箱/散热器直接远置的冷却系统

2. 需要附加冷却水泵的冷却系统

当需要水箱/散热器远置，且水箱/散热器与机组的相对位置不超过发动机的静压头要求，但超过其摩擦压头要求时，可采用如图 5-5 所示的附加冷却水泵的冷却系统。冷却水泵可克服摩擦阻力偏差，使得冷却液在冷却系统中正常流动。涡轮增压单泵双循环空水中冷机组不宜采用该冷却系统。

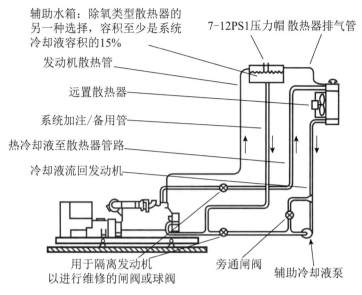

辅助水箱：除氧类型散热器的另一种选择，容积至少是系统冷却液容积的15%

7-12PS1压力帽 散热器排气管

发动机散热管

远置散热器

系统加注/备用管

热冷却液至散热器管路

冷却液流回发动机

用于隔离发动机以进行维修的闸阀或球阀

旁通闸阀

辅助冷却液泵

图 5-5 附加冷却水泵的冷却系统

3. 采用热交换器远置水箱 / 散热器的冷却系统

当需要水箱 / 散热器远置，且水箱 / 散热器与机组的相对位置既超过发动机的静压头要求，也超过其摩擦压头要求时，可采用如图 5-6 所示的热交换器远置水箱 / 散热器的冷却系统。热交换器的位置主要受制于发动机的驱动能力，可直接将热交换器装配在发动机本体上或安装在机组附近，热交换器机组侧一次冷却系统与水箱 / 散热器侧二次冷却系统互相独立，机组侧冷却系统流量等于发动机冷却流量，水箱 / 散热器侧冷却流量（即二次侧冷却驱动水泵的流量）应在确保热交换器二次侧冷却液出口温度小于热交换器最高容许温度的前提下，从热交换器有效带出发动机传递给冷却系统的热量，送远置水箱 / 散热器冷却。

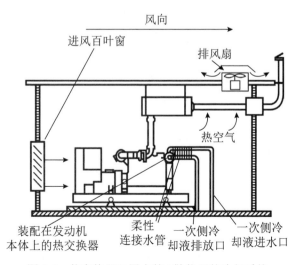

风向

进风百叶窗

排风扇

热空气

装配在发动机本体上的热交换器

柔性连接水管

一次侧冷却液排放口

一次侧冷却液进水口

图 5-6 热交换器远置水箱 / 散热器的冷却系统

采用热交换器远置水箱／散热器设计冷却系统时，如果水箱／散热器由于环境温度等缘故冷却效果不理想，可以考虑用冷却塔代替水箱／散热器，但冷却塔方案不宜用在冬天结冰或湿度低的用户现场，也不适用于灰尘大及风沙多发地区。当用户环境容许时，可以设计引自来水冷却热交换器，寒冷地区也可设计热回收系统，用二次冷却水的热量生产生活热水或预热建筑物新风，水源比较丰富的地区，也可考虑直接用河水、湖水作为热交换器的二次冷却水，但采用该方案时热交换器易于结垢而降低热交换效率，故需要根据用户现场具体情况确定定期清洗的频率。

4. 采用热井远置水箱／散热器的冷却系统

当需要水箱／散热器远置，且水箱／散热器与机组的相对位置既超过发动机的静压头要求，也超过其摩擦压头要求时，可采用如图 5-7 所示的热井远置水箱／散热器的冷却系统。热井的位置受制于发动机的驱动能力，水箱侧冷却回路附加冷却水泵的选型需考虑水箱／散热器的安装位置。热井两边的冷却回路实际上属于同一个密闭的冷却系统，发动机传递给冷却系统的热量最终需要水箱／散热器的冷却风扇驱动空气冷却。当环境温度较高且冷却系统管路过长时，系统的冷却效果很可能不理想，因此采用热井远置水箱／散热器的冷却系统适用于夏天环境温度不高、冷却水管不长的用户现场。

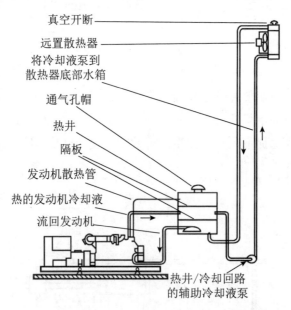

图 5-7　热井远置水箱／散热器的冷却系统

5.1.4　通风系统

柴油发电机组运转时，一方面会将部分清新空气吸入燃烧室，使其与燃油均匀混合于燃烧室燃烧做功，驱动整台机组持续运转，另一方面机组运转时所产生的大量热量必须及时散发出机房，这也会消耗大量空气。因此，标准机组除自身必须具有良好的冷却系统外，机房的冷却和通风系统也必不可少，以便使机房内温度尽可能接近环境温度，并保持机体温度于正常工作范围。机房通风系统包括进风系统和排风系统，如图 5-8 所示为柴油发电机进 / 排风示意图。

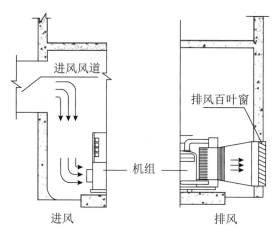

图 5-8 柴油发电机进 / 排风示意

　　良好的机房通风系统必须确保有足够的空气流入和流出，并可在机房内实现自由循环。因此，机房内应有足够大的空间，从而确保机房内的气温保持均衡及空气正常、顺畅地流通。各机组的风道设计应相互独立，以有效减少风道阻力及进风量，从而最小化进风口面积。如不受特殊安装条件的限制，通风系统通常应采用直进直出型，使风道横跨整个机房，并绝对避免机组排放的热空气通过机房进风口再次进入机房。当机房条件无法满足规定的进 / 排风口净面积要求时，必须考虑采用强制进 / 排风方式，以确保机组正常工作和冷却的需要。

　　典型的机房通风系统设计如图 5-9 所示。

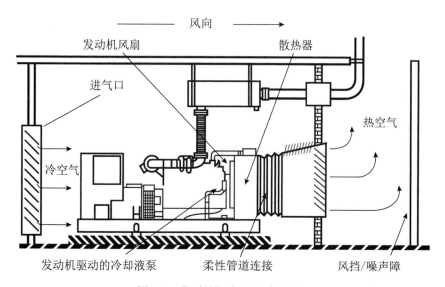

图 5-9 典型的机房通风系统设计

1．设计依据

柴油发电机房通风及温湿度要求是通风系统设计的重要依据。根据通风及温湿度要求合理设计柴油发电机房的通风系统，可以保证机房具有良好的温湿度条件，并使得建设投资及运行维护费用比较合理。因此，柴发的通风系统设计须与其冷却系统匹配，冷却系统设计确定后，方可匹配相应的通风系统。

柴油发电机房内的余热量包括柴油机的散热量、发电机的散热量和排烟管道向周围空气的散热量。排烟管道的散热量分别与烟气温度、机房内空气温度、排烟管在机房内的长度、排烟管用的保温材料的热物理参数以及保温层厚度等因素有关。在进行通风系统设计时，需通过计算确定机房的余热量和余湿量。

2．进风系统

进风系统的风量按消除余热、余湿及稀释有害气体计算，并取其大者。当有条件时，进风可经冷却处理，以减少风量，可选择自然进风或采用机械进行送风等。当选用自然进风时，室外风口选用电动风口，柴油发电机停机或气体消防喷气时电动风口需关闭；当选用机械进行送风时，风机需选用防爆风机，并在送风管道上设置电动阀门，在气体消防喷气时，由消防系统发送电信号关闭电动风阀，同时联锁关闭送风机。

如图 5-10 所示为几种机房进风方案。

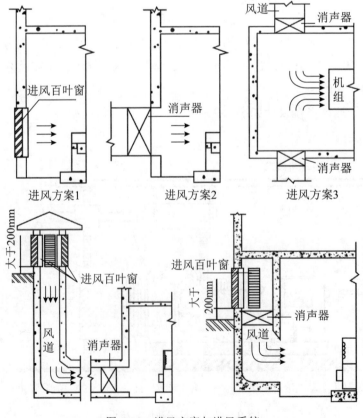

图 5-10　进风方案与进风系统

3. 排风系统

排风系统用于发电机房平时的通风换气和发电机工作时的机房排风。

1）平时通风系统

发电机房平时通风换气的次数可按照 ≥5 次/h 的通风量，可仅设排风机。如果设有气体灭火装置，则管道上需设置电动风阀，在灭火气体释放前，由消防系统发送电信号关闭电动风阀，同时联锁关闭排风机。此外，通风系统还要承担灭火完毕后的排风工作。

2）发电机工作进/排风系统

发电机工作时主要依靠自身所带风扇进行散热，这部分散热风量引自柴油发电机房，并排放到柴油发电机房内部。排风系统风量为进风量减去燃烧所需空气量，燃烧空气量可按照 7m³/（kW·h）计算。

通风系统的排风方案可参见图 5-11，实际应用中根据机房布局结构、环境要求、资金预算等采用适合的排风方案。

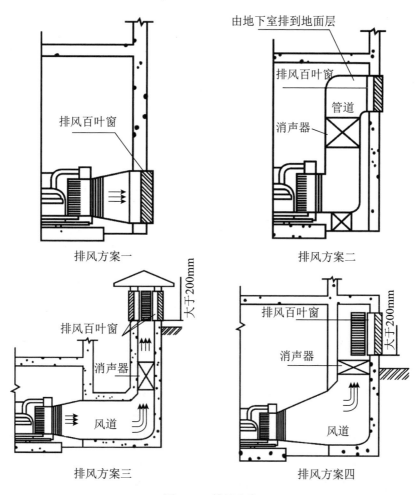

图 5-11　排风方案

4. 内置散热器的通风

发电机组内置散热器时，机房以外部空气为冷源进行冷却，这样的柴油发电机房称为风冷式柴油发电机房，如图 5-12 所示。风冷式柴油发电机房不受冷却水源和水温的限制，只需少量补给水（柴油机气缸水套的冷却）即可。在水源困难和外部温度较低的情况下，柴油发电机房可采用风冷方式进行冷却。

风冷式柴油发电机房的主要优点是：

● 进 / 排风量大，正常通风时，机房空气新鲜，风速大，人员感觉舒适；
● 机房内部通风系统简单，管道较少，运行操作及维修方便。

风冷式柴油发电机房的主要缺点是：

● 进 / 排风管道、风机、口部防护设备和土建工程量大，口部管道布置困难；
● 受外部环境温度影响大，进风实际温度高于设计计算进风温度时，机房实际温度会高于机房设计温度。

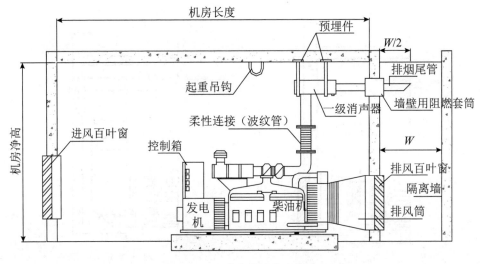

图 5-12　风冷式柴油发电机房

5. 远置散热器的通风

远置散热器是将散热器放置在建筑物外（例如裙房顶部），如图 5-13 所示。采用远置散热器通风可以大大减小进 / 排风管道、风机、口部防护设备和土建的工程量。散热器外置时，柴油发电机房内的散热量仅为柴油机组本身发热和发电机及排烟管向室内的散热量，通风量大大减少，通风量约为发动机工作时所燃烧空气量的 8~10 倍。

散热器的风扇供电由机组提供，因此机组增加了联机风扇的功率，同时散热器的水箱容量需要大于冷却水量的 15%。由于散热器放置在建筑物外，因此冬季需添加防冻液，防冻液的添加比例根据当地最低气温确定。外置散热器的水管路由在施工过程中要注意尽量减少阻力，管路总阻力小于发动机内置水泵的扬程。

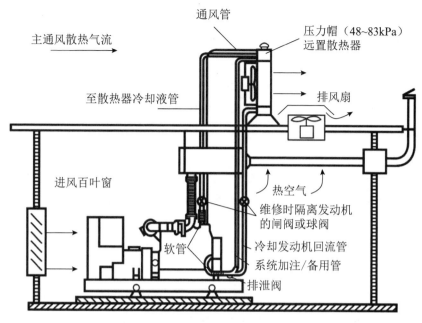

图 5-13　远置散热器通风

柴油发电机房在遇到火警时，如果喷放保护气体进行灭火，则需要发电机房保持密闭状态，因此需要在进风系统、排风系统、排烟（废气）系统上设计自动密闭装置。进风系统、排风系统上可设计电动风阀或电动风口，与消防联动，保护气体喷放前电动关闭，使柴油发电机房形成密闭空间，保证灭火效果。

5.1.5　机房的降噪与保温

柴油发电机组的噪声主要来自机械运转、排气、燃烧、冷却风扇、进风、排风、发电机、地基振动的传递等，具体如下：

- 排气噪声：柴油机的排气是一种高温、高速的脉动气流，是柴油机噪声中能量最大、成分最多的一种，主要成分包括：周期性的排烟引起的低频脉动噪声、排烟管道内的气柱共振噪声、气缸的亥姆霍兹共振噪声、高速气流通过气门间隙及曲折的管道时所产生的噪声、涡流噪声以及排烟系统在管道内压力波激励下所产生的再生噪声等。其大小可达 100dB 以上，是发电机组噪声最主要的组成部分。它的基频是发动机的点火频率。随气流速度增加，噪声频率显著提高。
- 机械噪声：机械噪声主要是柴油机各运动部件在运转过程中受气体压力和运动惯性的周期性变化所引起的振动或相互冲击而产生的，其中最为严重的有以下几种：活塞曲柄连杆机构的噪声、配气机构的噪声、传动齿轮的噪声、不平衡惯性力引起的机械振动及噪声。柴油发电机组强烈的机械振动可通过地基远距离传播到室外各处，通过建筑结构和地面的辐射形成噪声。这种噪声传播远、衰减少，一旦形成很难隔绝。

- 燃烧噪声：柴油在燃烧爆炸过程中产生的结构振动而产生的噪声。
- 冷却风扇和排风噪声：机组冷却风扇高速旋转所产生的气流和涡流会产生噪声，并通过排风通道传播出去，从而造成噪声污染。
- 进风噪声：机组的噪声会通过进风通道传播到机房外面，造成噪声污染。
- 发电机噪声：发电机噪声包括定子和转子之间的磁场脉动引起的电磁噪声，以及滚动轴承旋转所产生的机械噪声。

机房降噪的主要措施如下：

（1）进/排风降噪：机房的进风通道和排风通道分别做隔音墙体，进风通道和排风通道内设置消音片，这样能够降低声源从机房内通过进/排风管道向外传递的强度。

（2）控制机械噪声：对机组进行隔震处理，将机组振动降至最低。机房内顶部和四周墙上铺设吸声系数高的吸/隔声材料，主要用来消除室内混响，降低机房内声能密度及反射强度。为防止噪声通过大门向外辐射，应设置防火隔音铁门。

（3）控制排烟噪声：排烟系统在原有一级消音器的基础上安装二级消音器，可以有效控制机组的排烟噪声。排烟管较长时需要加大管径，以减少发电机组的排气背压。

发电机房降噪剖面如图 5-14 所示。

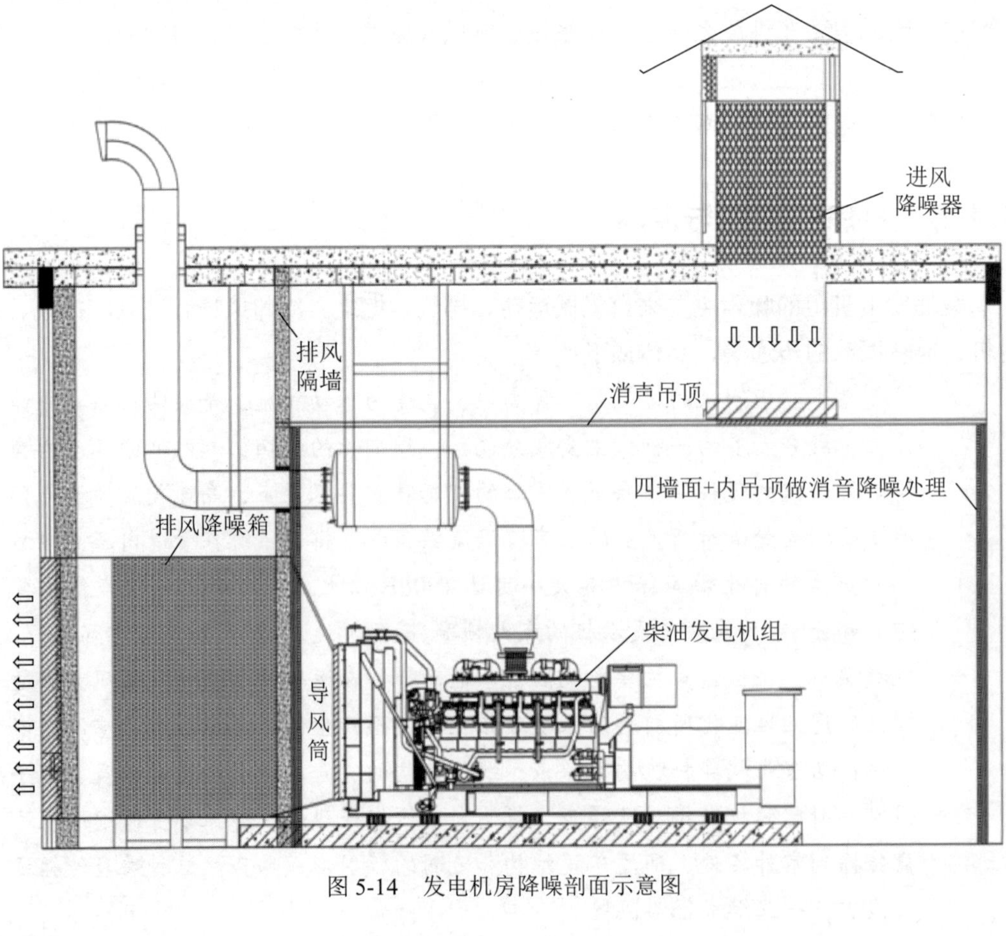

图 5-14　发电机房降噪剖面示意图

柴油发电机房在非运行时温度应保持在5~35℃，相对湿度不高于75%。在寒冷及严寒地区，冬季柴油发电机组非运行时，应采取保温措施，确保机房温度不低于值班温度，以保证柴油发电机组能正常启动。

柴油发电机房的冬季热负荷需进行计算，如不能保证值班温度，需设计供暖设施，建议使用热水及蒸汽供暖方式，不应采用电加热形式。

5.1.6　排烟系统及尾气处理

排烟系统的作用是将柴油发电机组运行产生的废烟废气有效而安全地排至户外，不得影响周围环境和居民的正常工作生活，因此烟气排放系统必须正确设计和安装。柴油发电机组的排烟系统主要由发动机标准配置的消声器、排烟管道及各种连接件（波纹管、法兰、弯头、衬垫）组成，并通向机房外。典型的排烟系统设计如图5-15所示。

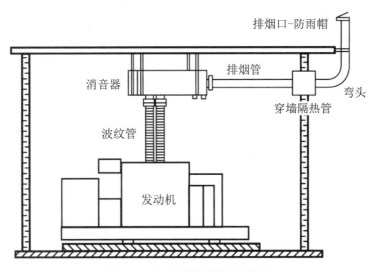

图 5-15　机房排烟系统典型设计

1. 排烟系统设计要求

在设计排烟系统时，首先需要计算机组运行时的排烟量，根据排烟量确定排烟管的直径。设置排烟管时，柴油机排烟口和排烟管之间宜采用柔性连接。当连接两台或两台以上机组时，排烟支管上宜装设单向阀门。排烟管的室内部分应做保温处理，其表面温度不应超过60℃。排烟管宜单独引出地面，并采取防雨措施，排烟管出口宜做消声及防雨处理。

排烟系统应保证排烟回路的总阻力小于发动机技术指标中的排气背压限值，从而保证废烟废气顺畅排出室外。为了有效减小排烟阻力，排烟管径不能小于发动机排烟口的直径，但管径过大既容易导致冷凝而腐蚀管件，也降低排烟速度，不利于排烟在户外扩散。排烟系统应尽可能减少弯头数量和缩短排烟管的总长度，否则会导致机组的排气背压增大，使机组产生过多的功率损失，影响机组的正常运行，降低机组正常的使用寿命。

当机房内有一台以上机组时，应保证每台机组的排烟系统独立设计和安装，绝不允许不同的机组共用一个排烟管道，以避免机组运行时因不同机组的排气压力不同而引起的异常窜动或增大排气背压，防止废烟废气通过共用管道形成回流，从而影响机组正常的功率输出，甚至引起机组的损坏。

2. 尾气处理

柴油发电机组的排放尾气中含有大量污染物质，污染物主要包括一氧化碳、碳氢化合物、氮氧化合物、二氧化硫、烟尘微粒（某些重金属化合物、铅化合物、黑烟及油雾）和臭气（甲醛）等。黑烟微粒（PM）粒径通常在 0.1~10μm（即 PM10），含有多种有毒致癌物质，且可长期悬浮于人们的呼吸带范围，进入人的呼吸系统后会严重危害人体健康。柴油机尾气最主要的危害是形成光化学烟雾。

国际癌症研究机构将柴油机尾气的致癌危害等级由 1988 年划归的"可能致癌"类别提升到"确定致癌"类别。柴油机尾气与石棉、砒霜、芥子气、烈酒和烟草具有程度相近的致癌性。

各个国家及地区对柴油发电机组的尾气排放等级都有要求，我国于 2014 年发布了GB 20891—2014《非道路移动机械用柴油机排气污染物排放限值及测量方法（中国第三、四阶段）》，规定非道路移动机械用柴油机排气污染物结果都不应超出规定的限值。

为降低尾气的危害，对尾气进行处理的常见方式有以下几种：

（1）采用液体吸收 - 低温等离子体催化组合柴油发电机尾气净化设备。

采用液体吸收技术和低温等离子体催化新技术的处理效果良好（可处理 95% 以上的尾气），运行稳定，维护也较为简单。

（2）采用三效催化剂闭环控制系统。

三效催化剂（也称三元催化剂）闭环控制系统是最常用的排气净化系统。柴油发电机排出的三种主要污染物 CO（一氧化碳）、HC（碳氢化合物）、NO_x（氮氧化合物）能同时被高效率地净化。尾气净化器主要由载体、涂层、活性物、衬垫和壳体等组成，其核心部件是由三种贵金属铂（Pt）、铑（Rh）和钯（Pd）作为活性材料的蜂窝状陶瓷载体，Pt、Rh 和 Pd 三种贵金属催化剂可同时净化 CO、HC 和 NO_x，故称为三效催化剂。

（3）利用碱吸收法进行处理。

碱吸收法就是通过碱液对 SO_2 和 NO_x 等的吸收而达到净化尾气的效果。目前采用较多的碱吸收法处理装置是旋流板式喷淋塔和旋风喷淋塔。

除此之外，也可以采用液体吸收与网滤法治理柴油机尾气。

5.1.7 燃油供给系统

燃油供给系统是保证柴油发电机组连续稳定运行的重要设施，典型的柴油发电机组燃油供给系统包括主燃油箱（储油罐）、燃油管、辅助燃油泵、日用油箱、电磁阀、液位计、阻火器、通风系统、排水系统、消防系统、配电与控制系统、环境监控等，如图 5-16 所示。

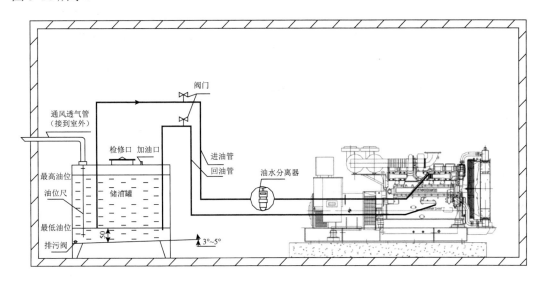

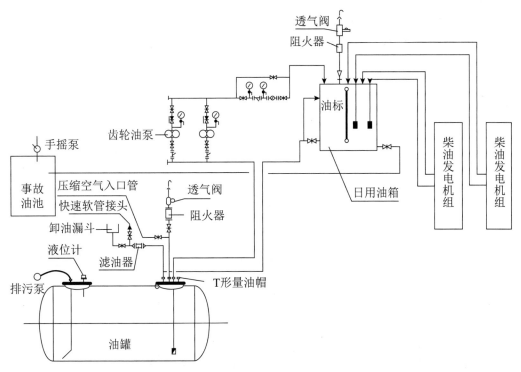

图 5-16　典型的供油系统示意图

在数据中心设计中，柴油发电机组供油系统的设计需要严格遵守当地的法律、法规和规范的要求。通常，柴发供油系统的设计需要考虑以下几个因素：运行时间标准，燃油储存与油泵输送，燃油冷却，管路及维护，系统控制，适用的规范和标准等。供油系统的设计应符合技术标准要求，如表 5-3 所示。

表 5-3　柴油发电机组燃油供给系统设计的引用标准

序号	技术标准名称	技术标准代号
1	《数据中心设计规范》	GB 50174—2017
2	《建筑设计防火规范（2018 年版）》	GB 50016—2014
3	《输油管道工程设计规范》	GB 50253—2014
4	《风机、压缩机、泵安装工程施工及验收规范》	GB 50275—2010
5	《埋地钢制管道石油沥青防腐层技术标准》	SY/T 0420—1997
6	《石油化工设备和管道涂料防腐蚀设计标准》	SH/T 3022—2019
7	《机械设备安装工程施工及验收通用规范》	GB 50231—2009
8	《工业金属管道工程施工规范》	GB 50235—2010
9	《现场设备、工业管道焊接工程施工规范》	GB 50236—2011
10	《自动化仪表工程施工及验收规范》	GB 50093—2002
11	《工业金属管道设计规范》	GB 50316—2000
12	《石油库设计规范》	GB 50074—2014
13	《压力管道安全管理与监察规定》	劳动部发〔1996〕140 号

对 A 级（Tier Ⅲ 和 Tier Ⅳ）数据中心来说，柴油发电机组必须具备并行维护 / 容错能力。相应地，燃油供给系统也必须具备并行维护 / 容错能力。其中，日用油箱以及从日用油箱至发动机输油管线均为每台机组单独配置一组，可以与机组一同视为一个黑匣子，因此，从主油罐到各个机组日用油箱的输油管路宜采用环形管网或双供双回方式，如图 5-17 和图 5-18 所示。

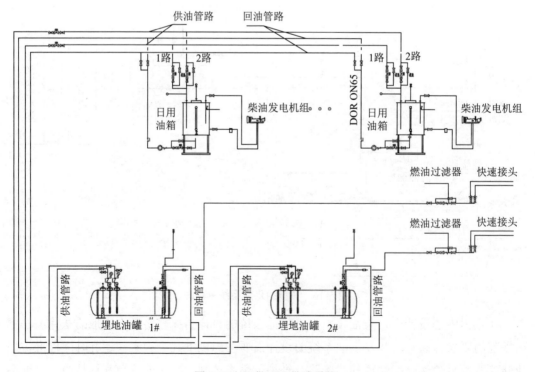

图 5-17　双供双回供油系统

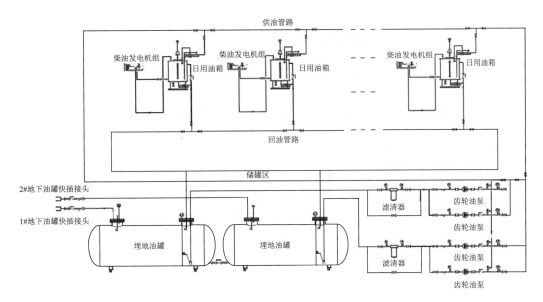

图 5-18　环形管网供油系统

1. 主燃油箱（储油罐）

根据《数据中心设计规范》以及 ANSI/TIA-942 标准，柴油发电机组应设置现场储油装置。根据数据中心等级不同，要求柴油发电机组燃油储存量为 8~96h 不等。当按基本功率（PRP）来选择机组时，单台机组的燃油消耗应按照 75% 基本功率下的燃油消耗量来计算；当按持续功率（COP）来选择机组时，则可按持续功率100% 负载率下的燃油消耗量进行计算。如果发电机组按 N+x 配备，则计算燃油总容量时，只按 N 台机组所需油量计算。对于 A 级数据中心，柴油发电机组燃料存储量宜满足 12h 用油，当外部供油时间有保障时，储存柴油的供应时间仅需大于外部供油时间。

燃油储存装置一般指主燃油箱（储油罐）。储油罐均采用常压油箱（罐），通常须具备如下功能：

- 储存燃油：油箱（罐）必须能储存一定量的燃油，避免泄漏，并尽可能减少燃油挥发；
- 加油：油箱必须允许安全地加入燃油；
- 通气：所有油箱均应保持通风良好，以便油箱内的空气及其他气体能散入大气；
- 泵油：系统应能将燃油输送到日用油箱或发动机。

从外形上看，典型的柴油发电机组燃油系统配套的主燃油箱（储油罐）可以是集装箱形、圆球形或卧式圆柱形。大型数据中心常采用卧式圆柱形储油罐，如图 5-19所示。

图 5-19　卧式圆柱形储油罐

卧式油罐的容积一般不宜超过 100m³，为了运输方便，通常建议单个罐体容量不大于 50m³。为防止可能发生的油品泄漏对环境造成的影响，需要采用严密措施防止柴油外泄，储油罐需要使用优质钢板，采用双层结构，油罐内外壁做防腐涂层，施工时应按现行的国家标准 GB 50242—2002《建筑给水排水及采暖工程施工质量验收规范》及 14K207《管道、设备防腐蚀设计与施工》等油罐管道防腐的规定进行。

油罐内进油口设置散油板及过滤器，罐体上盖保证开启自如，油罐的通气管设计在系统的最高点，其尺寸与供油管匹配，并设置防尘装置，回油管连接不超过机组进油泵的吸收能力。此外，应安装不锈钢电接点液位传感器，监测液位的低位、高位、超高位。

数据中心储油罐主要有地上储油罐和地下储油罐两种形式。对于集装箱柴发，还会在其底部设置一个大的储油箱，可以满足单台柴发几小时至 24h 的运行油耗。地上储油罐通常为钢制结构，易于维护，通常安装成本低，对于项目承包商的安装能力要求也较低。对于一些占地面积紧凑、防火要求较高或天气较为寒冷的地带，则需采用地下储油罐。地下储油罐通常为玻璃纤维或钢制结构。根据不同的项目情况及需求，客户可以选择使用地上储油罐或者地下储油罐来进行燃油储存。表 5-4 总结了地上储油罐和地下储油罐的优缺点。

表 5-4　地上储油罐与地下储油罐的比较

项目	地上储油罐	地下储油罐
优点	• 设计要求较低，管路相对简单 • 安装成本低，安装要求低 • 易于维护，易于移动 • 泄漏检测较为容易	• 防火间距小，占地面积较小 • 温度、湿度保持较为稳定 • 火灾风险较低
缺点	• 防火间距大，占地面积较大 • 受环境影响较大 • 火灾风险较高	• 设计要求较高，管路相对复杂 • 安装成本高，安装要求高 • 维护较为复杂，不可移动 • 需要全面的泄漏检测系统

在当前国内数据中心建设项目中，通常采用室外地下储油罐储油的方式，同时在储油罐和机组中间增加日用油箱。根据数据中心的等级，储油罐个数可设置为 $N+1$ 或 $2N$，多个油罐系统同时工作，互为备份，当一套系统出现故障，其余系统继续工作。可见，油路系统的设计较为复杂，成本较高，施工及运维也较为不便。

储油罐区一般选择在距离柴油发电机房较近的园区内一角，该地段应远离人员密集场所、电网线路、火源场所，同时考虑地质条件、土壤腐蚀性以及地下水等因素。有条件的情况下宜设置在上风侧，不宜设置在低洼地段。应配套设置消防设施、防水排水排气设施、安防设施等。埋地油罐的基础承载能力应满足燃油和罐体、基础重量及其他附件重量，需要的承载能力应根据计算确定，应事先了解属地的规定要求以及建筑物地质勘查报告。

油罐池池壁、顶板、底板、预留孔洞严格要求做好防水，池内严禁进水。在一些项目中，特别是华东和南方地区，因油罐池的防水没做好而出现的油罐漂浮现象屡见不鲜。油罐池防水做法可参考图集10J301《地下建筑防水构造》。

燃油的成分对柴油发动机的工作情况、使用寿命及排放物成分有非常大的影响。储油罐相当于一个油库，柴油在储存期间，如果储存时间超过一年，品质就会恶化，因此应定期进行柴油品质的检测，当柴油品质不能满足使用要求时，应对柴油进行更换。因此，用户需根据自身需要来确定实际储油量，同时考虑与供油企业建立定期更换柴油的机制。

总之，合理的燃油存储量设计对确保系统供油以及系统的运行维护有着重要意义。

2. 燃油管

燃油管是燃油输送的通道，应采用黑铁管、钢管或铜管，并进行防腐处理，严禁使用镀锌管，因为柴油可以与镀锌管发生反应，产生沉积物，堵塞油滤，并导致油泵和喷油嘴故障。采用软管的地方应保证该软管适用于柴油。

燃油管的管径越小越好，采用过大的燃油管会增加空气吸入的机会，且在系统启动时，燃油泵因为干转有损坏的危险。因此，当管道压力降在最大允许值（6.9kPa）内，在能输送足够油量的前提下，燃油管尺寸应尽可能小。燃油管与发动机的连接部分必须采用软管，软管长度不应小于6英寸（15.3cm）。

柴油发动机至少需要两条燃油管：进油管及至少一条从喷油嘴出来的回油管。送往喷油嘴的燃油总是多于发动机的实际喷油量，因此多余的部分必须送回燃油箱。回油管的尺寸应与进油管一样，并尽可能短、直，以便燃油可因重力作用回到油箱。回油可送至日用油箱或主油箱。回油口应尽可能远离进油管的吸油口，以免空气进入，并防止热的回油直接又进入进油管。如果回油是送至日用油箱，则要注意日用油箱的容量。

在某些项目中，可能很难或不方便将回油管布置成让燃油能靠重力流动的方式，那么在设计回油管路上有静压的燃油系统前，应取得发动机供应商的认可。

3. 日用油箱

当储油罐位置低（低于机组油泵吸程）或高（高于油门所能承受的压力）时，必须采用日用油箱。日用油箱应满足以下设计要求：

（1）日用油箱容量：日用油箱容量的大小应视工作时间的长短和当地消防部门的要求而定，一般根据机组满载时的耗油量来进行设计。通常，当燃油温度高于38℃时，发动机可能有功率折损；当燃油温度高于 60℃ 时，发动机可能受到损害。因此，日用油箱容量最小应为 4h 燃油消耗量，以保证有足够的容量来冷却发动机回油，最大不应超过 8h 的燃油消耗量，燃油箱的容积不得超过 1m³。如果需采用更小容量的油箱，则建议将回油管接至主燃油箱，或安装燃油冷却器。

在确定柴发机组日用油箱的容积时，可按以下两种方法计算：

- 公式一：$V = \dfrac{G \times T}{\rho \times A}$

式中：V 为日用油箱的容积，单位为 m³；

　　　G 为发动机燃料的消耗量，单位为 kg/h；

　　　ρ 为燃油密度，单位为 kg/m³，轻柴油为 810~860；

　　　A 为油箱充满系数，一般取 0.8；

　　　T 为供油时间（≤8h）。

- 公式二：$V = P \times \sigma \times T \times 1.2$

式中：V 为油箱容量，单位为 L；

　　　P 为发动机额定功率，单位为 kW；

　　　σ 为发动机燃油消耗率，单位为 L/kW·h；

　　　T 为燃油补给周期，单位为 h。

（2）日用油箱应尽可能地靠近发动机，以使发动机输油泵易于抽取燃油，并可方便地连接发动机回油管。

（3）箱内进油口设置散油板及过滤器，箱体上盖保证开启自如，油箱底座有与地面加固的地脚螺栓孔，各管路安装为内藏式。为利于清洗油污，箱底一般设计为斜面。日用油箱应有接油盘，并考虑配备漏油报警装置。

（4）燃油箱的通气管设计在系统的最高点，其尺寸与供油管匹配，并设置防尘装置，回油管连接不得超过机组进油泵的吸收能力。

（5）应具有手动、自动控制功能。安装不锈钢电接点液位传感器，监测液位的超低位（低低位）、低位、高位、超高位（高高位）。在正常情况下，当任意一个日用油箱的油位处于低位（25%）时，开启电磁阀、进油泵，由地下储油罐向日用油箱注油；当油位高于设定位（75%）时，关闭电磁阀和进油泵，且油管内柴油能排至地下储油罐；当有事故告警信号时，启动燃油箱排油阀，将燃油箱及油管内的柴油排至地下储油罐；当油箱油位高于溢油管上沿时，开启紧急卸油泵，使燃油箱多余的柴油自动流回室外地下储油罐，并发出告警。

（6）根据 GB 51348—2019《民用建筑电气设计标准》的规定，应在机房内设置专用的储油间，储油间应采用防火墙与发电机间隔开。当必须在防火墙上开门时，应设置能自行关闭的甲级防火门，并向发电机间开启。储油间内灯具采用防爆型，并设置日常通风。

日用油箱组件如图 5-20 所示。

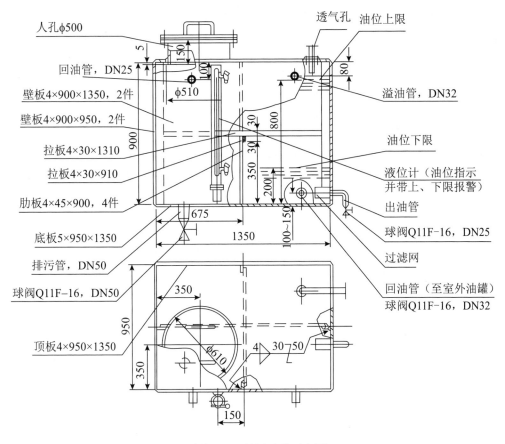

人孔φ500

透气孔 油位上限

回油管，DN25

壁板4×900×1350，2件
壁板4×900×950，2件

拉板4×30×1310
拉板4×30×910

肋板4×45×900，4件

底板5×950×1350

排污管，DN50
球阀Q11F–16，DN50

顶板4×950×1350

溢油管，DN32

油位下限

液位计（油位指示
并带上、下限报警）

出油管

球阀Q11F–16，DN25

过滤网

回油管（至室外油罐）
球阀Q11F–16，DN32

图5-20 日用油箱示意图

4. 辅助燃油泵

从主油罐到日用油箱可以依靠重力，通常借助电动油泵来进行燃油输送，燃油泵的选择应综合考虑输送距离、燃油泵的扬程和流量的要求。辅助燃油泵主要包括进油泵、回油泵、卸油泵。

每个油罐应设有两台辅助燃油泵，互为备用，当工作油泵出现故障时，会自动启动备用油泵，单个油泵的工作满足整个系统的用油需求。辅助燃油泵前端具有柴油过滤器以及底部止回阀。

5. 燃油系统自控及配电

燃油系统须具备手动和自动控制功能，根据有关要求进行自控系统的设计，并负责信号传输线缆布放、向集中管理平台提供自控信号、配合调试验收等，设计要求如下：

（1）地下油罐和日用油箱安装不锈钢传感器、液位显示和警报器，监测燃油液位的低位、高位和超高位。超低液位时报警，任意机组低液位时开启电磁阀、进油泵，高液位时关闭电磁阀，所有机组高液位时停进油泵，超高液位时停进油泵并告警。紧急情况下，能够远程开启通向地下油罐的紧急泄油阀和回油泵。

（2）燃油系统的自控系统及配电的安装、验收按照 GB 50093—2002《自动化仪表工程施工及验收规范》、GB 50303—2015《建筑电气工程施工质量验收规范》进行。

（3）燃油系统的供电电源应采用双路供电，正常电源与备用电源的切换采用自动转换电源装置（ATS）进行末端切换。正常电源宜采用不间断电源系统（UPS）供电。同时设有直流 24V 转换模块，以冗余的方式保证 PLC 控制器及辅助继电器和传感器的工作。

（4）仪表或传感器线路采用 BTTVZ 重载铜芯钢护套 PVC 外护套矿物绝缘耐火电缆，在储油罐操作井与控制室之间敷设时，可采取直埋或穿管敷设方式。直埋时屏蔽电缆的屏蔽层的两端须接地；穿管敷设时管道的两端须可靠接地。电线管穿过墙、基础及楼板时应设套管，安装完毕后，套管与管道的间隙应采用阻燃材料进行填塞。

（5）油路控制系统采用主备双 PLC 系统设计，当主 PLC 故障时，备用 PLC 投入使用，所有油泵的状态、日用油箱液位、油罐的液位、控制阀门状态以及所有报警信号都应能够传输到主用和备用 PLC 并集成到设备监控服务器中。

（6）对多油箱供油控制系统的设计要求可参考国家建筑标准设计图集 15D202-2《柴油发电机组设计与安装》的相关内容。

所有系统内的关键信号、危险报警信号均能上传至运维后台，可远程实时监视供油系统环境。罐区及泵房内宜设置红外摄像头，并对可燃气体浓度实施安全监视，为发生自然灾害、不可预测的突发情况、燃油泄漏情况及维护过程提供安全保障。供储油控制流程简图如图 5-21 所示。

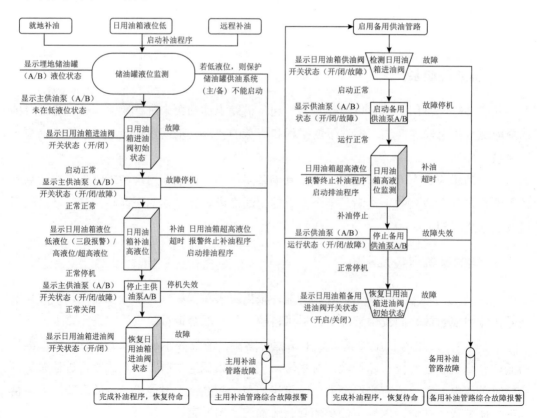

图 5-21　供储油控制流程示意图

控制方案如下：

根据需求，罐区配置埋地油罐数量应按需求设置，每个油罐配置两套供油泵，按一用一备配置，每台泵的运行时间可在触摸屏上切换。两个油罐之间配置一套倒油泵，按运营维护要求执行油罐间的相互倒油。PLC 控制站控制整个室内外供储油系统的运行，包括日用油箱自动或手动加油卸油、电磁阀、回油泵、风机、污水泵的运行控制。PLC 控配站宜预留 1~2 个 RS-485 通信接口给运维后台，将设备的液位、报警、运行停止等信号均上传至运维后台监控，关键部位应采用就地和远程两种控制方式。

5.1.8　机房消防

柴油发电机房装有发电机组、电气设备和供油设施，一些发电机房还会在墙面上装有降噪吸音材料，因此存在以下火灾隐患：

- 固体表面火灾（A 类火灾）：发电机组高温起火，电路短路起火，发电机房内的装饰材料或设施被引燃起火；
- 液体火灾（B 类火灾）：供油系统的输油管路、容器泄漏或火灾时遭到破坏造成燃油流淌到地面，接触到高温烟气或明火而燃烧；
- 带电体火灾（E 类火灾）：供电线路短路或其他原因引起电器设备着火。

因此，柴油发电机房属于重点防火区域，必须遵守消防规范的规定，制定完善的消防制度，配备完善的火灾报警系统和灭火系统，消防信号可上传至园区或模块消控室。

1. 机房火灾报警系统

当前常用的火灾探测器主要有感烟探测器、感温探测器、火焰探测器、可燃气体探测器等，根据 GB 50116—2013《火灾自动报警系统设计规范》，柴油发电机房宜首选感温探测器。但如果发电机房通风不畅，加上夏季高温天气，经常会使机房内温度较高，很容易使感温探测器出现误报，且当今发电机组均为室外排烟，正常状况下发电机房内没有烟气存留，所以选用感烟探测器也较适合。发电机房火灾探测器的选用可根据实际情况而定，如果发电机房采用气体灭火保护，则感烟、感温探测器都要设置。

除非特别个例，发电机房不宜选用火焰探测器和可燃气体探测器。

2. 消防联动

柴油发电机房发生火灾后，需要联动的项目有以下几项：

（1）强切非消防电源，包括发电机房内各种用电设施的电源。

（2）强切门禁电源。门禁电源多采用 UPS 供电，强切非消防电源后，门禁依旧工作，如不强切，则不利于发电机房内的人员逃生。

（3）强启排烟风机、消防水泵，强制打开排烟口。

（4）强启应急照明电源。若应急照明灯自带备用电池，则省略该步骤。

（5）各种防火阀关闭后的回答信号要回传至火灾报警控制系统。

3. 机房灭火系统

柴油发电机房必须采用自动灭火系统。从灭火性能来说，最理想的灭火方式是洁净气体灭火系统，这也是数据中心推荐采用的灭火系统，目前常用的灭火气体是七氟丙烷。气体灭火系统造价较高，一旦误喷容易产生安全事故。此外，水喷雾、泡沫水喷淋系统亦可根据工程具体实际情况权衡采用。自动喷水灭火系统不适合液体火灾和带电体火灾，数据中心一般不采取此方式。

储油间因空间较小且容易发生液体火灾，一般也采用气体灭火方式进行灭火，储油间的火灾自动报警探头宜采用防爆型。

柴油发电机房所采用的室外油罐均为不大于 200m³ 的小型油罐，根据 GB 50074—2014《石油库设计规范》的规定，灭火方式宜采用移动式泡沫灭火系统。

5.1.9 辅助电源设计

数据中心的柴油发电机组属于应急备用电源，市电失电时，不仅要求机组快速启动供电，而且要求其能按常用功率连续运行。要满足这些基本需求，除了需要根据用户环境给机组配置加热器等辅助设施以及正确设计通风、冷却系统外，还必须给这些辅助设施提供可靠的工作电源。因此，需要对辅助电源进行认真设计，这也是柴发电源系统设计的重要环节。数据中心柴油发电机组辅助电源设计主要包括满足供电可靠性需求的机组快速启动辅助电源设计以及保证机组按常用功率连续运行的辅助电源设计。

1. 柴油发电机组启动辅助电源设计

机组启动辅助电源设计包括：机组冷却液加热器、机油加热器、燃油加热器、控制器空间加热器、发电机除湿加热器、蓄电池加热器等各种加热器的工作电源设计；蓄电池市电充电器的工作电源设计；排烟系统环保设备加热器的工作电源设计等。由于数据中心柴发机组的启动辅助电源是在机组处于停机备用状态时给各种加热器、市电充电器等辅助设施以及机组日常维护保养正常供电的电源，所以启动辅助电源应当取自市电电源。

如果数据中心只有一路市电供电，则机组启动辅助电源可直接通过市电低压配电母排上的馈线断路器引出，然后送到启动辅助电源母线，而加热器等启动辅助设施电源可分别从该辅助电源母线引出；如果数据中心有两路市电供电，则可参考图 5-22 设计柴发机组的启动辅助电源，此时机组启动辅助电源可从 ATS 的负载侧引出，然后送到启动辅助电源母线。

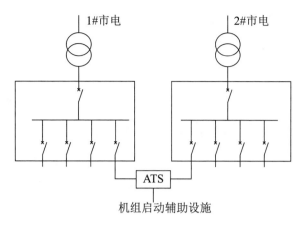

图 5-22　有两路市电的柴发机组启动辅助电源设计

2. 柴油发电机组运行辅助电源设计

机组运行辅助电源设计包括：燃油循环泵、分体式水箱 / 散热器、冷却液循环水泵、机房附加排风扇、进 / 排风百叶窗、进风加热等辅助设施的工作电源设计；机房照明电源设计；机组维护保养和维修电源设计等。

由于数据中心柴发机组的运行辅助电源是在备用机组运行时给辅助设施以及机房照明等提供电源，所以机组运行辅助电源应当取自应急母线或柴发机组输出端。

柴发机组的正常运行以通风系统、燃油系统及冷却系统等的正常工作为前提，因此为了确保柴发机组启动后能够满负载运行并缩短机组启动带载时间，数据中心柴发机组运行辅助电源母线进线应当从机组输出断路器的输入端取，如图 5-23 所示，电动百叶、安装在机房内的分体式水箱 / 散热器、燃油循环泵、冷却液循环水泵等运行辅助设施则分别从运行辅助电源母线馈出，且配电系统的自动化设计必须确保机组输出额定电压时，立即启动所有运行辅助设备和机房附加排风扇，尽快启动进风加热等辅助设施以及机房照明等运行辅助设施。

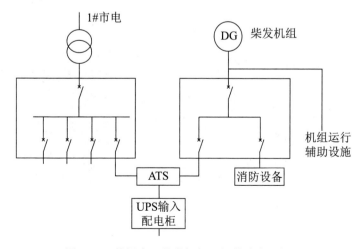

图 5-23　数据中心柴发机组运行辅助电源设计

　　进 / 排风电动百叶根据客户的需求采用直流电机驱动时，进风百叶驱动电机的启动信号可参考柴发电源系统的启动信号设计，排风百叶驱动电机的启动信号可参考柴发电源系统的启动信号或机组的启动信号设计。

5.2　集装箱式柴油发电机组的设计

　　一般在有条件的情况下，柴油发电机组首选安装在室内，如果建筑环境和条件不允许，则可选择采用集装箱式柴油发电机组，安装在室外或建筑楼顶。

　　集装箱式柴油发电机组是安装在集装箱内的柴油发电机组，在工厂完成发电机组在集装箱内的安装，具备柴油发电机组完整的系统，整体吊装运输到数据中心现场，现场仅需要简单的固定、连接和调试便可投入使用。随着数据中心需求的不断旺盛和近年来国内数据中心建设的连续扩展，采用集装箱式柴油发电机组可以加快数据中心的建设和投运节奏，并保证数据中心的建设质量，这使得集装箱式柴发机组得到了越来越多的应用。如图 5-24 所示为数据中心配置的集装箱式柴油发电机组。

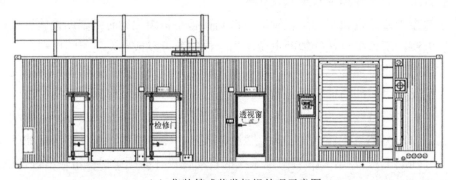

（a）集装箱式柴发机组外观示意图

（b）放置于室外的集装箱式柴油发电机

图 5-24　集装箱式柴油发电机组

　　在数据中心建设中，与机房安装柴发机组相比，集装箱式柴发机组最大的优点是能够缩短建设周期，为客户节约建设投资，实现更好的投资收益。集装箱式柴发机组的优点主要体现在以下三个方面：

（1）节约土建周期。对于机房安装的柴油发电机组，柴油发电机房可以设在 IT 机房楼内，也可以是独立于 IT 机房楼的单独土建结构，它需要在数据中心开工动土时同时建造，而集装箱式柴油发电机组的安装可以独立于机房楼的建设，其基础台可以单独建造，需要的建设周期也比 IT 机房楼的更短。此外，集装箱式柴油发电机组是独立的设备，在向政府部门申报和审批时要求完全不同，可以简化审批的流程，对于节约建设周期也很有帮助。

（2）简化了现场的安装。集装箱式柴油发电机组包含了柴油发电机组、进 / 排风降噪、排烟消音器、日用油箱、机房降噪和消防等系统，这些都在工厂进行装配，然后整体运到数据中心现场进行整体吊装，再和现场的其他设施进行对接，大大简化了现场的施工工程。

（3）有利于产品质量控制。集装箱式柴油发电机组的配套组件都在工厂进行安装，因此可以更好地进行质量把控，而且批量的集装箱采用了标准化的箱体和配件，产品的一致性比较好，避免了现场施工由于土建差异较大导致的质量不可控，对于并机控制等也更有利。

5.2.1　集装箱式柴发机组的布局

集装箱式柴发机组的物理空间布局是集装箱式柴发机组设计的重要环节，是需要多专业协调配合的设计环节，需要综合考虑电力供应、燃油供给、土建施工、通风散热等各个因素的影响和配合。设计合理的布局可以保证机组具有良好的通风散热条件，确保机组有一个适宜的工作环境。

1. 集装箱式柴发机组布置的一般要求

室外集装箱式柴油发电机组的布置应结合场地整体布局进行合理的设计和施工，需要关注以下几点：

（1）远离办公及生活区域，实在无法远离的应保证噪声水平满足要求。

（2）尽量靠近数据中心配电室布置。

（3）保证机组进 / 排风顺畅，排风侧宜直接朝向建筑或道路，避免对车辆、人员造成伤害或影响。

（4）方便设备运输，室外储油设施便于加油。

（5）设备基础宜相对独立，避免振动对其他设施造成影响。

（6）测试用假负载就近安装。

（7）集装箱间距满足运维检修的要求，保证集装箱检修门的开启，双层、多层或叠放布置时，平台及检修通道应安全合理。

（8）基础、电缆沟、桥架布置完善合理。

（9）严寒地区应慎重考虑采用集装箱式柴油发电机组的方案，或采取完善的采暖保温措施。

2. 集装箱式柴发机组的典型布置

集装箱式柴发机组的典型布置有单层单向布置、单层对向布置、双层（多层）单向布置、双层（多层）对向布置和堆叠式布置等几种方案。

1）单层单向布置

单向布置机组主要考虑夏季主流风向的影响，避免排风口处于风向上游位置。季风来源于进风口方向或侧面方向都有利于机组的正常运行，不会影响机组的冷却。当排风被外界风吹向进风口位置时，高温气体会被机组重新吸入，形成热风回流，从而影响机组的正常运行。这种布置方式方案简单、施工难度最小，但是占地面积大，如图5-25所示。

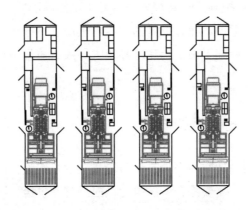

图 5-25　单层布置

2）双层（多层）单向布置

这是一种数据中心采用较多的布置方式。在造价及占地面积等方面性价比相对较高。如图5-26所示是两种常见的双层单向布置方式。

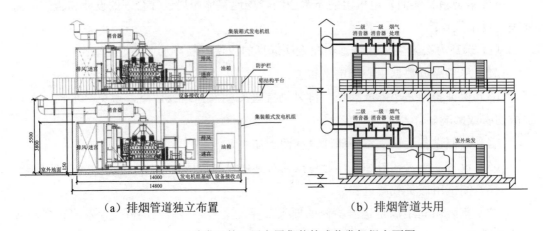

（a）排烟管道独立布置　　　　　　（b）排烟管道共用

图 5-26　两种常见的双层布置集装箱式柴发机组立面图

采用双层布置方式时，常用的结构形式有钢结构及钢筋混凝土框架结构，层高可根据不同设备供应商所给出的方案进行调整。不建议采用3层及以上的布置方案。

3）单层、多层对向布置

头对头对向布置有对称和非对称两种形式。当机组为单层放置且数量较少时，机组排风轨迹较为顺畅，对称布局的机组运行相对安全。当机组数量较多时，机组排风量增加，排风轨迹变得混乱，会存在部分机组有热回流现象，导致部分机组进风温度升高，影响机组的冷却。

对向布置方式如图5-27所示，因受限于布置环境，设计施工时应咨询设备供应商以满足使用要求。

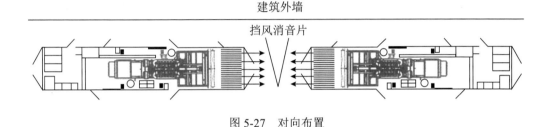

图 5-27　对向布置

4）堆叠式布置

采取堆叠式布置方式可以减少机组占地面积，增加单位面积的功率输出，可以实现单位面积功率密度的大幅提升，现在已经在许多数据中心得以应用，这种方式相对来说结构较为简单，工程量较少。

如图5-28所示是双层堆叠集装箱式柴发机组的示意图和应用示例。在楼顶二层的机组可通过集装箱之间搭建的检修平台进入。由于是在楼顶，对于人员无法搬动的设备的运输问题，可通过在检修平台设置一个简易的起吊装置解决。机组的进风从检修平台一侧进入，从前端向上排出，避免了热风的回流。在设计时应注意钢梯和二层设备检修通道的布置应与供货商集装箱开门位置相配合。

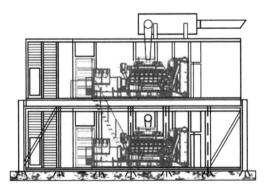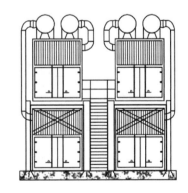

（a）示意图

图 5-28　双层堆叠集装箱式柴发机组

（b）应用示例

图 5-28 （续）

在室外布置集装箱式柴油发电机组时，由于季风的作用，柴发的不同布置方式和机房进 / 排风口布局会影响柴发的进风温度，从而影响柴发的性能。因此，在进行室外布置时，可遵从以下建议：

（1）布置于相对空旷的位置。

（2）将排风排烟口处在季风下游位置。

（3）室外排烟口应朝上。

（4）避免头尾相对，采用单排布置更为安全。

（5）采用头对头、尾对尾方式，在机组数量较多时加装排风导风槽，将排风排烟向上导出，如图 5-29 所示。

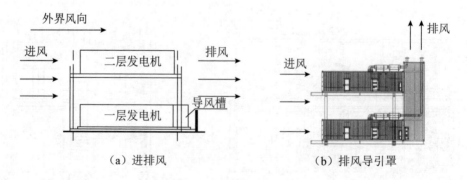

（a）进排风   （b）排风导引罩

图 5-29 二层平台布置

此外，可通过数值仿真技术评估不同布局下柴发局部短路问题，并针对问题提出可行的改善方案，预测改善效果。

3. 地基要求

集装箱式柴发基础设计前，应获得供货方提供的静载荷、动载荷及连接尺寸要求等资料，并满足以下设计要求：

（1）基础与机房结构不得有刚性连接。

（2）基础应有足够的体积，以吸收集装箱式柴发机组的振动，从而避免对周围建筑造成影响。

（3）单台集装箱式柴发基础应高出地面至少150mm，沿集装箱底座每边至少扩展l50mm，并应具备排水措施。

（4）基础埋深必须在冰冻线以下，以防止冻胀。

（5）基础表面应进行防油和防水处理，并有排水措施。

（6）基础深度应满足要求。

4. 平台设计内容

钢结构平台设计应符合 GB 50017—2017《钢结构设计标准》，同时应符合国家现行有关标准的规定，设计应包括下列内容：

（1）结构方案设计，包括结构选型、构件布置。

（2）材料选用及截面选择。

（3）作用与作用效应分析。

（4）结构的极限状态验算。

（5）结构、构件及连接的构造。

（6）制作、运输、安装、防腐及防火等要求。

（7）满足特殊要求结构的专门性能设计。

对于直接承受动力载荷的结构，在计算强度和稳定性时，动力载荷设计值应乘以动力系数。承重强度应能承受"机组湿重的2倍＋集装箱重量（湿重）＋其他附件"的重量。

5. 楼顶安装的注意事项

楼顶安装并不是推荐的安装方式，但是有的项目由于场地限制，也有安装在楼顶的实际案例，在楼顶安装的设计中需要考虑的因素有：

（1）需要事先得到消防部门的认可。

（2）楼板承重应能满足厂家提供的机组静载荷和动载荷要求，并预留一定的安全系数。

（3）相应的抗震措施应按用户要求进行专项设计，同时避免机组运转时发生共振。

（4）楼板及支撑结构（通常为钢结构）的承重强度应能承受"机组湿重的2倍＋集装箱重量（湿重）＋其他附件"的重量。楼顶钢结构平台需保证一定水平度，满足厂家相关要求，以减小集装箱式柴发及附件的振动。

（5）注意发动机的排烟，避免排烟管中的污染物进入建筑物或毗邻建筑内。

（6）因燃油供给及回油管路途经建筑物，设计需考虑防火、燃油意外泄漏等风险。

6. 防护

集装箱式柴发布置于室外，容易受到环境和自然条件的影响。为了保证机组的良好运行，除了进行巡视检查以外，更要做好机组的各种防护工作，主要涉及以下几方面。

1）地震影响

如果数据中心位于存在地震风险的地区，则备用电源采用集装箱式柴发机组时，集装箱式柴发机组须进行正确的安装和固定，并满足相应的约束条件。在地震基本烈度为7度及以上的地区，设备的安装和设计应采取相应的抗震措施，并符合相关的抗震要求，安装及设计应至少包括基础制造、集装箱固定、减震系统、外围设备和管路连接等。集装箱式柴发的重量、重心以及固定点的位置需在安装布置图中标示。配电线路、冷却液和燃油等部件的设计须考虑将损害程度降至最低，并能在地震发生后易于维修。集装箱式柴发相关配电柜、断路器及控制等应能够在预期地震冲击期间及之后执行各自的预期功能。

2）防雨

集装箱式柴发进风面积较机房式机组的进风面积小，因而进风口的风速较大。为避免雨天机组运行时雨水随进风被吸入集装箱内部，可以在集装箱进风口配置防雨罩。端进风集装箱由于进风面积较小，进风风速较大，可采用弧形防雨罩；侧进风或侧进风加端进风集装箱由于进风面积较大，进风风速相对较小，可采用檐式防雨罩，如图5-30所示。

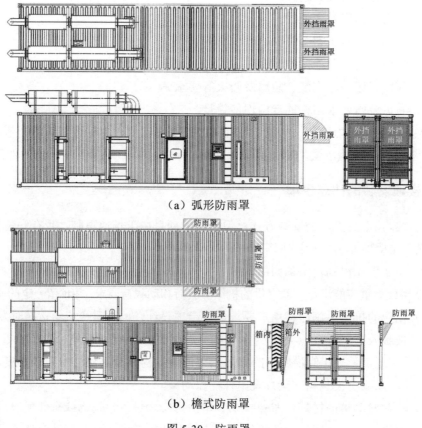

（a）弧形防雨罩

（b）檐式防雨罩

图5-30 防雨罩

3）防寒保暖

集装箱式柴发应用于北方环境时，箱体内应具有加热和保温措施，以保证机组正常启动。机组配置的缸套水加热器可保证防冻液温度满足机组快速启动要求。启动电池及燃油系统也对集装箱内部空间的保温有一定要求。箱体内空间的保温除了依靠机组自带的缸套水加热器及发电机加热器外，箱体侧板及天花板的隔热岩棉也起到隔热保温作用。此外，集装箱采用保温型电动百叶，机组未运行时电动百叶关闭，将集装箱内空间封闭，隔绝进/排风口与箱体内部的热交换，也能够有效起到保温作用。

通常做保温计算时需考虑箱体隔热棉的导热量及进/排风电动百叶的导热量，如果机组缸套水加热器、发电机空间加热器的总功率之和小于上述导热量，则须配置辅助加热器。辅助加热器有电加热和水暖两种。水暖暖气片为保证换热要求，尺寸会比较大，会使集装箱内部运维操作及检修空间愈发狭小，且暖气片布置于机组两侧，会挤占气流通道，造成冷却空气流速快，从而增大进/排风背压。此外，暖气片尺寸大、换热面积大，北方冬季集装箱进风温度低，与暖气片内热水温差大，如空气流速快会加剧暖气片表面的强制对流换热，暖气片存在被冻裂的风险，机组运行时须放掉暖气片和管路中的水，以防冻裂。水暖暖气片还须安装供回水管路系统，管路配套阀门、法兰连接多，投资成本较高，管路连接处存在漏水的可能，管路还须专业的检测维护配套设备，运维成本大。但是水暖可利用市政供暖或合理利用可回收的热能，不会额外增加用电负荷，不会增加数据中心 PUE 值，且暖气片换热面积大，集装箱内温度场更均匀。

4）防杨柳絮

在春季杨柳絮较多的地区，集装箱式柴发的进风口处须安装防杨柳絮网，以防止大量的杨柳絮被吸入集装箱内部，造成火灾隐患或堵塞机组散热水箱或回油冷却器，如图 5-31 所示。

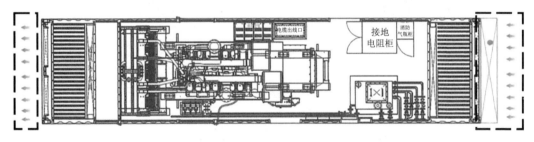

图 5-31 防杨柳絮网安装示意图

防杨柳絮网通常为独立框架，框架采用铝合金轻质材料，方便运维人员拆卸搬运。防絮网片安装在框架上，方便拆卸。无杨柳絮季节或需要清理时，整体框架可以打开。防絮网的网孔规格须充分考虑整体进风面积的大小和对杨柳絮的阻挡效果。

5.2.2 通风降噪系统

集装箱式柴发机组的通风降噪系统的作用是对集装箱内部进行必要的通风，向发动机提供助燃空气，并带走柴油发电机组和集装箱内其他设备的辐射热量。在保证通风量足够的同时，采取降噪措施保证集装箱式柴油发电机组运行时的噪声满足当地法规要求。集装箱式柴油发电机组通风降噪系统通常由进风百叶、进风降噪箱、排风百叶、排风降噪箱组成。由于集装箱内空间狭小局促，因此在进行通风系统设计时必须正确计算保证机组正常运行所需的通风量，以此来进行机房内外柴发布局和通风散热设计。

1. 进 / 排风布置形式

进 / 排风的布置形式可分为端进端排、侧进端排、端进上排、侧进上排、侧加端进端排等形式，如图 5-32 所示。

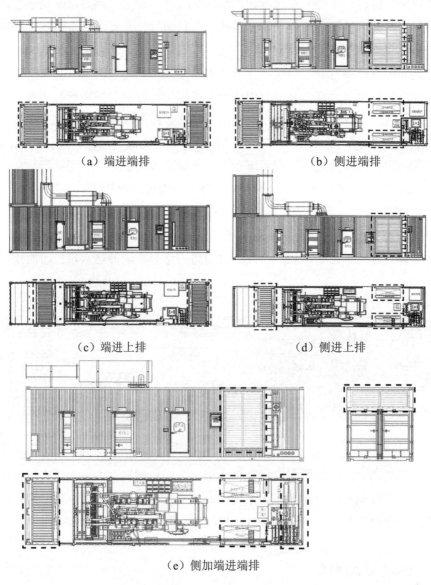

（a）端进端排　　　　　　　　　　（b）侧进端排

（c）端进上排　　　　　　　　　　（d）侧进上排

（e）侧加端进端排

图 5-32　集装箱式柴发的不同进 / 排风方式

　　端进风由于布置在集装箱端部，其进风面积通常受集装箱截面限制，因此端进风形式仅适用于非独立油箱分区的集装箱设计。侧进风由于布置在集装箱侧面，限制相对于端进风来说较小，其进风面积通常也较端进风要大，因此集装箱采用独立油箱分区时多采用侧进风形式。侧加端进风形式因为在集装箱侧面及端面均布置有进风口，因此该形式的进风面积也较其他类型大。

　　由于机组散热水箱排风温度较高，考虑到集装箱的布置及对周围环境及流场的影响，集装箱有时会采用上排风的形式将散热水箱排出的热风向上引导。端排风形式的集装箱的长度可以做到 13 米；上排风形式的集装箱因增加了向上导风的结构，长度通常至少为 14.5 米。

2. 进 / 排风电动百叶

　　进 / 排风电动百叶通常为单层防雨百叶，叶片材质可使用铝合金材料，双层中空结构，活动百叶开启角度应足够大，保证百叶完全开启时通风率可达到 90%，以保证与降噪箱串行布置时有效进风面积可满足机组运行要求。叶片上下需有密封胶条，叶片完全关闭后叶片间应无缝隙，以减少冬季集装箱内部与外部环境的热交换。电动百叶关闭和开启时的状态如图 5-33 所示。

（a）电动百叶关闭状态　　　　（b）电动百叶开启状态

图 5-33　电动百叶关闭和开启状态

　　每扇百叶配置一个推杆执行机构，执行机构与机组启停联动，通常取机组运行信号作为电动百叶执行器的联动信号，机组运行时电动百叶打开，机组停机时电动百叶关闭。为保证百叶打开和关闭状态可监控，执行机构需具备打开及关闭信号反馈，执行机构应能在 8s 内完全打开百叶。此外，应配置手动开启 / 关闭装置，以便在电气故障时可手动打开百叶，避免机组憋停。

　　百叶框架与活动百叶间隙应足够小，从而最大限度地保证整体的密封性能。此外，箱内进 / 排风面须做不锈钢防鼠网，通常 10mm×10mm 孔径的防鼠网可满足功能要求。

3. 进 / 排风降噪

集装箱内进 / 排风口均安装有降噪箱用于进 / 排风降噪, 降噪片均匀固定于降噪箱框架上, 降噪片厚度及间隙布置应保证降噪箱有效通风率能达到 60% 以上。降噪片内部为降噪岩棉, 外覆镀锌网孔板。常见的降噪片有 L 形弯折降噪片、直通型降噪片和倒 V 形降噪片, 如图 5-34 所示。

  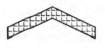

　　（a）L形弯折降噪片　　　　　（b）直通型降噪片　　　　（c）倒V形降噪片

图 5-34　常见的降噪片形式

通常, 端进风与端排风面积相对较小, 且进风口距离发电机较远, 建议使用直通型降噪片。侧进风的进风面积相对较大, 但进风口距离发电机较近, 建议优先选用具有挡水功能的 L 形降噪片和倒 V 形降噪片。进风风速较大时可在集装箱进风口外另设置防雨罩, 以保证雨水不会随进风被带至发电机区域。

4. 进 / 排风风速与进 / 排风阻力估算

进 / 排风的风速与电动百叶及降噪箱的性能规格和安装形式相关, 电动百叶与降噪箱的综合通风率通常在 70% 左右。

进 / 排风阻力是集装箱式柴发箱体设计中需要考虑的关键参数。为了追求更低的噪声和具备更好的防雨能力, 会加长降噪箱的长度和减少通透率, 但这样会增加通风的阻力, 导致通风量减少, 散热能力降低。因此在设计阶段需要校核进 / 排风的通风阻力, 其数值要低于柴油发电机组通风系统允许值, 通常集装箱的通风阻力约为 200Pa, 也要求柴油发电机组的水箱能够在较高的通风阻力的情况下保证其散热能力。

5.2.3　排烟系统

集装箱式柴发的排烟消音器安装于集装箱顶部, 排烟系统重量由集装箱顶部排烟系统支架承受, 发动机排烟口不可施加重力, 否则会导致发动机排烟管损坏和降低涡轮增压器的使用寿命, 还会导致发电机组的振动传递至集装箱。排烟管出集装箱的部分应有防雨措施, 以免雨水进入集装箱内部。

除在进 / 排风口考虑降噪设计外, 集装箱式柴油发电机组需要配备排烟消音器, 以减少发电机组的排烟噪声。排烟系统根据消音器形式、物理布局等可分为不同类型, 如图 5-35 （a）所示为双路排烟系统, 发动机出口的两路排烟为独立的系统, 每路排烟系统各有两级消音器, 其中一级消音器为工业级消音器（12~18dBA）, 二级消音器为住宅级消音器（18~25dBA）; 如图 5-35 （b）所示为二合一排烟系统, 发动机出口的两路排烟在下游合并为一路，两路排烟接入同一个复合型排烟消音器，消音器应能达到临界级消音器的降噪水平（25~35dBA）。二合一排烟系统出口的排烟温度较高，但整体成本较双路排烟系统低。

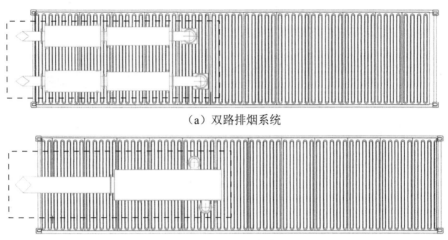

（a）双路排烟系统

（b）二合一排烟系统

图5-35　集装箱式柴发的排烟系统

排烟消音器底部应配置放水阀，发电机组的维护保养应包括定期排出排烟系统中的冷凝水。排烟管和消音器应做隔热包扎处理，以防止易燃物落在集装箱外烟管表面造成火灾隐患，误启动火警和灭火装置，减少因水凝结而导致的腐蚀及降低集装箱内排烟系统的热辐射量。

此外，若发电机组无法满足当地法规对于启动过程所排放黑烟的环保要求，排烟系统可配置柴油颗粒过滤器（DPF）。

5.2.4　燃油系统

集装箱内部燃油系统主要是日用油箱油路系统，其作用是向发动机供应燃油、储存发动机的回油。日用油箱至机组间的供回油阻力须满足发动机要求，集装箱内部燃油系统的自控逻辑须满足机组运行时不间断供油的要求。

1. 日用油箱布置

集装箱内部日用油箱通常有独立分区和非独立分区两种布置方式，如图5-36所示。独立分区的日用油箱多布置在集装箱端部，占用空间较大，须配置独立的温感、烟感、消防气瓶等消防设备，采用独立分区日用油箱设计的集装箱多采用侧进风形式，以避免进风量不足。非独立分区日用油箱周围和上部不封闭，集装箱可采用端进风形式。

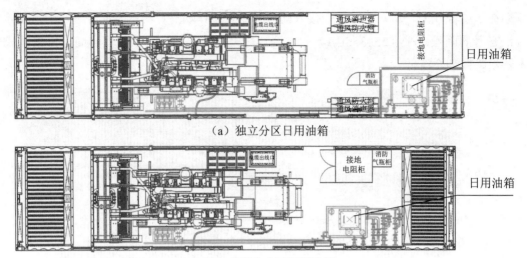

（a）独立分区日用油箱

（b）非独立分区日用油箱

图 5-36 日用油箱布置方式

在北美及欧洲市场常采用基底大油箱的储油形式，将大油箱集成在集装箱底部，如图 5-37 所示，可以省去储油罐和日用油箱，将原本的集中式储油方式更改为模块化储油方式，简化了原有的复杂的管路设计，节约了项目施工时间和资金成本，同时也避免了集中式储油罐故障带来的运行风险。

图 5-37 集装箱式柴发基底大油箱

2. 燃油系统设备

集装箱内部燃油系统设备主要包含日用油箱及相应的配套设施，其设计要求基本与机房安装柴油发电机组的燃油系统设备一致。

1）前置油水分离器

在发动机油滤入口前配置油水分离器可以保证供给发动机的燃油品质。油水分离器须根据燃油流量选配，其额定总流量须大于供油管路的燃油流量。油水分离器入口须配置带手动球阀的旁通管路，在油水分离器故障时可通过旁通管路为机组供油。油水分离器出口主管路通过软管与发动机连接，避免发动机振动传递至燃油管路。

2）日用油箱

日用油箱使用优质钢板制作，不得使用镀锌材料，油箱的容量、构造、安装、测试和检查等必须符合所有适用规范及当地相关法规的要求。日用油箱须配备人孔盖板，方便检修维护，配备透气管和阻火透气帽以防止产生气密压力，此外还应配备带手动球阀的排污口以清理油箱底部沉淀物。日用油箱还须配备满足燃油自控的液位计，液位计通常采用 AC220V 供电，可远传 4~20mA 信号，提供高高液位、高液位、低液位、低低液位信号。日用油箱供油、回油、溢流接口须与外部油路系统接口匹配，并配备手动快速加油管接至集装箱侧壁，以便在外部油路系统故障时可以通过集装箱侧壁的手动加油口直接向日用油箱加注燃油。日用油箱的最高点所产生的压力不能超过发动机回油管路允许的静压头限值。此外日用油箱应配备接油盘以防燃油泄漏。

如图 5-38 所示为日用油箱外部接口示意图。

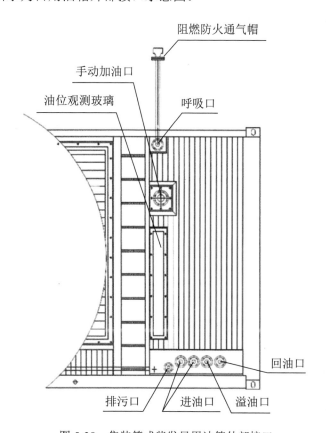

图 5-38　集装箱式柴发日用油箱外部接口

3）手动阀门及电控阀门

日用油箱与外部油路间的供 / 回油逻辑主要依靠日用油箱配备的液位计及电控阀门实现。阀门型号、规格、耐压强度应符合设计规范标准要求，阀体应考虑静电影响并具有防静电设计。阀门外观良好无锈斑，阀门密封材料应具有良好的抗老化和耐磨性，不可使用再生橡胶。阀门与管路应使用法兰连接，丝扣连接可能会密封不良导致连接处泄漏。管路系统中应在适当位置设计手动阀门，以便不用排干燃油就能对系统部件进行维修。电控阀门应采用防爆型，工作电源与上游配电方案匹配，可选 DC24V、AC220V或 AC380V。电控阀门应具备开关控制输入、开关位置反馈输出接点，用于接入油路自控系统。

4）电动回油泵

在非重力回油的应用场景下，如果集装箱外部主回油管路不配备紧急回油泵，则应在集装箱内部回油管路中配置单独的回油泵用于消防联动回油。电动回油泵通常采用 AC380V 电源供电，油泵启动输入、热继电器故障输出信号接入油路自控系统。

5）输油管路

输油软管和管道的规格应根据最大燃油流量而非机组耗油量确定。燃油系统管路应适当加以支撑，以防止因机组振动而引起燃油系统的振动和破裂。不得使用铸铁、铝管和接头，因为这些材料质地疏松，可能会漏油。不得使用镀锌和铜质油管、接头和油箱，燃油中的硫与油箱中的冷凝水发生反应而产生的硫酸会侵蚀镀锌涂层，将产生残渣，造成油泵和滤清器堵塞。油管管径的选择要考虑流量和阻力，设计时需要考虑发动机允许的最大进油阻力来进行阻力计算和尺寸选择。

6）漏油检测

如需检测日用油箱是否泄漏，可在日用油箱底部接油盘配置漏油检测装置，漏油检测装置采用 DC24V 供电，当接油盘中燃油液位高度超过漏油检测装置报警高度时，发出报警信号。

3. 日用油箱油路系统

如图 5-39 所示是一个典型的日用油箱油路系统图。集装箱外部油路通过两路供油管路向日用油箱供油，两条供油管路一主一备，每条供油管路配备一个供油电动阀，供油电动阀入口应配备 Y 型过滤器，以避免外部油路输送至电动阀的燃油中含有颗粒杂质损坏电动阀。当有两条供油管路时，供油电动阀可不设置旁通手动阀，主用电动阀故障时启动备用电动阀，使用备用供油管路向日用油箱供油。当只有一条供油管路向日用油箱供油时，供油管路中的电动阀应配备旁通手动阀，当供油电动阀故障时，手动打开旁通手阀，使用手动旁通路向日用油箱供油。日用油箱的供油管路为单供油管路，因此在供油电动阀处配备了旁通手阀。

集装箱式柴发多层布置时，下层集装箱日用油箱溢油管路应配置单向阀，以避免上层集装箱日用油箱回油或溢油至下层集装箱日用油箱。

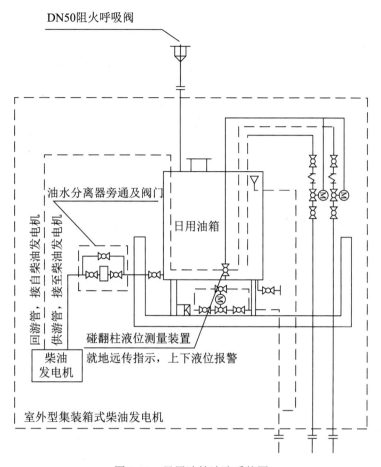

图 5-39 日用油箱油路系统图

相同高度布置的日用油箱之间可以增加连通管及手动阀，连接为一个整体，当其中一个或多个日用油箱发生故障丧失加油或卸油功能时，相互连接的日用油箱中只要有一个功能完备，那么只要打开连通阀，系统中的故障油箱便重新获得加油或卸油的功能。此外，连通管可以平衡各油箱间的液位，使各油箱之间的液位尽量保持一致。外部燃油系统失去对日用油箱的加油功能时，可以在打开各油箱连通阀后，仅通过油罐车对其中一个油箱进行加油，便可以实现所有油箱同步加油。

4．本地燃油系统控制柜

如柴发供油系统为分级的拓扑结构，集装箱内部应配置一个本地的燃油系统控制柜，控制柜靠近集装箱内部配电柜，安装于集装箱侧壁，具备电源状态显示、蜂鸣报警、报警消音、电磁（动）阀状态显示、电磁（动）阀手动、自动、停止选择等功能，并能实现本地油路系统设备的供回油逻辑及消防联动。如果需要，报警信号可发送到数据中心值班室。本地控制柜的相关运行参数应通过总线传输至油路系统主控柜。

5.2.5 消防设施

集装箱式柴发通常采用无管网式七氟丙烷灭火系统，如果日用油箱不独立分区，则只有一个防护区，配备一套柜式灭火装置。如果日用油箱独立分区，则有两个防护区，配备两套灭火装置，机组区域为柜式灭火装置，日用油箱区域为悬挂式灭火装置。设置无管网式灭火装置的区域中不应有易爆、导电尘埃及具有腐蚀性等的有害物质。

1. 系统配置

单防护区的气体灭火的系统在进/排风口配备防火阀，集装箱防护区域内顶部安装两套烟感、温感报警器，烟感和温感报警器的安装位置应与发动机保持一定距离，以避免消防系统误动作。集装箱外侧检修门上部安装声光报警和放气指示灯，消防系统手动启停按钮可与机组紧急停机按钮一同安装在集装箱外部急停盒中。此外，考虑放气安全和灾后排气，在集装箱防护区内也会配备减压阀和灾后排气风机。消防主机可安装在集装箱内部，为了便于操作及运维，常在集装箱外侧壁内嵌消防主机柜，用以安装消防主机。

两个防护区（日用油箱独立分区）的气体灭火系统除上述配置外，在独立的日用油箱分区中应单独配备烟感报警器、温感报警器、放气指示灯、声光报警、悬挂式气灭罐等装置。

2. 防火阀

防火阀主要用来阻隔火灾区域的烟气和火焰。防火阀为常开状态，进/排风口温度达到执行器温感元件动作温度时，触发执行器动作关闭风阀，并输出风阀关闭信号。执行器还应具备手动打开和关闭风阀的功能。防火阀正常工作状态下，通过温感元件触发动作，且对于漏风量及耐火性能有严格要求，因此不得用电动百叶窗充当防火阀使用。

3. 报警联动

在自动模式下，消防系统在两只不同类型火灾探测器复合动作的情况下，自动释放七氟丙烷气体灭火剂灭火。在开始释放气体前，具有0~30s可调的延时功能，在保护区内外可发出声光报警以通知人员疏散撤离。

在手动模式下，操作人员可在保护区外利用启动按钮启动七氟丙烷气体灭火设备，气体释放前同样具有延时声光报警功能，手动启动方式在自动状态下同时有效。

无论是采用自动还是手动按钮方式启动气体灭火装置，在开始释放前的延时阶段，均可在区域外利用手动紧急停止按钮终止系统的进一步动作。进风口防火阀在70℃、排风口防火阀在280℃时自动熔断关闭，防护区2次报警后亦可实现防火阀关闭。防护区1次报警后，送出消防干接点信号至消防集中监控和油路自控系统，联动日用油箱卸油。气体灭火动作控制流程如图5-40所示。

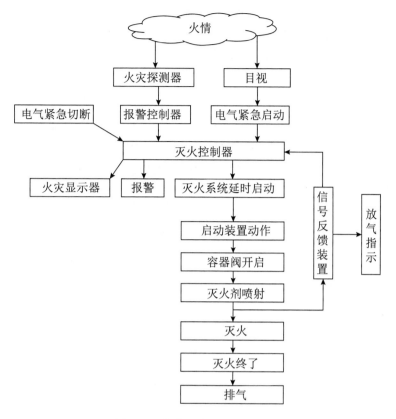

图 5-40 气体灭火动作控制流程

5.2.6 箱内电气系统

数据中心集装箱式柴油发电机组箱内电气系统包括发电机的电力输出和为集装箱式柴发辅助设备提供电力供应的低压配电。低压交流或直流配电依据项目的需求不同而采用不同的配置。

1. 电力输出

无论是机房安装的柴油发电机组还是集装箱式柴油发电机组，其电力输出一般都采用电缆连接的方式。在实际应用中，应根据发电机组的电压等级、输出功率及实际应用条件，选用不同的电缆连接方式。

1）输出电缆

柴油发电机组的电力输出电缆主要有柔性电缆、铠装电力电缆。柔性电缆的内部导体采用了柔软的铜线，非常有利于施工，是柴油发电机组输出电缆的最佳选择。低压发电机的输出每相需要多根单芯电缆，因此必须采用柔性电缆。柔性电缆在高压发电机组的电力输出中也有应用。柔性电缆的防护能力没有铠装电力电缆强，所以需要考虑采用封闭桥架进行防护。低压发电机的多根电缆在铺设时，需要按照规范铺设，尽量分组铺设，每一组要由 L1、L2、L3 三相导体组成，防止电缆出现电流分配不均的现象。

铠装电力电缆具有很好的防护能力，在高压机组的电力输出中比较常见，但由于其硬度较大，因此在和发电机连接时需要留出较长的柔性过渡区间，以便减缓由于发电机组运行振动所造成的损坏。

低压发电机的输出中，由于电缆根数过多会引起施工不方便，可能会考虑采用柔性铜带或柔性铜编织带作为柴发电力输出的柔性过渡，这样可以缩小电力输出所占用的空间。这种连接方式在变压器连接和大型发电机组的电力输出中比较常见，但是由于其表面没有电缆橡胶做防护，因此没有足够的机械防护特性，长期运行时会导致局部断裂，因而不推荐使用。

2）出线方式

集装箱式柴发高、低压机组的电力输出通过几种出线方式穿过集装箱外壳，分别是底部出线、中侧出线和上侧出线，推荐使用中侧出线方式。各种出线方式的特点如下。

（1）底部出线如图 5-41 所示。

低压发电机组通常采用这种方式。大功率低压发电机的出线电缆太多，不便于走桥架，因此通常采用电缆沟布置电缆。采用这种出线方式时，电缆通过地基下的预留电缆口穿出，对于噪声具有较好的抑制作用，集装箱无须进行特殊防水处理，雨水不易进入发电机。为了便于通风，可以采用梯架式电缆桥架，成本较低。这种方式的缺点是土建要求较高，而且设计图纸一旦确认，现场对电缆输出口位置和大小要求较高，不能现场修改。需要采用双层布置的项目可考虑这种出线方式。

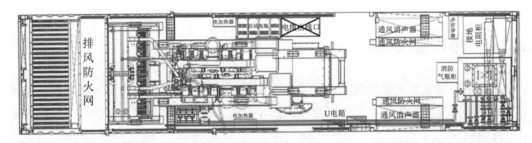

图 5-41　底部出线

（2）中侧出线如图 5-42 所示。

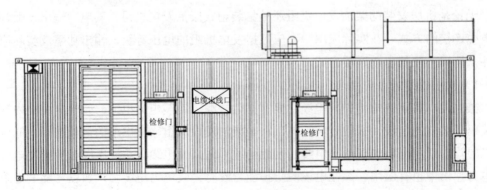

图 5-42　中侧出线

电力电缆通过箱体内的封闭式桥架穿过箱体外壳。采用这种出线方式时，电力电缆在集装箱内布线距离最短，在集装箱内占用空间最小，所以对风阻影响最小，在箱内安装无须考虑电缆弯曲半径的影响，因此现场安装简便。这种方式的缺点是为了防止雨水顺电缆进入发电机，集装箱出口设计需要略低于发电机上的侧出口，电缆出口需要封堵。在进行机组巡检和维保时，运维人员需要避免被集装箱外电缆桥架碰伤或绊倒。

（3）上侧出线如图 5-43 所示。

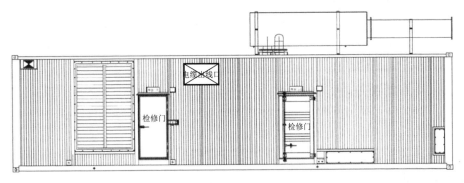

图 5-43　上侧出线

电缆通过桥架在集装箱的侧面上部进入集装箱，因此不会占用集装箱侧面的维修通道，便于集装箱日常巡检及室外桥架布置，易于在同一桥架支撑上布置其他设备的管线。这种方式的缺点是为了防止雨水顺电缆进入发电机，电缆进入集装箱后需要在进入发电机上的侧出口预留低于侧出口的下弯弧度，另外电缆出口需要封堵。

2．箱内低压配电

集装箱内的主要用电负荷包含箱内照明、发动机缸套水加热器、充电器、发电机空间加热器以及控制箱加热器、电池加热器等。在国内通常采用 400V、50Hz 三相和单相市电供电。电动百叶、防火阀、液位计和供油系统电磁阀通常采用 DC24V 供电，需要独立的电池或不间断电源供电。表 5-5 列出了常用的低压配电设备的电力需求。

表 5-5　集装箱内低压配电设备的典型电力需求

用电设备	单个容量 /kW	数量	总容量 /kW	电压 /V	非 UPS
缸套水加热器	12	1	12	AC380V 或 AC220V	√
发电机空间加热器	1.28	1	1.28	AC220V	√
蓄电池充电器	0.36	1	0.36	AC220V	√
接地电阻柜	0.3	1	0.3	AC220V	√
消防主机	0.3	1	0.3	AC220V	√
照明	0.03	6	0.18	AC220V	√
电动百叶	0.05	8	0.4	DC24V	√
防火阀	0.05	12	0.6	DC24V	√
液位计	0.05	1	0.05	DC24V	√
电磁阀	0.2	3	0.6	DC24V	√

3. 接地电阻柜

接地电阻柜在高压柴油发电机组中应用广泛，其具有以下作用：

● 降低系统过电压、限制暂态过电压、抑制谐波过电压等；

● 可把接地故障电流限制到适当值，限制故障点损伤程度，并提供一个电流通道用于检测故障电流，通过继电保护实现有选择的报警或跳闸，保证供电的可靠性，提高系统接地保护的灵敏度。

接地电阻柜通常需要配置防潮加热器，以保证电阻柜保持良好的绝缘性能。电阻柜需配置零序电流保护装置，当发生单相接地故障时，通过零序互感器测量接地电流，零序继电器在规定时间内动作，以保护系统不受损坏。

接地电阻柜配置需要考虑系统设计。系统共用一个电阻接地时，电阻柜通常需要添加接触器，并避免操作或故障导致机组不接地运行。对于每台发电机组单独接地的集装箱式柴发，应该预留接地电阻布置位置。

接地电阻柜的输入端与发电机的中性点通过高压电缆连接，输出端通过绝缘电缆与箱体外接地体直接连接，避免在箱体内就近连接。

5.2.7 系统防雷接地

室外装设的集装箱式柴发机组应考虑完善的防雷接地措施，主要包括直击雷防护和接地保护。室外集装箱式柴发的直击雷防护需要与整个园区或者大楼的直击雷防护一起考虑，保护范围不能满足要求时需要增设单独的直击雷接闪器。集装箱排烟管和日用油箱呼吸阀等均应在保护范围内。

室外需要在放置集装箱式柴发的位置预设接地网，接地电阻值满足要求。室外装设的所有设备和金属架构、走线架等都必须接地，室外接地网与建筑物的接地网需要至少两处可靠焊接。发电机组、接地电阻柜、配电箱的金属框架、电力电缆的金属护套或屏蔽层、穿线钢管、电缆桥架等设备或设备外露可导电部分均应可靠接地。室外油罐应可靠接地，并做好防静电措施。

5.2.8 控制系统

集装箱式柴发控制系统的设计主要包括机组控制器电气控制回路设计、通风系统进/排风电动百叶窗控制、箱内油路系统控制、消防系统控制、照明系统设计、控制电缆布线和外部通信等。

1. 机组单机控制

单台机组控制信号主要包括外部启动和停机信号、远控（包括箱体紧急停车按钮）

紧急停车命令、消防停车命令、机组启动成功（运行）信号、机组可带载信号、机组故障和报警信号以及 ModBus 通信信号传输等。

2. 多机并联控制

集装箱式柴发供电系统的控制系统可设在集装箱内，也可设在数据中心内的柴发电源母线室，实现机组和系统的并联控制。并联方式采用分布式并联控制方式，单台机组出现并联故障不会影响其他机组的并联运行。并联开关柜一般布置在母线室，所以需要布置机组和开关柜之间的控制线，包括的信号线可能有：

- 开关柜合闸信号；
- 开关柜分闸信号；
- 开关柜位置信号（检修、退出、工作）；
- 开关柜闭合或断开状态（常开或常闭）；
- 失压脱扣控制信号；
- 开关柜故障断路器脱扣状态信号；
- 母线 PT 信号。

机组并联控制还需要有不同机组之间的联络信号，主要有：

- 系统启动首台机组合闸联络信号；
- 负载分配信号。

3. 辅助设备控制

辅助设备控制主要包括以下内容。

1）电动百叶

电动百叶的控制要求如下：

（1）集装箱通风系统进 / 排风电动百叶控制应与机组运行状态联动，其控制电源应为不间断电源（UPS）。

（2）电动百叶执行机构需保证可靠性和快速性，以满足机组运行需求，其完全打开时间宜小于 8s。

（3）接到机组停机（关闭）信号后，应具备自动延时（建议 0~300s 可调）关闭功能，有利于集装箱内的散热。

（4）百叶执行机构建议配置反馈触点，并传输其"打开""关闭"状态至远程监控系统，便于值班人员的实时维护。

2）油路控制系统

油路控制系统需满足数据中心柴发油路控制系统的整体逻辑控制要求，并应考虑日用油箱燃油液位传感器失效、火警消防联动、电磁阀（或电动阀）拒动等紧急情况下的控制策略。日用油箱需要提供如下信号：

- 4~20mA 模拟量信号；

- RS485 油量信号；

- 油位报警信号：高高位、高位、低位、低低位报警；

- 漏油检测信号；

- 紧急卸油控制信号。

3）消防控制系统

消防控制系统应配置烟感传感器、温感传感器、声光报警装置、防火阀和消防主机等。消防主机宜在集装箱外安装，箱门带观察窗。在确定消防措施和控制逻辑时，应同时考虑保证人员和设备的安全，避免灭火系统误动作造成人身伤亡和财产损失。实施灭火过程中，应提示箱体内人员尽快离开集装箱，并警示外部人员不要进入。从保证人员安全出发，箱体本体应设置紧急情况下的停止开关。

4）照明系统控制

集装箱内应设置交流和直流两套防爆型照明系统，其控制逻辑应考虑在市电停电时或交流照明系统故障时，由直流电源提供应急照明供电，在市电恢复或交流照明系统恢复时，应恢复为交流电源照明系统工作。

照明系统的控制电缆宜采用独立的套管布线，如外部敷设方式为桥架时，宜与强电电力电缆分层敷设，以降低相应的电路干扰。

4. 通信

集装箱式柴发的通信包括机组控制器的通信、消防系统通信、燃油本地控制箱（如安装）通信等。机组控制器的通信应提供 RS485 接口，宜采用 ModBus 协议与远程通信。可传输的机组运行信息应至少包括三相电压、三相电流、输出功率、输出频率（转速）、水温、油压、启动电池电压、启动次数、运行累计时间等；可提供的机组重要报警信息应包括机组报警、电池电压低、启动失败、冷却水高温报警/停机、机油压力低报警/停机、发动机超速、冷却液液位低、紧急停车报警、交流电压高、交流电压低、发电机频率低、发电机过流、机组过载、逆有功/逆无功、同步失败、开关柜合闸失败等；此外，也包括消防系统和供油系统等其他辅助系统提供的 RS485 通信信号。

习题

一、简答题

1. 数据中心的柴油发电机组主要有哪两种应用方式？

2. 柴油发电机系统的机房设计主要包括哪几个方面？

3. 本章多次提到"排气背压"，通过查找资料，给出背压的定义。

4. 集装箱式柴发的优点主要体现在哪三个方面？

5. 柴油发电机房一般应有三种接地，试问分别是哪三种？

6. 集装箱式柴油发电机组进 / 排风的布置形式可分为哪几种？

二、选择题（不定项选择）

1. 燃油管是燃油输送的通道，应进行防腐处理，严禁使用（　　）。

A. 镀锌管　　　　　　B. 黑铁管　　　　　　C. 钢管　　　　　　D. 铜管

2. 高压柴油发电机组的电力输出电缆多采用（　　）。

A. 柔性电缆　　　　　B. 铠装电力电缆　　　C. 柔性铜带或柔性铜编织带

3. 集装箱式柴发机组的典型布置方案有（　　）。

A. 单层单向 / 对向布置　　　　　　　B. 双层（多层）单向布置

C. 双层（多层）对向布置　　　　　　D. 堆叠式布置

4. 根据数据中心等级不同，要求柴油发电机组燃油储存量为 8~96h 不等。对于 A 级数据中心，柴油发电机组燃料存储量宜满足（　　）用油，当外部供油时间有保障时，储存柴油的供应时间仅需大于外部供油时间。

A. 12h　　　　　　　B. 8h　　　　　　　　C. 24h　　　　　　　D. 96h

5. 柴油发电机组的噪声主要来自机械运转、排气、燃烧、冷却风扇、进风、排风、发电机、地基振动的传递等，柴油机噪声中能量最大、成分最多的一种是（　　），它也是发电机组噪声最主要的组成部分。

A. 排气噪声　　　　　B. 机械噪声　　　　　C. 燃烧噪声　　　　　D. 发电机噪声

6. 柴油发电机房必须采用自动灭火系统。从灭火性能来说，最理想的灭火方式是（　　）。

A. 洁净气体灭火系统　　　　　　　　B. 泡沫水喷淋系统

C. 自动喷水灭火系统　　　　　　　　D. 移动式泡沫灭火系统

7. 数据中心柴发机组的运行辅助电源应当取自（　　）。

A. 市电　　　　　　　B. 应急母线　　　　　C. 柴发机组输出端　　D. 蓄电池

8. 日用油箱的容积不得超过（　　）。

A. 8m³　　　　　　　B. 2m³　　　　　　　　C. 1m³　　　　　　　D. 1.5m³

三、判断题

1. 防火阀主要用来阻隔火灾区域的烟气和火焰。为了方便起见并节约投资，可以用电动百叶窗充当防火阀使用。（　　）

2. 日用油箱可使用优质钢板或镀锌材料制作，油箱的容量、构造、安装、测试和检查等必须符合所有适用规范及当地相关法规的要求。（　　）

3. 集装箱式柴油发电机组通常采用无管网式七氟丙烷灭火系统，在出现火情时，立即释放七氟丙烷气体灭火剂灭火。（　　）

4. 通风系统的作用是将柴油发电机组运转时所产生的大量热量散发出柴发机房或柴

发集装箱。 （　　）

5.燃油的成分对柴油发动机的工作情况、使用寿命及排放物成分有非常大的影响。柴油在储存期间，如果储存时间超过一年，品质就会恶化，因此应定期进行柴油品质的检测。 （　　）

6.当机房内有一台以上机组时，应保证每台机组的排烟系统独立设计和安装，绝不允许不同的机组共用一个排烟管道。 （　　）

7.柴油发电机排出的三种主要污染物是CO（一氧化碳）、HC（碳氢化合物）、NO_x（氮氧化合物），铂（Pt）、铑（Rh）和钯（Pd）三种贵金属催化剂可同时净化CO、HC和NO_x，故称为三效催化剂（或三元催化剂）。 （　　）

8.地下油罐和日用油箱应安装不锈钢传感器、液位显示和警报器，监测燃油液位的低位、高位和超高位。

参考答案

一、简答题

略

二、选择题（不定项选择）

1. A　2. B　3. ABCD　4. A　5. A　6. A　7. BC　8. C

三、判断题

1. ×　2. ×　3. ×　4. ×　5. √　6. √　7. √　8. √

第 6 章　柴油发电机组的安装、调试及测试验收

柴油发电机组属于重型设备，正确的安装、调试是确保柴油发电机组能够长期、安全、可靠、稳定工作的基础。机组的安装、调试与使用是否规范，及施工工艺水平的高低，对机组的运行状态、维修保养间隔期和使用寿命等都会产生重大影响。采用正确的安装、调试与使用方法可以使机组在使用中充分发挥其优越特性，保证机组的可靠性，并延长其使用寿命，因此，柴油发电机组的安装、调试和测试验收都需要由专业的施工队伍进行，整个施工流程如图 6-1 所示。

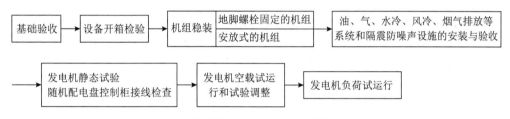

图 6-1　柴油发电机组安装、调试施工流程

6.1　柴油发电机组的安装

柴油发电机组的安装内容包括但不限于以下所罗列的内容：

● 供储油管路预埋施工；

● 准备安装用起吊用具；

● 准备机组基础水平吊线；

● 机组减震装置的定位及安装；

● 发电机组安装就位；

● 冷却系统安装；

● 日用油箱及储油罐安装就位；

- 接地系统制作；
- 通风散热及排烟管的连接；
- 吊装、减震、隔热、降噪、燃油箱的接口连接；
- 机组进回油口高度确认及阻火器、供油泵和倒油泵等的安装；
- 配套的电气柜、控制柜、信号屏的安装；
- 电缆桥架的敷设、电缆的敷设、电缆孔洞防火封堵处理等。

目前，数据中心的柴油发电机组主要有两种安装方式：一是安装于柴发机房；二是采用集装箱式柴发机组，安装于室外。这两种方式各有优缺点，可根据数据中心的规划设计方案采用适合的方式。

6.1.1 机房安装的柴油发电机组的安装

机房安装的柴油发电机组需要动用土建工程，建设柴发机房用于安装发电机组和相关辅助设备。柴发机房可以安置在 IT 机房楼内，也可以是独立于 IT 机房楼的单独土建结构，需要在数据中心开工动土时同时建造。

1. 机组安装前的准备工作

柴油发电机组是重型装备，重量大，占地面积大。在机组安装前，需要做好充分的准备工作，根据设计图纸、产品样本或柴油发电机组本体实物对设备基础进行全面检查，确定是否符合安装要求。

1）机组的搬运

由于机组的体积大，重量大，因此需采用起吊设备进行搬运。在搬运时应注意将起吊的绳索系结在适当的位置，轻吊轻放。当机组运到目的地后，应尽量放在库房内。如果没有库房，需要露天存放时，则将油箱垫高，防止雨水浸湿，并在箱上加盖防雨篷布，以防日晒雨淋损坏设备。安装前应先安排好搬运路线，在机房预留搬运口。如果机房门窗不够大，可在门窗位置预留出较大的搬运口，待机组搬入后，再补砌墙体和安装门窗。

2）开箱查验

机组接收后，应开箱查验。开箱查验应由安装单位、供货单位、建设单位、工程监理共同进行，并做好记录。开箱前应首先清除灰尘，查看箱体有无破损，核实箱号和数量，开箱时切勿损坏机器。开箱顺序是先拆顶板、再拆侧板。拆箱后应做以下工作：

（1）根据机组清单及装箱清单清点全部机组、附件、专用工具、备品备件和随带技术文件数量是否一致，查验合格证和出厂试运行记录，以及发电机组及其控制柜有无出厂试验记录。

（2）查看机组及附件的主要尺寸是否与图纸相符。

（3）检查机组及附件有无损坏和锈蚀。

（4）如果机组经检查后不能及时安装，应将拆卸过的机件精加工面重新涂上防锈油，进行妥善保护。对机组的传动部分和滑动部分，在防锈油尚未清除之前不要移动。若检查时清除了防锈油，在检查完后应重新涂上防锈油。

（5）开箱后的机组要注意保管，必须水平放置，法兰及各种接口必须封盖、包扎，防止雨水及灰尘沙土侵入。

3）划线定位

按照机组平面布置图所标注的机组与墙或者柱中心之间、机组与机组之间的关系尺寸，划定机组安装地点的纵、横基准线。机组中心与墙或者柱中心之间的允许偏差为20mm，机组与机组之间的允许偏差为10mm。

4）准备起吊设备、安装工具和材料

起吊设备、安装工具和材料具体如下：

（1）起吊设备：汽车吊、卷扬机、钢丝绳索、吊链、龙门架、绳扣等。

（2）安装工具：千斤顶、滚杠、台钻、砂轮机、手电钻、联轴节顶出器、台虎钳、油压钳、扳手、电锤、板锉、锤子、钢板尺、圆钢套丝板、电焊机、气焊工具、塞尺、水准仪、水平尺、转速表、绝缘电阻表、万用表、卡钳电流表、测电笔、试铃、电子点温计、水电阻、真空泵、油桶、撬杠、相序表等。

（3）安装材料：

● 型钢：各种规格的型钢，应符合设计要求，无明显的锈蚀，并有材质证明；

● 螺栓：包括铆定螺栓和连接螺栓，应采用镀锌螺栓，并配有相应的镀锌平垫圈、弹簧垫；

● 导线与电缆：各种规格的导线与电缆，要有出厂合格证；

● 其他材料：橡胶减震垫、绝缘带、电焊条、防锈漆、调和漆、变压器油、润滑油、清洗剂、氧气、乙炔等。

5）检查作业条件

检查作业条件的具体内容如下：

（1）检查施工图和技术资料是否齐全。了解设计内容和施工图纸，根据设计图纸所需的材料进行备料，并按施工计划将材料按先后顺序送入施工现场。

如果无设计图纸，应参考说明书，并根据设备的用途及安装要求，同时考虑水源、电源、维修和使用等情况，确定土建平面的大小及位置，画出机组布置平面图。

（2）检查现场安装条件。土建工程基本施工应完毕，门窗封闭良好。柴油发电机组的基础、地脚螺栓孔、沟道、电缆管线位置应符合设计要求，柴油发电机组的安装场地应清理干净。对于室内机房安装的机组，机房需考虑以下安装条件：

①周边环境有利于通风及排烟，保证排烟背压，避免暖气回流；

②机房内必须有足够空间，可以使空气自由循环，这对于确保机组的正常使用性能、减少机组的功率损耗及保证机组的正常使用寿命等都是十分重要的，也便于进行操作与维修；

③机房布局合理，进风口面积≥2倍散热水箱面积，排风口面积≥1.5倍散热水箱

面积；

④机房内不能放置易燃易爆物品，也不能放置容易被卷入机组防护网罩甚至直接被吸入机体内部或可能影响机组正常使用的任何物体。

2. 机组安装

机组安装中最重要也是最困难的是机组主体的安装，需借助起吊设备完成机组的就位与固定。安装步骤如下：

（1）测量基础和机组的纵横中心线。在机组就位前，依据图纸"放线"找出基础和机组的纵横中心线及安装定位线。

（2）吊装机组。吊装时用具有足够强度的钢丝绳索在机组的起吊部位（不许套在轴上碰伤油管和水箱），按吊装的技术安装规程将机组吊起，对准基础中心线及安装孔，将机组吊放好，并将随机配备的减震器安装在机组的底下。一般情况下，减震器无须固定，只需在减震器下垫一层薄薄的橡胶板。如果需要固定，则划好减震器的地脚孔的位置，吊起机组，埋好螺栓后，放好机组，最后拧紧螺栓。

如现场不允许吊车作业，可将机组放在滚杠上，滚至选定位置，再用千斤顶（千斤顶规格根据机组重量选定）抬高机组。先用千斤顶将机组一端抬高，注意机组两边的升高一致，直至底座下的间隙能安装抬高一端的减震器。释放千斤顶，再抬高机组另一端，装好剩余的减震器，撤出滚杠，释放千斤顶。

（3）机组找平。在安装时须用水平尺测其水平度，使机组固定于水平的基础上。

机组安装就位后必须可靠接地，接地材料一般采用扁钢，与机房接地点焊牢，并引至机组底座边与机组可靠连接。

3. 供油系统的安装

供油系统的安装主要包括主储油箱（储油罐）、日用油箱和油管的安装，安装时应遵守相关的规范和标准，保证供油系统为柴油发电机组运行提供所需的燃油，并保证安全性。

1）储油罐的安装

数据中心一般都采用直埋地下的柴油卧式储油罐，柴油的储存温度远低于柴油的闪点，基本不会发生火灾和爆炸事故，故根据现行国家标准 GB 50156—2021《汽车加油加气加氢站技术标准》的有关规定，柴油储油罐边沿到园区道路边沿的安全间距可减小到 3m。

- 当储油罐总容量不大于 15m³ 且直埋于建筑附近、面向油罐一面 4.0m 范围内的建筑外墙为防火墙时，储油罐与建筑的防火间距不限；
- 当储油罐总容量大于 15m³ 小于 50m³ 时，储油罐与其他建筑的防火间距为 l2m；若直埋于建筑附近，储油罐与建筑的防火间距为 6m；
- 当单罐柴油容量不大于 50m³，总柴油储量不大于 200m³ 时，直埋地下的卧式柴油储油罐与建筑物和园区道路之间的最小防火间距应符合现行国家标准 GB 50016—2014《建筑设计防火规范》、GB 50156—2021《汽车加油加气加氢站技术标准》和 GB 50160—2008《石油化工企业设计防火标准》的有关规定。

2）日用油箱的制作和安装

日用油箱的制作和安装应注意以下几个问题：

（1）燃油排放口应位于油箱底部，以方便混入柴油的水和沉淀物等排放干净，油箱出油口（进柴油发电机组机体）距离油箱底部不少于 50mm，以确保进入机体的燃油足够洁净，避免水或其他杂质进入燃烧室。

（2）出油口与回油口之间的距离最少为 300mm，以避免回油管的热油和空气直接进入出油口和发动机内导致降低燃烧效率，保证发动机的正常工作状态和使用寿命。进油口一般不能低于输油泵 1000mm，或回油管高于输油泵 2500mm（不同的发动机有所差异），以免压力差过大，影响输油泵的正常工作和燃油的正常供应。

（3）油箱底部应额外增加一个有少许倾角的盛油盘，以收集溢出或渗漏的柴油。

（4）油箱顶部应有通气管，以及时释放油箱中的污气，并平衡大气压力。

（5）油箱最好用钢板制作，为避免燃油与油箱材料发生化学反应而产生杂质及劣化燃油品质，切勿在油箱内部喷漆或镀锌，铜板和镀锌板均不适合作为油箱的制作材料。

（6）如果油箱放置在机房内，需另外彻墙使其与机房主空间进行物理隔离，并按当地环保消防部门的要求进行隔离，且安装防火门。

（7）日用油箱的安装高度须符合发电机组的要求，以最高油位不高于发动机喷油嘴高度为宜。

3）油管的安装

油管走向应尽可能避免燃油过度受发动机散热的影响。所有油管均坡向地下油罐，坡度不小于 2‰。室外油管埋地敷设时，埋深在冻土层以下，管道四周应填沙；室内油管敷设在地沟内，地沟内填沙，燃油管路应做混凝土保护，或做混凝土防渗漏处理。油管表面使用加强级石油沥青做防腐处理。

建议在发动机和输油管之间采用软连接，并确保发动机与油箱之间的输油管不会发生泄漏。

燃油管道须设有可靠的接地点，防静电接地体的接地电阻小于 100Ω。绝对不要用燃油管或在燃油管上安装卡箍来做电气设备接地。

4. 排烟系统的安装

机组运行时所排出的废气废烟必须由正确安装的排烟系统直接引至户外不会影响周围环境和居民正常工作生活的地方。安装时应尽可能减少弯头数量和缩短排烟管的总长度，柴油发电机组技术资料中所规定的排烟管径一般是基于排烟管总长为 6m 及最多一个弯头和一个消音器的安装实例，如果排烟系统在实际安装时超出了规定的长度及弯头数量，则应适当加大排烟管径，其增大幅度取决于排烟管总长度和弯头数量。

从机组增压器排烟总管接出的第一段管道必须包含一段柔性波纹管，以隔离机组的运行振动并吸收热膨胀及位移，但不能用于改变方向和校直，该波纹管一般会随机组配套给客户。排烟管第二段应进行弹性支承，以避免排烟管道安装不合理或机组运行时排烟系统因热效应产生的相对位移而引起的附加侧应力和压应力加到机组上。排烟管道的所有支承机构和悬吊装置均应有一定的弹性。波纹管后应接消音器以降低排烟产生的噪声，消音器的选型和数量取决于用户的降噪要求，消音器出口端应设冷凝水排放阀。水平安装的排烟管应以小坡度通向室外，以免凝结水流向发动机。排烟改变方向处须用弯头，且尽量用内弯半径大于管径 3 倍的长半径弯头，烟管垂直爬升处应设冷凝水排放阀。排烟出口应与机房排风口同侧并顺风开口，排烟口应尽可能高且最好高于建筑顶部，并远离新风入口且不能直对易燃物质或建筑物，垂直排烟口应设防雨帽，水平排烟口应考虑防雨并加防鸟网。排烟管离地高度至少 2.3m，与易燃建筑物的距离至少 230mm。

排烟系统的安装方法和注意事项如下：

（1）将导风罩按设计要求固定在墙壁上。

（2）将随机法兰与排烟管焊接（排烟管长度及数量根据机房大小及排烟走向确定），焊接时注意法兰之间的配对关系。

（3）根据消音器及排烟管的大小和安装高度配置相应的套箍。

（4）用螺栓将消音器、弯头、垂直方向排烟管、波纹管按图纸连接好，保证各处密封良好。

（5）将水平方向排烟管与消音器出口用螺栓连接好，保证接合面的密封性。

（6）排烟管外围包裹一层保温材料。为避免机房内温度过高造成的工作环境恶化或操作人员烫伤，并减少机组排烟系统和增压器的机械噪声，机房内的排烟系统除波纹管外，应做有效的绝热隔声包扎，如图 6-2 所示。

- 排烟管外表面温度 ≤450℃时，保温层采用一层岩棉毡（岩棉一般用于温度在 600℃的保温部位）；
- 排烟管外表面温度 ≥500℃时，保温层采用二层，接触管壁的一层为硅酸铝纤维毡，外包一层岩棉毡。

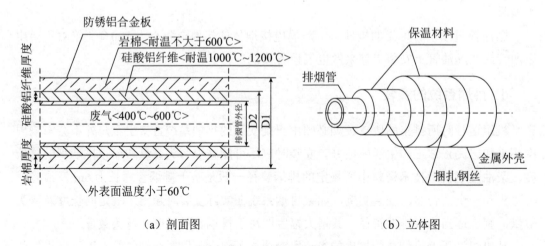

（a）剖面图　　　　　　　　（b）立体图

图 6-2　排烟管保温

（7）柴油发电机组与排烟管之间的连接常规使用波纹管，所有排烟管的管道重量不允许压在波纹管上，波纹管应保持自由状态。

（8）将排烟管最外端的出口处做防雨水处理。

（9）当排气管道需通过墙壁时，应使用质量可靠的隔热穿墙套管并配置柔性伸缩套，否则，排气管道会因热胀冷缩效应引起侧应力和压力，从而影响机组排气系统的稳定性，加速机组排气系统和增压系统的非正常损耗，也会使墙壁因长久受力而出现裂痕。

排烟引管和消音器应单独设置支撑，不得直接支撑在柴油机排烟总管上或固定在柴油机其他部位上，具体的隔震安装如图6-3所示。

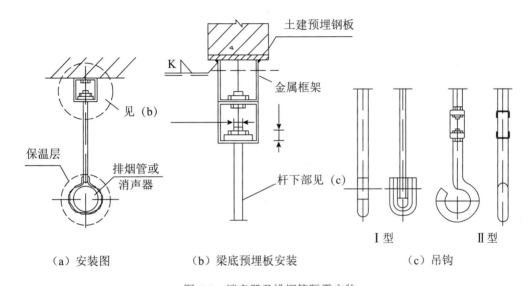

（a）安装图　　　（b）梁底预埋板安装　　　（c）吊钩

图6-3　消音器及排烟管隔震安装

5. 通风系统的安装

柴发的通风系统中，通风口通常配有百叶窗和金属防护网帘。在冬季，应使机房时刻保持适当的温度，以避免影响机组的正常启动能力或使冷却水结冰而导致机组损坏，因此机房所有的通风口都必须是可以调节的，以便机组停用时能自动或手动关闭。

1）进风口

进风口应位于灰尘浓度尽可能小的合理位置，并确保附近无异物。条件许可时，建议客户采用靠近发电机端的斜上部进风方式，并加设百叶窗和金属防护网帘，以避免异物进入，并确保正常的空气对流。为防止热空气回流，机组进风口应尽可能远离排风口，并尽可能让机房内空气直流，进风口应加以保护，以防止雨水及其他异物进入。为了确保机房通风量，对于常规闭式循环水冷却型柴油发电机组，进风口净流通面积按不小于1.5~1.8倍散热器迎风面积估算。如进风口面积太小，可能因实际进风量太少而导致机体温度过高，影响机组的正常使用，降低机组的功率输出，缩短维护周期，减少使用寿命。

2）排风口

排风口位置应根据室外风向顺风设置。如果对排风口室外风向、风速没有把握，则可参考图6-4设挡风墙，以降低排风阻力，并有效防止高温排风从进风口重新进入机房。挡风墙与排风口的距离不应小于水箱高度。排风口净流通面积大于散热器迎风面积的1.25~1.5倍，排风口中心位置应尽可能与机组散热器芯的中心位置一致，排风口的宽高比也尽可能与散热器芯的宽高比相同。为防止热空气回流及机械振动向外传递，建议在散热器与排风口之间加装弹性减震喇叭型导风槽，如图6-5所示。

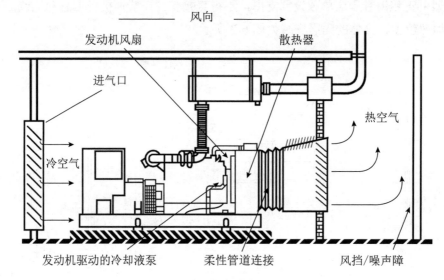

图 6-4　进 / 排风系统及挡风墙

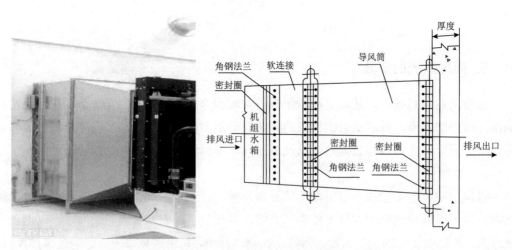

图 6-5　弹性减震喇叭型导风槽

弹性减震喇叭型导风槽分为两部分：软连接部分和导风筒。软连接部分采用隔热帆布，一端通过角铁法兰与机组水箱端面连接，另一端通过角铁法兰与导风筒连接。导风筒采用镀锌板与角铁框架结构，一端通过角铁法兰与排风百叶窗相连。导风筒各组件之间均用螺栓连接，导风筒的铁件部分需刷防锈漆和面漆，面漆颜色尽量与机组颜色相同。角铁法兰之间应垫橡胶密封圈，防止热风泄漏。

通风系统的安装步骤如下：

（1）将排风预制铁框预埋至墙壁内，用水泥护牢，待干噪后装配。

（2）安装进 / 排风口百叶或风阀，用螺栓固定。

（3）如需安装进 / 排风机、中间过渡体、软连接、排风口，有关工艺标准参见相关专业材料。

6. 冷却系统的安装

柴油发电机组主要有两种系统冷却方式：

● 联机式冷却系统，即一体式冷却系统，这是一种闭式循环系统；

● 远置式冷却系统，即分体式冷却系统。

在实际应用中，根据客户的安装和使用要求，可以采用其中一种冷却方式。

1）联机式冷却系统

标准配置的机组除特殊要求外，均采用自带水箱的闭式循环冷却方式，冷却系统包括冷却水系统和冷却空气系统两部分。

当散热器装于发动机尾端时，机组定位应使散热器芯尽可能靠近排风口（建议散热器芯距离出口的最大尺寸为150mm），否则，可能产生热空气的回流。

如果机组不能按上述方法定位，则必须在系统中另外增设一个配有钢制法兰的帆布排风槽，以便连接散热器及排风百叶窗。排风槽的弯头必须为完好的曲率半径，如需制作长流程管道，则管道的截面积必须放大，以降低散热器的背压。

2）远置式散热水箱冷却系统

当机组被安装在地下室时，实际空间很可能会限制排风槽的运用，在这种情况下，远置式散热水箱冷却系统是客户可以选择的方式之一。在该系统中，散热器与机组是分开的，由电动风机做散热之用。此系统可作为一个全封闭的单元组件供户外使用，亦可做成开放形式供室内装置用。为确保电动风机与机组工作的同步，建议电动风机的供电电源取自机组输出。

当散热器安装高于3m或水平距离超过10m时，大多数机组要求装一个分置的水箱和电动水泵，分置水箱的尺寸取决于整个冷却系统的容量，即需要的管道总量加上冷却用水量。冷却水由一台电动水泵带动，从分置水箱经过散热器和机组进行循环。散热器风机和水泵马达一般是由发电机供电的，它们消耗的功率应计入机组的输出功率。当机组处于停用状态时，冷却水从散热器流入分置水箱，当机组运行时，分置水箱必须保持足够的冷却水，以确保充满全部冷却系统，以保证冷却水的有效循环。远置式散热器的安装如图6-6所示。

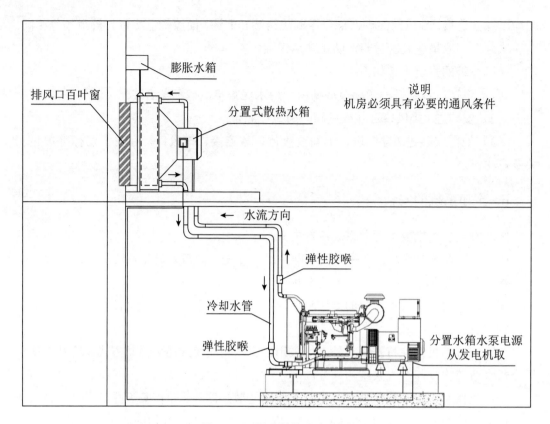

图 6-6　远置式散热器安装图

在安装时，需要注意以下几点：

（1）要防止外来杂质污染冷却水。

（2）分置水箱的扰流可使冷却水氧化。

（3）避免空气滞留于系统中，管道应备有通气孔。

（4）冷却水需进行适当的处理，以达到机组使用要求。

（5）要预防冷却水凝结。

（6）使冷却水在机体中切实保持（无压）自然流动。

（7）如果散热器和发动机安装于同一水平面，则无须采用分置水箱，但应在散热器正上方配置一个膨胀水箱，以容许冷却水受热膨胀和补充。

3）热交换器远置水箱散热系统

这种系统要求的空间比分置式水箱要少，其封闭水路能利用补充水箱的球形阀将蒸发损失的冷却水自动补充，以保证冷却系统中始终有足够的冷却水。热交换器远置水箱散热系统安装方式如图 6-7 所示。

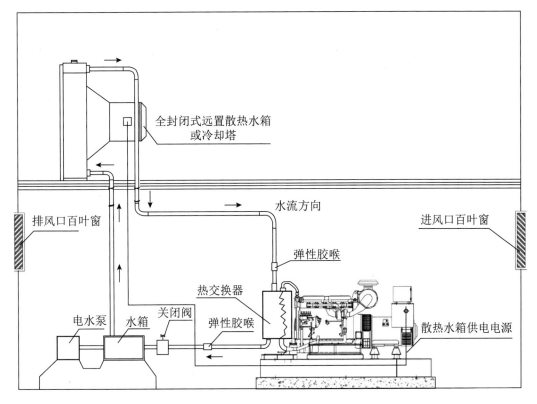

图 6-7 热交换器远置水箱散热系统安装方式

柴油发电机组根据用户特殊要求可配套热交换器，在水质可能被污染的地区或能用冷却塔或大型贮水箱提供冷却水的场合都可以采用热交换器作为机组的冷却手段，但是，水经过热交换器后，应被看成是受污染的水而不能做生活用水。由于用后的水必须流向废水管，所以绝大多数地方不允许用饮用水作为热交换器用途。

当使用远置式散热器或热交换器的冷却系统时，机房必须保持一定的通风量，以提供足够的空气给发动机，保证机房通风，并带走冷却机组发出的辐射热。

7. 电缆敷设和连接

柴油发电机发出的电由发电机输出端经电缆输送至各配电柜，电缆敷设方式有直接埋地、经电缆沟敷设和经电缆桥架敷设几种。电气连接必须接触可靠、牢固，防止因振动而引起松动、扭断及造成绝缘损伤。发电机组输出电缆线径不宜过小，可根据发电机组的额定电流参照电缆选型手册选择合适截面积的电缆。

在选择电缆的敷设路径时，应考虑并遵循以下原则：

（1）电力路径最短，拐弯最少。

（2）尽量避免电缆受机械、化学和地中电流等因素的作用而损坏。

（3）电缆散热条件要好。

（4）尽量避免与其他管道交叉。

（5）应避开规划中要挖土的地方。

在敷设电缆时，一定要遵守有关技术规程和设计要求，电缆敷设的一般要求如下：

（1）在敷设条件许可的情况下，电缆长度可考虑留有 1.5%~2% 的余量，以作为检修时的备用，直埋电缆宜作波浪形埋设。

（2）对于电缆引入或引出建筑物或构筑物、电缆穿过楼板及主要墙壁处、从电缆沟道引出至电杆或沿墙壁敷设的情况，在地面上 2m 高度及埋入地下 0.25m 深的一段，电缆应穿钢管保护，钢管内径不得小于电缆外径的 2 倍。

（3）电缆与不同管道一起埋设时，不允许在敷设煤气管、天然气管及液体燃料管路的沟道中敷设电缆；少数电缆允许敷设在水管或通风管道的明沟或隧道中，或与这些管沟交叉；在热力管道的明沟或隧道中，一般不要敷设电缆。特殊情况下，如不致电缆过热时，可允许少数电缆敷设在热力管道的沟道中，但应分隔在不同侧，或将电缆安装在热力管道的下面。

（4）直埋电缆埋地深度不得小于 0.7m，电缆沟离建筑物基础不得小于 0.6m。

（5）电缆沟的结构应考虑防火和防水的问题。

（6）电缆的接地线、保护钢管和金属支架等均应可靠接地。

为方便及安全起见，在进行机组至 ATS 切换柜和并机柜的电缆连接时，应将电缆预敷设于电缆槽中，并做防渗透、防漏电处理，电气连接必须接触可靠、连接牢固。

6.1.2 集装箱式柴油发电机组的安装

集装箱式柴油发电机组在工厂已经完成发电机组在集装箱内的安装，具备柴油发电机组完整的系统，整体吊装运输到数据中心现场后，现场仅需要简单的固定、连接和调试，便可以投入使用，大大简化了现场的施工工程。表 6-1 列出了机房柴发和集装箱式柴发的安装内容比较。

表 6-1 机房柴发与集装箱式柴发安装内容比较

安装内容	机房安装柴油发电机组	集装箱式柴油发电机组
基础调平和就位	现场吊车无法直接就位，需二次搬运	吊车直接就位
排烟系统	现场需要搭设脚手架进行排烟消音器、排烟管的安装和焊接，发电机需要进行防护，存在质量安全隐患	现场仅需吊装排烟消音器，没有焊接工作，机组不需要做防护处理
进/排风降噪，消防防火阀	需要现场安装，需要更长的安装时间，需要依据土建接口不同调整降噪片的尺寸和消防防火阀及电动百叶的尺寸，无法实现产品的标准化，工期长	可以标准生产，在工厂完成预制，能保证质量并缩短时间
机房降噪	需要在机组就位和排烟管道安装后进行施工，施工面积较集装箱式柴发机组大，工期较长	集装箱内降噪在工厂提前预制完成

1. 机组运输

集装箱式柴发由于体积大，重量超出常规货物，所以需要在起吊运输方面给予特殊的关注，在机组运输过程中，需注意以下事项：

（1）运输车辆应根据机组的重量和体积确定，并遵守道路交通部门的相关管理规定。

（2）车辆使用前应按规定进行全面检查、保养和运转，保证其性能良好，作业人员应进行自检、互检，再经技术人员和安全人员检查确认。

（3）运输吊装场地应划出安全工作区，并做好安全隔离和警示标识。

（4）集装箱式柴发机组吊上运输车后，应采用适当的栓固装置正确固定，运输途中停留时应检查所有栓固装置是否处于正确的状态。

（5）运输之前，派专人进行运输前的安全质量检查，如路面及地基情况、障碍物清理情况、撞车情况等，符合要求后方可进行正式运输。

（6）运输过程中，车辆尽量保持匀速，并及时根据路面情况调整车辆高度，保证车辆的稳定性。

2. 机组现场吊装

机组集装箱吊装前，吊装单位及柴发集装箱生产厂家需要根据勘探现场情况及箱体重量、尺寸编制出科学合理的吊装方案（例如使用吊机的大小、吊机落位的位置等）、吊装工艺流程图、现场安全技术措施、现场应急预案、文明施工保障措施等。集装箱生产厂家根据吊装条件核算柴发集装箱的强度要求，吊装时的弹性变形不得超过规范要求，不允许有永久变形。

在机组集装箱的吊装过程中，应遵守以下规定：

（1）操作者需持证上岗，严格按照相关标准及法规中规定的方法操作。

（2）箱门、罩布、封锁件、可活动或可折叠的部件以及任何可拆卸的装置均应适当地固定。

（3）起重臂下严禁站人，设备起吊时应相互配合，由专人统一指挥。

（4）单点起吊时吊钩的位置与机组集装箱的中心应尽量保持在同一垂直方向，起吊重心偏离时应谨慎操作。

（5）起吊时，应注意绳索的位置，不要损坏发电机组上的指示灯、开关等部件，绳索与设备摩擦部件需加保护。

（6）集装箱在着落时要注意轻放，不应拖/推集装箱，避免移动时造成磕碰。

3. 机组的现场储存和防护

一般情况下，机组集装箱到现场后将直接吊至基础台或钢平台上摆放，但也有由于现场条件暂不具备而就近临时摆放的特殊情况。基于集装箱式柴发的特点，在现场储存和防护方面需遵守"一平四防"要求：

（1）水平摆放：无论是正式摆放还是临时摆放，摆放地面均应平整，且需用垫片或垫块进行找平。垫片要垫在集装箱四个支撑角件处，也可在中间部位增加几个支撑点位，如图 6-8 所示，防止因地面不平而导致框架变形。

　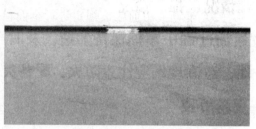

垫片垫在支撑角件处　　　　　　　　　　　中间部位的支撑垫片

图 6-8　垫片找平示例

（2）防雨：集装箱式柴发就位后，要及时将箱顶的消音器进行安装固定，防止箱顶漏水。集装箱所有预留孔洞均应进行封堵或封板处理，防止水或虫进入。

（3）防潮：所有集装箱门必须关严，电动百叶要用机械手柄关闭，并检查是否有渗漏情况。

（4）防盗：所有集装箱锁杆门及检修门均要挂锁，一些贵重零部件（例如电池、电池连接线缆、专用工具等）要重点防范，建议集中摆放在防范等级高的仓库等区域。

（5）防火：建议在箱顶盖三防苦布，除防尘防雨外，还要防止施工过程中因电焊等原因损坏集装箱漆面。施工期间，在集装箱摆放区域必须摆放干粉灭火器。

如图 6-9 所示为集装箱式柴发现场储存示例。

图 6-9　集装箱式柴发现场储存示例

4. 现场安装

集装箱式柴发需由专业人员安装，安装人员需参加过发电机组厂家相应的安装、应用和维修培训，在进行吊装、运输、电气等特种作业时，需要相应的作业许可证书，例如电气作业人员需持有应急管理局颁发的电工作业证。

1）安装作业要求

进行现场安装作业时，须遵守的现场安装作业要求如下：

（1）饮酒或服用药物及出现身体不适时，不能承担机组的所有现场工作。

（2）现场工作时，应根据机组的不同状态（运行/待机）佩戴安全防护镜、反光背心、隔音耳罩、防护手套、头盔、钢趾靴和防护服等人身保护设备。

（3）集装箱式柴发生产厂商会随机提供安装、操作及维修三本手册，安装作业应遵守安装手册中的详细安全指导，安装手册中对机组的现场安全操作进行如下分级提示：

● 危险：如果不避免将导致死亡或严重人身伤害；

● 警告：如果不避免将可能导致死亡或严重人身伤害；

● 小心：如果不避免可能导致轻微或中度人身伤害；

● 通知：应加以重视但与危险无关（例如与财产损失有关）。

2）机组安装就位

机组安装前，应拆下蓄电池负极电缆并用绝缘胶布包好，以免意外启动机组危及相关安装人员。机组安装就位过程中，应避免接触废机油、柴油及冷却液，并应按客户所在地环保法规清理溅出的燃油、机油及冷却液等。需要进入发电机箱体内时，应避免踩踏发电机组上的任何部件，以免机组运行时液体、气体泄漏危及巡检人员安全。机组安装就位后，必须将机组的外壳与建筑物公共接地网或机组专用接地极做有效的电气连接，并摇测机组外壳的接地电阻，确认其满足当地相关电气安全规程要求。机组安装完成后，应仔细检查发电机室，避免机油、燃油、清洁剂、工具等存放在发电机集装箱体内。

3）机组水平调整

为了保证机组安装稳定，降低机组运行时的振动，在机组就位时，需使用水平仪或直尺等检查机组安装后的水平度，具体步骤如下：

（1）放置水平仪在机组尾部，测量机组左右端和机组底座平面之间的高度差。

（2）放置水平仪在机组左侧，测量机组前后端高度差。

（3）放置水平仪在机组右侧，测量机组前后端高度差。

确保三个方向的所有减震器高度差均小于6mm。

4）接线检查

机组就位后，需要连接机组和系统的控制线，并完成电力电缆的敷设连接。在机组启动之前，需检查线缆连接是否正确，标识是否完备和准确，接头是否牢固，防止线路接错或虚接。检查时，可采用万用表，依据电气系统设计图及机组并联系统图逐项进行检查核对，尤其是要依照控制线敷设表对每一根控制线的连接进行仔细检查，并做好记录。

6.2　柴油发电机组的测试验收

柴油发电机组安装完成后，需对机组进行调试、测试与验收，当其安全性、功率特性、电能质量、噪声等各项性能指标达到标准后，机组方可交付数据中心正式投入使用。其中，调试主要由柴油发电机组生产厂商完成，确保机组正常启动和运行；测试环节由第三方机构完成，通过测试评估柴油发电机组及其供电系统的可用性、可靠性和可维护性，确认已实现的功能，发现功能缺陷或风险，促进整改，为柴油发电机组的投用提供客观公正的依据和结论，并可得到机组运维相关的优化建议、风险提示、应急预案建议等。经过验收后，柴发机组便可正式交付数据中心运营方投入使用。

6.2.1　柴发机组目视检查

柴发机组目视检查主要是对机组安装运行环境和机组外观进行检查，包括机组本体、燃油自控系统和并机柜等。表 6-2 至表 6-4 列出了数据中心柴油发电机组安装完成后进行目视检查的主要内容，在检查过程中，应对照表格内容逐项检查，并做好记录。

1. 柴油发电机组目视检查

柴油发电机组目视检查可按散热器、发动机、控制屏、发电机、底盘、配电柜的顺序逐一检查机组的外观质量，包括焊接质量、接线质量、三漏情况、零部件质量和总体质量等，检查内容参见表 6-2。

表 6-2　柴油发电机组目视检查表

序号	检查内容	是否通过	备注
	设备外观检查		
1	检查柴发机房施工余料已清理，并完成保洁	Y □ N □	
2	检查柴发本体已完成清洁，无漏油、漏液现象	Y □ N □	
3	检查设备及系统已正确贴上设备信息标签	Y □ N □	
4	检查确定无硬件缺失、无物理变形及损坏	Y □ N □	
5	检查操作与维护通道是否按要求铺设绝缘胶垫	Y □ N □	
6	检查柴发本体及附属硬件无施工遗留物	Y □ N □	
7	检查电池外观无变形、漏液腐蚀现象	Y □ N □	
8	检查进 / 排风口无异物遮挡	Y □ N □	
9	检查现场确认采用防爆灯，另须配置应急照明设施，且开关控制正常	Y □ N □	
10	检查水箱附近有排水下口，且无脏物堵塞	Y □ N □	
11	检查墙体孔洞均完成封堵	Y □ N □	
12	检查确认柴油发电机室所有相关动环监控系统的安装已完成	Y □ N □	
13	检查排烟口密封良好无漏水风险	Y □ N □	
14	检查水箱及液位正常，各接口处无漏水、滴水	Y □ N □	
15	油机及排烟、消音等附属设备安装稳固、可靠，符合设备安装要求	Y □ N □	
	设备安装位置检查		
16	检查柴油发电机最终位置应与施工图纸相对应，偏差不应大于 10mm	Y □ N □	
17	检查设备减震及固定完备	Y □ N □	
18	检查是否具备操作流程图	Y □ N □	
19	检查设备安装位置应预留设备排污口，排水用附件是否具有地漏的空间	Y □ N □	

续表

序号	检查内容	是否通过	备注
	设备电气安装检查		
20	检查电缆按图纸连接，且标识准确、完整	Y □ N □	
21	检查控制线按图纸连接，且标识准确、完整	Y □ N □	
22	检查柴发室、油箱室内的所有电气设备、接线盒、线管等属于防爆型设备	Y □ N □	
23	检查螺栓安装牢固（用扭矩扳手执行校准）	Y □ N □	
24	检查柴发金属外壳、室外油罐、输油管路上所有电气设备均设有接地装置	Y □ N □	
25	检查柴油发电机中性点接地柜	Y □ N □	
26	检查阀门法兰盘等接地齐全	Y □ N □	
27	检查柴发启动电池电压正常	Y □ N □	
28	检查电缆的连接可靠，各接线点无氧化或积污现象，相序正确，无绞拧、铠装压扁、护层断裂和表面严重划伤等缺陷	Y □ N □	
	进排烟系统安装检查		
29	检查进排烟系统安装完毕	Y □ N □	
30	检查在排烟管道的适当位置安装雨帽（结合现场实际情况评估）	Y □ N □	
31	检查线缆、洒水系统、热量和烟尘探测器要远离排烟系统组件	Y □ N □	
32	检查排出的烟雾远离进气处理装置，以及树、墙和行人	Y □ N □	
33	增加设备安装横平竖直检查	Y □ N □	
34	增加排烟管道防雷措施	Y □ N □	
35	增加柴油发电机并机配电柜差动保护功能检查	Y □ N □	
36	检查发电机油水分离器是否配备接油盘	Y □ N □	
37	检查油箱是否配备接油盘	Y □ N □	
38	检查柴油发电机组进／排风口面积充足（每1000kW进／排风面积不少于4m²）	Y □ N □	

2. 柴发并机柜目视检查

柴发并机柜目视检查主要检查并机系统的安装是否符合规范和安全要求，检查内容参见表6-3。

表6-3 柴发并机柜目视检查表

序号	检查内容	是否通过	备注
	设备外观检查		
1	检查设备底座是否紧固，无偏移	Y □ N □	
2	检查并机柜已完成清洁，内外部无杂物、无废料	Y □ N □	
3	检查并机柜已贴上符合柜体命名及路由的正确标签	Y □ N □	
4	检查确定无硬件缺失、无物理变形及损坏	Y □ N □	
5	检查断路器、电子计量仪表、机械计量仪表、显示屏安装合理，方便观察	Y □ N □	
6	检查现场显示数据与监控平台数据一致	Y □ N □	

续表

序号	检查内容	是否通过	备注
7	检查并机柜是否具备维修及操作空间	Y □ N □	
8	检查并机间照明是否常亮，应急照明及控制开关是否控制正常	Y □ N □	
	设备安装环境检查		
9	检查并机间施工余料已清理，并完成保洁	Y □ N □	
10	检查并机间应具备挡水坝，高度不小于 15 厘米，排水口无脏物堵塞	Y □ N □	
11	检查并机柜进线 / 出线所有孔洞都完成封堵	Y □ N □	
12	检查并机间所有门都已安装挡鼠板	Y □ N □	
13	检查设备安装位置应预留设备维护及拆卸的空间	Y □ N □	
	设备电气安装检查		
14	检查线缆绝缘有无破损	Y □ N □	
15	检查连接螺栓是否紧固，是否符合标准	Y □ N □	
16	检查系统零部件有无缺失、锈蚀现象	Y □ N □	
17	检查并机柜内是否有灰尘或者异物残留	Y □ N □	
18	检查进出线线缆鼻子压接是否紧固，是否有线缆露出	Y □ N □	
19	检查线缆绑扎是否牢固，走线是否规范，线缆是否有标签	Y □ N □	
20	检查零线与零排是否可靠连接，有无虚接现象	Y □ N □	
21	检查并机柜金属部分外壳是否可靠接地	Y □ N □	
22	检查二次回路连线成束绑扎是否牢固、整齐	Y □ N □	
23	检查二次回路各线缆及端子排标签是否清晰、正确、唯一	Y □ N □	
24	检查内部器件的安装是否牢固、整齐，接地是否可靠	Y □ N □	
25	检查机柜操作把手无卡阻、碰撞现象	Y □ N □	
26	每个并机柜内都必须配有供电图纸	Y □ N □	
27	直流屏交流输入是否为双路供电检查	Y □ N □	

3. 燃油自控系统目视检查

作为保证柴油发电机组连续稳定运行的重要配套设施，燃油自控系统的安装必须满足规范性和安全性要求，因此，燃油自控系统目视检查是柴油发电机组验收测试的重要环节，目视检查的主要内容见表 6-4。

表 6-4　燃油自控系统目视检查表

序号	检查内容	是否通过	备注
	设备外观检查		
1	检查日用油箱基础完整，支撑结构正常，无弯曲、脱焊情况	Y □ N □	
2	检查日用油箱及地埋油罐施工余料已清理，并完成保洁	Y □ N □	
3	检查地埋油罐及日用油箱贴有标签及对应的设备，周围应设立警示标志	Y □ N □	
4	检查日用油箱及地埋油罐应设有安全防护措施，防止误操作	Y □ N □	
5	检查供油系统及柴发机体有无漏油现象	Y □ N □	
6	检查地埋油罐及日用油箱孔洞完成封堵	Y □ N □	

序号	检查内容	是否通过	备注
7	检查日用油箱及地埋油罐应设有相应的防雷措施	Y □ N □	
8	检查地埋油罐及日用油箱周围是否设有相应的灭火设备	Y □ N □	
9	油罐磁浮球液位计已经安装并可以准确计量油量	Y □ N □	
10	油路、油罐接地功能相关检查	Y □ N □	
11	设备已经牢固装配和支承	Y □ N □	
12	设备和辅助设施已经安装到位，允许运行和维护	Y □ N □	
13	检查日用油箱及地埋油罐应安装液位显示	Y □ N □	
14	检查现场地埋油罐区域无积水，油罐外壳无腐蚀现象	Y □ N □	
15	检查设备及基础安装水平，供/回油管路横平竖直、无多余弯折	Y □ N □	
16	检查设备安装位置应预留设备维护及拆卸的空间	Y □ N □	
	设备工艺检查		
17	检查地埋油罐到日用油箱供油管路应为双路由	Y □ N □	
18	检查地埋油罐到日用油箱输油管路应设有相应的安全防护措施	Y □ N □	
19	检查地埋油罐是否有进水的风险，油罐进口高度应超过当地百年洪水最高水位	Y □ N □	
20	检查供油系统各个阀门操作灵活，转动时无卡顿及异响，阀门开合到位，无缝隙	Y □ N □	
21	检查检漏阀门是否常开，阀门周围是否有渗油现象	Y □ N □	
22	检查日用油箱及地埋油罐与供油管路法兰连接处及阀门连接处设有铜编织袋	Y □ N □	
23	检查供/回油管路路由中无漏油、漏液现象	Y □ N □	
24	检查油罐及油箱应设有排污口	Y □ N □	
25	检查供/回油管路应设置在上端，避免回油搅动底部沉积物	Y □ N □	
26	检查地埋油罐及日用油箱安装时应留有设备拆卸及维修的空间	Y □ N □	
27	检查日用油箱及地埋油罐液位监控及温度监控与平台显示是否对应	Y □ N □	
28	检查储油量满足 SLA 签订标准	Y □ N □	
29	检查供油泵是否设有冗余	Y □ N □	
30	检查储油设备周围应设有排水措施	Y □ N □	
31	检查储油设备周围是否设有烟雾机温度报警装置及自动灭火装置（灭火介质不能为水）	Y □ N □	
	设备电气安装检查		
32	检查油泵供/回油是否为双路电源，且双路不得同源	Y □ N □	
33	检查燃油流向标识是否标注清晰、准确	Y □ N □	
34	检查供/回油阀门关闭状态是否正确	Y □ N □	
35	检查供电线路及监控线路紧固，铜鼻子压接紧固，应没有线缆露出	Y □ N □	
36	出线线缆布线绑扎是否牢固，走线是否规范，线缆是否有标签	Y □ N □	
37	检查柴发日用油箱是否有排烟装置	Y □ N □	
38	设备柜金属部分外壳是否可靠接地	Y □ N □	
39	检查日用储油系统可操作部分应设有视频监控，显示清晰可靠，内容保存 90 天	Y □ N □	
40	检查供油控制柜安装符合设计要求，各开关、按钮的操作应灵活，接触良好，外观完好，指针归零，各器件安装牢固，型号正确	Y □ N □	

6.2.2　柴发机组的检测

柴发机组的检测是数据中心柴油发电机组备用电源系统设计安装与运维的桥梁，用于保证柴油发电机组高质量平稳交付。通过检测可检验数据中心柴发机组的可用性，降低初始故障率，并提高备用电源系统效率，提供有记录的确认，识别运行风险，实战提升运维团队能力，减少运维操作故障，并且通过检测过程中的实际操作，获得系统性优化的可操作性运维方案。

检测主要涉及机组静态和动态性能测试，检测时应遵守以下原则：

（1）试验应在经预热的机组上进行。

（2）机组功率可按环境要求依据规定进行修正。

（3）可采用纯阻性负载或功率因数大于 0.8 的感性负载，负载变化的等级为空载、25%、50%、75%、100% 额定功率。

（4）检测容性负载时，按照机组输出最大有功功率的 100% 配置阻性负载，并按照功率因数超前（容性）0.95 配置相应的容性负载。

（5）检测时允许采用 1.0 级准确度的仪器仪表进行测量。

除另有规定外，各项电气指标均在机组控制屏输出端进行考核。

1. 发电机绝缘测试

发电机线圈绕组的绝缘性是发电机绝缘状态的重要指标。绝缘测试简单易行，在发电机投运前和运维后定期进行检测非常有意义，可以有效地保护设备和运维人员的安全。根据 GB/T 1029—2021《三相同步电机试验方法》，兆欧表规格按表 6-5 所示进行选用。发电机绝缘测试必须由具备相关资质的人员进行，并使用推荐的测试电压，具体参见表 6-6。

表 6-5　兆欧表的选用

被测绕组额定电压 U_N/V	兆欧表规格 /V
$U_N<1000$	500
$1000 \leqslant U_N<2500$	500~1000
$2500 \leqslant U_N<5000$	1000~2500
$5000 \leqslant U_N<12\,000$	2500~5000
$U_N \geqslant 12\,000$	5000~10 000

表 6-6　测试交流发电机的测试电压和最低可接受绝缘电阻

交流发电机电压 /kV	测试电压 /V	20℃下最低绝缘电阻 /MΩ	
		使用中的交流发电机	新交流发电机
≤0.69	500	5	10
≤1	1000	5*	10
1~4.16	2500	50	100
4.17~13.8	5000	150	300

* 对于污染非常严重的绕组和部件，最低绝缘电阻应 >1MΩ。

表 6-7 给出了绕组在 20℃ 环境下的最小绝缘电阻值，但可以在较高温度 T 下测量绝缘电阻。为了与最小值进行对比，可以将测得的绝缘电阻 R_{iT} 乘以下表中的相应系数，以得出 20℃ 时的等效绝缘电阻值 R_{i20}。

表 6-7　绕组温度和绝缘电阻值

绕组温度 T/℃	T℃下测得的绝缘电阻 R_{iT}/MΩ	20℃下的等效绝缘电阻 R_{i20}/MΩ
20	R_{i20}	$1 \times R_{i20}$
30	R_{i30}	$2 \times R_{i30}$
40	R_{i40}	$4 \times R_{i40}$
50	R_{i50}	$8 \times R_{i50}$
60	R_{i60}	$16 \times R_{i60}$
70	R_{i70}	$32 \times R_{i70}$
80	R_{i80}	$64 \times R_{i80}$

测试步骤如下：

（1）将机组控制器位置旋钮置于停机位。

（2）断开充电器的交流电源。

（3）断开蓄电池负极连接电缆。

（4）在机组控制器主板侧拔掉励磁线的线束插头。

（5）拔掉 ECM 线束插头。

（6）打开电球二次引线箱体侧盖，RTD 针脚互相短接后接地。

（7）打开电球上盖，拆除动力电缆，并确保不碰触任何其他零部件。

（8）拆除中性点接地电阻线缆。

（9）将电球内 PT 采样线缆从接线柱上移除。

（10）在任一抽头处对地做绝缘测试。

（11）记录绝缘测试结果。

（12）若 1 分钟绝缘电阻大于 5GΩ，则无须做 PI 极化指数测试（或按 GB 755-87 的规定执行）。

（13）按照相反顺序复原发电机。

2. 机组接地检测

机组接地分为系统接地和设备接地。系统接地是中性点接地，是为了保持电气系统的安全性；设备接地是等电位连接，用以保证人身安全。

机组接地检测可采用一只万用表和一段长约 10 米的导线，或选用接地电阻测试仪直接测量接地电阻。测量时的注意事项如下：

（1）机组与市电并联应用时，须拆除机组中性线（N 线）与机组外壳的连接片。

（2）配电系统采用 IT 接地形式时，须拆除机组 N 线与外壳的连接片，然后将接地电阻柜与接地极 / 接地网连接。

（3）其他应用情况时，可参考设备外形图及局部图做接地连接，先完成机组等电位测试，然后完成接地测试。

①等电位测试步骤（使用万用表和导线）如下：

● 将万用表一端通过导线与机组接地端连接，并将万用表档位拨到 Ω 档；

● 将万用表另一端通过导线与机组内导电体连接；

● 读取电阻值。

如表 6-8 所示为集装箱式柴发等电位测试的测试部位示例，可作为参考。

表 6-8　等电位测试样表

序号	接线部位	电阻值 /Ω	测试是否通过
1	左接地排		Y □ N □
2	左侧 1# 门合页		Y □ N □
3	左侧 1# 门把手		Y □ N □
4	左侧 2# 门合页		Y □ N □
5	左侧 2# 门把手		Y □ N □
6	左侧 3# 门合页		Y □ N □
7	左侧 3# 门把手		Y □ N □
8	右侧 1# 门合页		Y □ N □
9	右侧 1# 门把手		Y □ N □
10	右侧 2# 门合页		Y □ N □
11	右侧 2# 门把手		Y □ N □
12	线槽		Y □ N □
13	右接地排		Y □ N □
14	电球		Y □ N □
15	油箱供油管		Y □ N □
16	油箱回油管		Y □ N □
17	油箱接地		Y □ N □
18	左加热器		Y □ N □
19	右加热器		Y □ N □
20	机组进油管		Y □ N □
21	机组回油管		Y □ N □
22	快速加油口		Y □ N □
23	液位		Y □ N □
24	计水箱		Y □ N □
25	接地电阻柜外壳		Y □ N □
26	消防柜外壳		Y □ N □
27	机组控制系统		Y □ N □

②系统接地测试步骤如下：

● 合上断路器，用万用表测量断路器 N 接线端与设备外壳之间的电阻，阻值应为 0；

● 制作接地电缆：采用铜芯软电缆，截面不小于 95mm²，长度取机组与接地极或接地网之间的距离，电缆铜鼻子规格分别与机组和接地极 / 接地网上的连接螺栓匹配；

- 用砂纸将机组及接地极／接地网的接地连接面打磨干净，然后将接地电缆的一端可靠连接到接地极／接地网上；
- 将接地电缆的另一端可靠连接到机组外壳上的接地极上；
- 工作结束时的验收标准：核算或用接地电阻测试仪测量断路器 N 接线端的对地电阻，阻值应满足 GB 14050—2008《系统接地的型式及安全技术要求》中相关接地电阻阻值的要求（≤4Ω）。

3. 机组绝缘检查

机组各独立电气回路对地及回路间应能承受试验电压下的绝缘介电强度试验，而无击穿或闪络现象。试验电压频率为50Hz，波形为实际正弦波，电压值如表6-9所示。试验时接通电源，以不超过全值电压的5%均匀或分段地增加至全值，电压自半值增加至全值的时间应不短于10s，全值电压试验时间为1min，然后开始降压，待电压降到全值的1/3后再切断电源，并将被试回路对地放电。绝缘电阻应不低于表6-10的规定，其中冷态绝缘电阻只供参考，不做考核指标。

表6-9 机组承受的试验电压

部位	回路额定电压 /V	试验电压 /V
一次回路对地，一次回路对二次回路	>100	（1000+2 倍的额定电压）×80%
二次回路对地	<100	750

注：发动机的电气部分、半导体器件及电容器不做此项试验

表6-10 机组绝缘电阻值要求

条件		回路额定电压 /V			
		≤230	400	6300	10 500
冷态绝缘电阻 /MΩ	环境温度 15℃~35℃，空气相对湿度为45%~75%	2	2	由产品技术条件规定	由产品技术条件规定
	环境温度 25℃，空气相对湿度为95%	0.3	0.4	6.3	10
热态绝缘电阻 /MΩ		0.3	0.4	6.3	10

以上试验合格后，方可转入开机带载测试。

4. 柴油发电机组验收时的带载测试

柴油发电机组的带载测试是评价发电机组是否满足其规格大小、功率等级以及发电机组的安装是否满足正常运行要求的最直接、最客观的依据。

根据数据中心负载对柴油发电机组的需求特点，柴油发电机组的测试主要包括机组单机功能测试、并机性能测试和供油系统功能测试，根据合同要求，还可以进行合同约束内的其他测试（例如发电机组的振动测试等）。

1）柴油发电机组单机功能测试

柴油发电机组单机功能测试应该包括以下测试内容：

- 启动检测；
- 自动保护功能检测；
- 机组稳态运行测试；
- 机组瞬态性能测试；
- 机组连续运行能力测试。

单机功能测试主要检测柴发单机的带载特性、报警与保护等功能。测试时，需要柴发设备厂家的工程师给予现场技术支持，并提供测试软件，以配合测试中的参数调整。

测试需要的工具包括电能质量分析仪、红外热成像仪、红外测温仪、噪声测试仪、厂家调试软件、风速仪、工具箱、对讲机、绝缘手套、防护服、护目镜、防噪耳塞等，相关仪器仪表应在测试记录中登记，如表6-11所示。根据要求随机抽取几台柴发进行测试，测试过程中，进／排风百叶的开启／关闭时间需与柴发厂家进行确认，并在柴发测试过程中加以验证。带载测试需采用与发电机功率相符的假负载。

表 6-11　测试用仪器仪表汇总表

序号	仪器名称	型号	编号	备注
1	电能质量分析仪			
2	数字示波器			
3	噪声测试仪			
4	绝缘电阻测试仪			
5	温湿度表			
6	数字万用表			
……	……			

（1）启动检测。

启动检测主要包括机组启动可靠性测试和启动时间测试。

常温条件下，自动启动机构向柴发机组发出自动启动指令（模拟市电电网中断供电、模拟市电电网电压下降至规定值等），观察机组是否自动启动、升速、建压、合闸供电，运行1min，重复进行3次，间歇时间小于20s；机组自动启动后，观察机组是否自动加载；加额定负载后，观察机组是否能在20s内带额定负载运行；检查低温启动装置的电路、管路、油路等是否畅通。记录从给出启动信号到发电机组达到额定的电压和频率输出所需要的时间。在现场可以抽样几台柴油发电机组，累计共进行100次（由用户和厂家协商）启动，计算启动的成功率和最长、最短及平均启动所需的时间。

用相序表在发电机和控制屏的输出端检查相序，检查结果应与机组输出标志相符合。

在额定电压时的空载和额定负载两种状态下，检查机组控制屏上各电器测量仪表的准确度是否符合要求以及各信号装置是否工作正常。记录各电气测量仪表和信号装置的工作情况，以及环境温度、空气相对湿度、大气压力等。

（2）自动保护功能检测。

通过模拟的方法，在机组的控制屏上对相应的传感器输入信号接入端子给出人为的闭合信号，观察机组能否自动保护停机或发出告警。机组应具有的保护功能包含机油压力低、过 / 欠电压、超 / 欠速、水温高、发电机温度高、过载、短路保护、逆功率（并机时测）和过电流等。此项检测不做现场要求，可以抽测。

（3）机组稳态运行测试。

机组稳态运行测试是指柴发机组额定主用功率的连续运行试验。机组在额定工况下满载运行 1h 后，接着过载 10% 运行 1h，运行过程中每隔 30min 记录一次功率、电压、电流、功率因数、频率、柴油机冷却出水（或风）温度及机油温度（在仪器板温度表上读取）、添加燃油时间等，并观察机组是否出现停机、降功率等异常现象。对于机组铭牌上未标出主用功率数值的，厂商应提供相应的主用功率数值以供测试。测试表格可参见表 6-12 和表 6-13。

表 6-12　发电机单机稳态运行功能测试记录

环境温度：		℃		环境湿度：			%RH		
检验日期：		月	日						
主检人：				审核人：					
机组编号				机组规格型号					
发动机型号				发动机序列号					
发电机型号				发电机序列号					
控制器型号				额定功率 /kW					
额定电压 /kV				额定容量 /kVA					
额定频率 /Hz				功率因数					
带载时间									
负载率									
电压 /V	U_{AB}								
	U_{BC}								
	U_{CA}								
电流 /A	I_A								
	I_B								
	I_C								
功率 /kW									
频率 /Hz									
功率因数									
水温 /℃									
油温 /℃									
油压 /Pa									
电池电压 /V									
转速 /rpm									
左排烟管温度 /℃									
右排烟管温度 /℃									
油耗 /L/h									
结论	□未停机　　　　□未降功率								
	□停机　　　　　□降功率								
	其他异常现象描述：								

表 6-13　发电机单机稳态运行电能质量测试记录

环境温度：　　　　　　℃		环境湿度：　　　　　　%RH	
检验日期：　　　月　　　日			
主检人：		审核人：	
机组编号		机组规格型号	
检测仪表		仪表型号	
挂表位置		负载率	
输出电压 / 电流 / 频率			
输出功率 / 功率因数			
输出侧 L1 相电压谐波			
输出侧 L2 相电压谐波			
输出侧 L3 相电压谐波			
结论			

（4）机组瞬态性能测试。

数据中心市电停电或市电电压低于规定值时，要备用的柴油发电机组在短时间内启动并带载运行，因此机组的瞬态性能测试是评估机组带载能力的重要环节。机组瞬态性能测试一般按下述方法进行：

● 启动柴油发电机组，使其运行达到额定电压和频率。

● 按 0% → 50% 突加负载，然后负载从 50% 慢慢加至 100%（步长不小于 5%），最后按 100% → 0% 突减负载，重复进行三次。

● 记录瞬间的频率突降和电压突降幅度，取三次结果的平均值。

可以使用电能质量分析仪记录测试过程中的电压、电流波形，检查机组能否保持稳定的输出，突加突减负载是否会导致机组保护性停机，以及是否出现频率异常、电压异常从而导致用电设备的报警甚至停机。测试表格可参见表 6-14。

表 6-14　柴油发电机组单机瞬态性能测试记录

功率因数	负载（额定负载的百分比，%）	电流 /A	功率 /kW	电压 /V	频率 /Hz	电压信号波形的平均幅值 /V	最高波峰与最低波谷之差 /V	稳态频率带 /%
		I	P	U	f	U_f	$\triangle U_f$	β_f
	0							
	25							
	50							
	75							
	100							
	75							
	50							
	25							
	0							

续表

环境温度： ℃		环境湿度： %RH	
检验日期： 月 日			
主检人：		审核人：	

	检验项目	第一次试验	第二次试验	第三次试验
电压、频率瞬态偏差及恢复时间	额定电压 /V			
	最高瞬时电压 /V			
	最低瞬时电压 /V			
	电压恢复时间 /s	突加： 突减：	突加： 突减：	突加： 突减：
	额定频率 /Hz			
	最大瞬时上升频率 /Hz			
	最小瞬时下降频率 /Hz			
	频率恢复时间 /s	突加： 突减：	突加： 突减：	突加： 突减：
突加、突减负载量		突加 %，突减 100% 额定功率 kW		
结果	稳态电压偏差 /%		稳态频率带 /%	
	瞬态电压偏差 /%		瞬态频率偏差 /%	
	电压恢复时间 /s	突加： 突减：	频率恢复时间 /s	突加： 突减：
			频率降 δf_{st}/%	

表中：

①稳态频率带 β_f：在恒定功率时的机组频率围绕某一平均值的包络线宽度用额定频率的某一百分数表示的值，计算公式为

$$\beta_f = \triangle U_f / U_f \times 100\%$$

式中：$\triangle U_f$ 为各级负载下，稳定频率信号对应电压信号波形的最高波峰与最低波谷差值的最大值。

U_f 为额定频率信号对应电压信号波形的平均幅值。

测试结果应满足 $\beta_f \leqslant 0.5\%$。

②频率降 δf_{st}：在整定频率确定的条件下，额定空载频率与标称功率时的额定频率之间的频率差用额定频率的某一百分数表示的值，计算公式为

$$\delta f_{st} = (f_{i,r} - f_r)/f_r \times 100\%$$

式中：$f_{i,r}$ 为额定空载频率。

f_r 为额定频率。

测试结果应满足 $\delta f_{st} \leqslant 3\%$。

（5）机组连续运行能力测试。

柴油发电机组连续运行能力测试是指测试机组的带载能力、冷／热态电压变化、柴油和机油的消耗率等指标。测试时，先启动运行机组至满载（以额定功率运行）运行2h，接着以110%额定功率运行1h，此过程中机组应无停机、降功率等异常现象。机组

运行过程中，应关注机组的运行状况：

- 记录发电机输出的各项电气参数；
- 记录发动机各项参数（水温、机油压力、转速等），对照厂家的标准，这些温度应该在制造商允许的范围内，并且温度的变化趋势没有向超出范围方向发展；
- 记录发电机房间或集装箱内的进风温度、出风温度，对照厂家的标准，这些温度应该在制造商允许的范围内，并且温度的变化趋势没有向超出范围方向发展；
- 观察发电机排烟颜色是否正常；
- 采用热成像仪扫描发电机输出配电柜、电缆、开关、铜排、接线端子等的温度是否正常；
- 采用热成像仪扫描发电机进风、排烟等各机械部件温度是否正常；
- 采用噪声计测量发电机满载情况下的噪声。

如表 6-15 所示的测试脚本是数据中心新安装柴油发电机组进行单机功能测试的完整测试流程，该测试脚本具有普适性。

表 6-15　柴油发电机组单机功能测试流程

序号	测试项目	测试方法与标准	测试是否通过	备注
保护与监控功能（同时确认本地、远程监控信号）				
1	过电压	通过测试软件将线电压信号值调整至 115%，10s 延迟后过电压停机报警出现（默认阈值 110%，默认延时 10s）		厂家配合
2	欠电压	通过测试软件将线电压信号值调整至 80%，10s 延迟后欠电压停机报警出现（默认阈值 85%，默认延时 10s）		厂家配合
3	过电流	通过测试软件将线电流信号值调整至 210%，5s 延迟后过电流停机报警出现（默认阈值 200%，默认延时 5s）		厂家配合
4	过频	通过测试软件将过频功能启用并将过频阈值改为 2Hz，模拟转速功能启用，转速模拟值设为 1570，20s 后过频报警出现（默认值 6Hz，默认延时 20s）		厂家配合
5	欠频	通过测试软件将欠频功能启用并将欠频阈值改为 2Hz，模拟转速功能启用，转速模拟值设为 1430，10s 后欠频报警出现（默认值 6Hz，默认延时 10s）		厂家配合
6	电池电压高	通过测试软件将电池电压值修改为 35V，将延时修改为 1s，1s 后出现高电平告警（默认值 32V，默认延时 60s）		厂家配合
7	电池电压低	通过测试软件将电池电压值修改为 10V，将延时修改为 1s，1s 后出现低电平告警（默认值 12V，默认延时 60s）		厂家配合
8	机油压力低	启机状态下，通过测试软件将机油压力值强制为 100kPa，10s 延时后出现机油压力低停机报警（默认值 220kPa，默认延时 10s）		厂家配合
9	冷却水温度高	停机状态下，通过测试软件将冷却水温度值强制为 111℃，10s 延迟后出现冷却水温高停机报警（默认值 110℃，默认延时 10s）		厂家配合
10	冷却液液位低	停机测试，将水位传感器拔掉，20s 延时后低水位停机报警出现（默认延时 20s）		厂家配合

续表

序号	测试项目	测试方法与标准	测试是否通过	备注
11	发动机超速	将阈值改为1490rpm，15s延时后超速停机报警出现（默认值1875rpm，默认延时15s）		厂家配合
12	紧急停机	启机测试，机组运行时拍下急停按钮，紧急停机报警出现		厂家配合
13	信号与参数核对	（1）检查柴发电压、频率、水温、电池电压信号，本地与监控平台是否一致 （2）按厂家调试报告恢复参数设置		
14	参数核对	查看柴发输出电压值是否与市电电压值相匹配		
15	加热器测试	增加柴油发电机加热器测试		
16	启动失败测试	启动失败模拟测试		
17	进风阀联动测试	进/出风风阀与发电机启停联动功能测试		
18	最低台数启动测试	并机启动最低并机台数		
瞬态特性（通过数据中心自带假负载箱进行测试，记录电压、频率数据和曲线，记录并整理分析作为附件）				
19	0%至50%突加	最大瞬态电压偏差（　），要求<15%		
20		电压恢复时间（　），4s内恢复至±2%以内		
21		最大瞬态频率偏差（　），要求<7%		
22		频率恢复时间（　），3s内恢复至±2%以内		
23	50%至100%突加	最大瞬态电压偏差（　），要求<15%		
24		电压恢复时间（　），4s内恢复至±2%以内		
25		最大瞬态频率偏差（　），要求<7%		
26		频率恢复时间（　），3s内恢复至±2%以内		
27	100%至0%突减	最大瞬态电压偏差（　），要求<20%		
28		电压恢复时间（　），4s内恢复至±2%以内		
29		最大瞬态频率偏差（　），要求<10%		
30		频率恢复时间（　），3s内恢复至±2%以内		
稳态特性				
31	0%负载下指标	0%负载电压（　）V		
32		0%负载频率（　）Hz		
33	50%负载下稳态指标	三相稳态线电压（　）V，指标：<±0.3%		
34		稳态频率（　）Hz，指标：<±0.5%		
35		最大总电压谐波THDU（　），指标：<±5%		
36	100%负载下稳定指标	三相稳态线电压（　）V，指标：<±0.3%		
37		稳态频率（　）Hz，指标：<±0.5%		
38		最大总电压谐波THDU（　），指标：<±5%		
39	稳态电压偏差	稳态电压偏差（　）（100%相对0%负载偏差）		
40		稳态电压偏差指标：<±1%		

续表

序号	测试项目	测试方法与标准	测试是否通过	备注
41	频率降	频率降＝（0%-100%）/100%，频率降（ ）		
42		频率降：<3%		
43	不平衡度	三相非对称负载下线电压不平衡度（ ），指标：<5%		

2）柴油发电机组并机性能测试

数据中心用电量大，通常配置多台柴油发电机组并机为数据中心提供备用电源。因此，在单机功能测试合格后，应进行并机系统的性能测试。并机性能测试按如下方法进行：

（1）模拟市电停电，观察本系统内柴油发电机组是否能全部自动启动且成功并机，并记录从给出启动信号到所有的发电机组联上母线并机成功所需要的时间。在现场可以累计进行 10~20 次，计算从启动到全部发电机组并机所需要的最长、最短和平均时间。

（2）并机成功后观察是否能自动加载。

（3）模拟并机测试自动加机、减机功能逻辑验证。当负载减少到发电机供电系统退出一台柴油发电机组的条件时（一般为 80%），验证柴油发电机供电系统是否能够自动退出一台机组，并且该机组应自动停机；当负载增加到需自动增加另一台柴油发电机组供电时（一般 85%），验证柴油发电机供电系统是否能够自动启动另一台柴油发电机组，并且该机组能够并网到柴油发电机供电系统中带载运行。

（4）手动模拟主用发电机组故障，检查备用发电机组是否正常启动，备用联络开关投入及并机动作是否正常。

（5）手动恢复主用发电机组故障，检查备用发电机组是否退出，备用联络开关是否退出，主用发电机组是否投入运行正常。

（6）模拟市电恢复，观察发电机组是否经过可调整的延时将所有负荷切回市电电源供电，柴发机组在空载下运行约 5min 后是否自动停机，控制装置是否自动复位，从而为下一次运行做好准备。

3）柴油发电机组供油系统功能测试

供油系统是保证柴油发电机组连续稳定运行的关键，因此，除了进行机组的单机及并机性能测试外，还要进行机组的供油系统功能测试。供油系统功能测试主要关注供油系统的控制逻辑、报警功能、消防联动、配电等功能，测试脚本见表 6-16。

表 6-16　柴油发电机组供油系统功能测试流程

序号	测试项目	测试方法与标准	测试是否通过	备注
1	日用油箱控制系统参数检查	超高液位：溢油口下 50mm	Y □ N □ N/A □	
2		高液位：溢油口下 150mm	Y □ N □ N/A □	
3		低液位：高于油箱底 600mm	Y □ N □ N/A □	
4		超低液位：高于油箱底 450mm	Y □ N □ N/A □	
5	卸油功能	手动触发日用油箱间消防告警，查看告警油间及相邻油间回油阀是否打开，回油泵是否开启	Y □ N □ N/A □	
6		检查供油控制器、BMS/BA，确认回油阀、回油泵状态是否正确	Y □ N □ N/A □	

续表

序号	测试项目	测试方法与标准	测试是否通过	备注
7	日用油箱油位控制	在燃油卸油至低液位、超低液位时，查看每个油箱间现场声光和BMS/BA报警是否触发	Y □ N □ N/A □	
8		复位消防联动告警，柴油控制系统自动运行模式，确认： （1）各油箱的A路供油阀门是否打开，油罐A路供油泵是否启动供油； （2）查看现场和BMS/BA系统设备状态显示是否准确； （3）供油过程中，模拟日用油箱间漏油，验证柴油控制系统、BMS/BA是否触发漏油告警，对应电磁阀、供油泵等是否关闭； （4）验证油路系统自动控制逻辑，低液位起泵、高液位停泵逻辑是否正确，并记录加油时间；验证消防卸油逻辑，并记录卸油时间；与动环图形进行比对	Y □ N □ N/A □	
9		当燃油加载至高液位时，各日用油箱供油电磁阀是否自动关闭	Y □ N □ N/A □	
10		当最后一个日用油箱液位高于高液位时，油泵是否自动停止运行	Y □ N □ N/A □	
11		在燃油加载时，日用油箱的液位磁翻板显示是否准确	Y □ N □ N/A □	
12	油罐控制逻辑	（1）超高液位：油量25m³的液位值，现场声光报警，控制中心报警； （2）高液位：油量18m³的液位值，现场声光报警； （3）低液位：距离油罐底部500mm，现场声光报警，关闭所有供油泵； （4）超低液位：距离油罐底部300mm，现场声光报警，供油泵不启动	Y □ N □ N/A □ Y □ N □ N/A □ Y □ N □ N/A □ Y □ N □ N/A □	
13		模拟主用油泵故障、日用油箱低液位报警，验证备用油泵是否启动运行	Y □ N □ N/A □	
14		模拟主用油罐低液位报警，验证备用油罐供油泵是否自动运行。检查现场供油控制器、BMS/BA系统油泵状态是否正确	Y □ N □ N/A □	
15	消防联动	模拟消防联动信号，验证进入柴发机房处紧急切断阀关闭	Y □ N □ N/A □	
16		模拟日用油箱间油气浓度超标，验证事故排风机是否自动启动	Y □ N □ N/A □	
17	供油自动系统供电	（1）检查供油控制器柜是否采用双路UPS供电，控制柜是否自带ATS； （2）断开主路UPS，控制器柜是否自动切换至备路供电	Y □ N □ N/A □ Y □ N □ N/A □	
18	油罐水浸告警	通过注水等方式模拟集水井内液位传感器告警，检查控制器和BMS/BA是否触发该告警	Y □ N □ N/A □	
19	手动/自动切换	切换到手动模式，检查泵油等功能是否可手动操作	Y □ N □ N/A □	
20	压力试验	检测油罐、管道的试压报告，是否合格	Y □ N □ N/A □	标明检测还是检查

在完成所有测试后，测试记录应有详细测试表格备案。如表6-17所示是整个验收测试结果的汇总，可作为验收依据。在进行机组的安装质量验收时，按照机组的安装和

设计要求对照表格逐项进行验收。实施好柴油发电机组的验收工作，对于柴油发电机组的安全稳定运行、可靠供电、最大限度地发挥柴油发电组在数据中心中的作用具有重要意义。

表 6-17　柴油发电机组检测情况一览表

环境温度：　　　　℃		环境湿度：　　　　%RH	
检验日期：　月　日			
主检人：		审核人：	
产品型号：			
序号	检验项目	不合格分类 B 类　　C 类	结论
1	启动性能		
2	连续运行能力		
3	稳态电压偏差		
4	瞬态电压偏差和电压恢复时间		
5	电压不平衡度		
6	频率降		
7	稳态频率带		
8	瞬态频率偏差和频率恢复时间		
9	线电压波形正弦性畸变率		
10	噪声		
11	密封性		
12	接地		
13	相序		
14	自动保护功能		
15	过载保护功能		
16	逆功率保护功能		
17	外观质量		
18	自动维持运行状态		
19	自动启动和加载试验		
20	自动卸载停机试验		
21	自动补给功能		
22	并机性能		

习题

一、简答题

1. 画出柴油发电机组的安装、调试和测试验收施工流程图。
2. 柴油发电机组主要有哪两种系统冷却方式？
3. 试比较机房柴发与集装箱式柴发的安装内容。

二、选择题（不定项选择）

1. 对于机房安装的柴油发电机组，在安装排烟系统时，从机组增压器排烟总管接出的第一段管道必须包含一段（　　），以隔离机组的运行振动并吸收热膨胀及位移。

A. 镀锌钢管　　　　　　　　　　　B. 黑钢管

C. 柔性波纹管　　　　　　　　　　D. 铝合金管

2. 在安装通风系统时，机房排风口位置应根据室外风向（　　）设置。

A. 顺风　　　　　　B. 逆风　　　　　　C. 随意

3. 柴油发电机发出的电由发电机输出端经电缆输送至各配电柜，电缆敷设方式有（　　）几种。

A. 直接埋地

B. 经电缆沟敷设

C. 经电缆桥架敷设

4. 柴发机组接地电阻值不得高于（　　）。

A. 1 Ω　　　　　B. 4 Ω　　　　　C. 100 Ω　　　　　D. 4 MΩ

5. 柴油发电机组单机功能测试应该包括的测试内容有（　　）。

A. 启动检测

B. 自动保护功能检测

C. 机组稳态运行测试

D. 机组瞬态性能测试

E. 机组连续运行能力测试

6. 供油系统的安装主要包括（　　）的安装，安装时应遵守相关的规范和标准。

A. 主储油箱（储油罐）　　　　　　B. 日用油箱　　　　　　C. 油管

三、判断题

1. 为避免机房内温度过高造成的工作环境恶化或操作人员烫伤，并减少机组排烟系统和增压器的机械噪声，机房内的整个排烟系统应做有效的绝热隔声包扎。 （　　）

2. 电缆与不同管道一起埋设时，为节约路径资源，可在敷设煤气管、天然气管及液体燃料管路的沟道中敷设电缆。 （　　）

3. 柴发机组目视检查主要是对机组安装运行环境和机组外观进行检查，包括机组本体、燃油自控系统和并机柜等。 （　　）

4. 进行发电机线圈绕组的绝缘测试时，需断开蓄电池负极连接电缆。 （　　）

5. 柴油发电机组的接地分为系统接地和设备接地。系统接地是中性点接地，是为了获得相电压。 （　　）

6. 柴油发电机组的测试主要包括机组单机功能测试、并机性能测试和供油系统功能测试。 （　　）

参考答案

一、简答题

略

二、选择题（不定项选择）

1. C　　2. A　　3. ABC　　4. B　　5. ABCDE　　6. ABC

三、判断题

1. ×　　2. ×　　3. √　　4. √　　5. ×　　6. √

第 7 章　柴油发电机组的运行和维护保养

作为数据中心常用的应急备用电源，柴油发电机组是用户保障数据中心电力供应可靠性的关键设备。在规划设计阶段正确地选择发电机组的规格和功率，在数据中心供配电系统建设阶段正确安装发电机组各个子系统，能使发电机组满足用户的要求正常运行，而发电机组的维护保养则是伴随发电机组全生命周期并保证发电机组正常运行的关键。

7.1　柴油发电机组的运行

现代数据中心的柴油发电机组基本上都是在市电失电后立即自启动运行，达到其额定频率和电压后开始带载。在发电机组的运行过程中，其各项重要运行参数和运行状态可通过远程监控系统进行监测和控制。当市电恢复后，停机前进行 5min（或设定为其他时间）的冷机停车，整个过程可以做到无人值守。因此，柴油发电机组的操作运行人员需要经过上岗前培训和操作保养培训，运行人员经过培训后可较轻松地胜任相关操作。

7.1.1　运行的一般要求

在柴油发电机组的运行使用中，需要注意以下一些会对发电机系统运行产生不良影响的因素：

- 不要长时间低负载（<30% 负载）运行柴油发电机组。柴油发电机组应避免长时间空载运行，长时间空载运行会导致气缸内的柴油燃烧不充分，混合物从排气歧管往外淌，产生积碳，加快气缸套的磨损。
- 不要频繁启停柴油发电机组。尤其是在寒冷地区频繁启停发动机时，将导致燃烧不净的柴油和机油等混合物在气缸内和气门上堆积，导致气门和活塞相碰的严重故障。
- 除应急停机外，不要在发电机组负载上电运行后马上停机。

对于极其寒冷的地区，为了保护发动机，在开启发电机组前通常需要进行暖机。正确的暖机应该是通过缸套水加热器进行加热和保温，应采用适当粘度的单粘度润滑油，配备润滑油循环泵，在机组不运行时也进行润滑油的循环，并配置乙醚辅助启动装置等。

在日常工作中，机组运维人员应保持良好的巡视习惯，具体包括：

● 每天去柴油发电机房巡视发电机组，保持机组外表清洁和环境整洁，并巡视与发电机组相关的开关柜、双电源转换柜等的状态是否良好；

● 检查发电机组的辅助系统，如蓄电池充电器、缸套水加热器、除湿加热器、预润滑泵（如果有）等，确保其处于运行状态；

● 发电机组启动成功并运行带载后，需要去机房检查发电机组的运行状况是否正常；

● 在机组的运行过程中，通过并机柜监控屏密切监测机组的投入和退出情况，定期记录发电机组的主要运行参数；

● 运维人员在机房时，必须在显眼处悬挂提示牌，避免他人误操作。

7.1.2 柴油发电机组标准化操作程序

数据中心的运行维护人员应该熟悉和掌握三个文件，即 SOP、MOP、EOP 文件，这些文件对应于数据中心的每个系统和设备，以保证数据中心基础设施及环境的可用性。其中，SOP（Standard Operating Procedure），即标准作业程序，对于柴油发电机系统来说，就是将柴油发电机组的标准操作步骤和要求以统一的格式描述出来，用来指导和规范日常的运维工作；MOP（Maintenance Operating Procedure），即维护作业程序，用于规范和明确数据中心柴油发电机系统运维工作中各项设施的维护保养审批流程和操作步骤；EOP（Emergency Operating Procedure），即应急操作流程，用于规范应急操作过程中的流程及操作步骤。

这些作业程序书对用户极其重要，可确保运维人员迅速启动，有序、有效地组织实施各项操作和应对措施。例如，有了 SOP，可以清楚地掌握柴油发电机系统的各种操作流程。有了 MOP，能知道该如何针对柴油发电机系统相关设备进行检查和清洁维护。有了 EOP，在面对市电异常或柴油发电机系统的设备异常时就不会惊慌失措，也不会一味只想着打电话给厂商求救，多数情况下只要根据设备的信号状态，就可以从 EOP 文件中按图索骥，发现问题症结点，然后自行排除。如果问题较严重，也可在与厂商技术人员电话沟通的过程中，明确告知问题状态，使技术人员一到现场便能以最快的速度直接排除故障，而不必再费时查找故障原因。

下面以某数据中心柴油发电机电源系统 SOP 文件的主要内容为参考示例，介绍柴油发电机组的标准化操作程序，也可使从业人员了解并学会 SOP 文件的编写方法。

1. 柴油发电机组标准化操作程序示例

1 概述

1.1 编写目的

为提升 ×× 数据中心基础设施运维管理水平，减少运维风险因素，规范设备操作，提高人员技术水平，特编写本标准操作手册（SOP）。

1.2 适用范围

本文档适用于 ×× 数据中心。

2 柴油发电机总体

本数据中心采用的柴油发电机组是 MTU 品牌，在室外柴发区域设置 11+1 台 1880kW 室外集装箱式柴油发电机组，机组采用双层布置在柴发钢平台上。柴油发电机组的主要参数如下：

功率：1880kW/2350kVA；额定电压：10.5kV；额定电流：129A；转速 / 频率：1500r/min/50Hz；功率因数：0.8；启动方式：24V/DC；冷却方式：一体式水箱。

2.1 柴油发电机组供配电系统图或简介

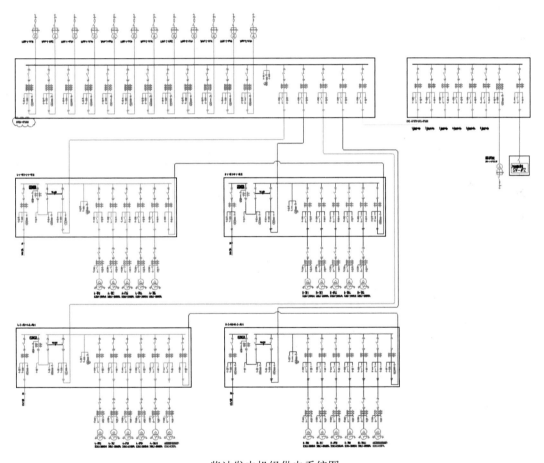

柴油发电机组供电系统图

2.2 备品备件（略）

2.3 工具表单（略）

3 柴油发电机操作步骤

3.1 柴油发电机单机操作步骤

操作项目	操作顺序	操作步骤	参照实图	风控点
柴油发电机空载手动启机操作	准备工作	（1）确认待操作柴发编号正确无误 （2）外部检查柴发状态，排气装置无杂物		
	1	检查发动机水箱液位在视液镜 2/3 以上		水箱液位不足可能导致柴发启动失败
	2	检查启动电池电压在 26V 以上，电池无鼓包、漏液现象，极柱连接紧固无氧化；电池总开关处于闭合状态		忽略电池以及开关状态，柴发可能启动失败
	3	检查机油油标尺液位在 add 至 max 之间，各油路、水路管道连接处无跑冒滴漏现象		机油不足会导致机器润滑不够，损坏柴发部件
	4	检查百叶无锈蚀，表面无杂物等		
	5	检查日用油箱油位在 60cm 以上，供/回油管路阀门无渗漏，阀门状态与标识一致		燃油不足、阀门状态不对会导致柴发启机失败
	6	确认柴发控制器面板的非自动状态"NOT IN AUTO"红灯亮，"OFF"红灯亮，按下"RUN"键，百叶窗延时打开，柴发启动		
	7	通过控制器面板显示屏核对柴油发电机电压、频率、机油压力、发动机转速等数值在正常工况		

续表

操作项目	操作顺序	操作步骤	参照实图	风控点
柴油发电机空载手动关机操作	准备工作	（1）确认需停机的发电机编号、位置 （2）确认需停机的发电机运行正常 （3）确认需停机的发电机后端无负载，并且"分合闸"旋钮开关处于0或分闸状态		
	1	在柴发控制器面板上按下"OFF"键，发电机停机		
	2	待柴发停机稳定后，散热百叶窗延时自动关闭		

3.2 柴油发电机并机操作步骤

操作项目	操作顺序	操作步骤	参照实图	风控点
柴发手动并机送电操作	准备工作	将柴发控制模式设为手动模式		
	1	按柴发空载启机步骤依次启动12台柴发，各台柴发运行参数正常		
	2	依次旋转每台柴发控制器面板上的"分合闸"旋钮至合闸位置，合闸送电至并机开关柜		
	3	在中压室查看并确定四路市电进线断路器分闸，高压母联断路器在分闸状态。将柴发并机室发电机进线柜"就地/远方"转换开关旋转至"就地"，闭合柴发并机室四路柴发应急馈线断路器（GSB15/GSB16/GSB17/GSB18）		
	4	在中压室闭合柴发进线断路器，依次闭合各变压器馈线柜断路器，在柴发并机室MCP查看并机柜负载率		在柴发加载时，同时加上所有负载，有可能造成柴发停机
柴发手动卸载停机操作	准备工作	（1）检查：发电机运行状态是否为"并机"状态 （2）检查：柴发并机室柴发并机柜负载是否满足"减载"需求		

续表

操作项目	操作顺序	操作步骤	参照实图	风控点
柴发手动卸载停机操作	1	分别到中压室 A 和中压室 B 对应找到 4 台柴发进线保护柜，将每台进线保护柜上的"就地/远方"旋钮旋转至"就地"位，然后手动将"分合闸"旋钮旋转至分闸位置进行分闸		两人确认开关位置和操作顺序
	2	柴发并机室内分闸四路柴发馈线断路器（GSB15/GSB16/GSB17/GSB18）		两人确认开关位置和操作顺序
	3	依次到室外集装箱式柴发控制器面板上将"分合闸"旋钮旋转至分闸位置，断开柴发并机开关。检查控制器面板上发电机运行显示为"分闸"状态后，按下柴发控制器面板上的"OFF"键，柴发停机，进排风百叶窗延时自动关闭。在控制器面板上按下"AUTO"键，使柴发进入自动状态		
	4	停机后检查设备油量是否满足需求，冷却液液位、电池电压是否正常		

3.3 柴发交流负载柜手动操作步骤

操作项目	操作顺序	操作步骤	参照实图	风控点
柴发带假负载手动启机操作	准备工作	（1）检查设备柴油、机油、冷却液、电池电压是否满足启动需求 （2）检查设备各路燃油管是否接好无泄漏、空气滤清器是否变色 （3）查看假负载测试箱风机打开、排风百叶、进风门打开		检查的各项指标要求： （1）柴油量：大于 60% （2）机油量：小于 max 大于 add （3）冷却液指示位：2/3 （4）冷却液温度：≥ 20℃ （5）电池电压：26V±1 （6）进排风门不打开，禁止进行后续操作
	1	按照空载柴发启动 SOP 步骤启机		
	2	旋转柴发控制器面板上的"分合闸"旋钮至合闸位置，合闸送电至并机开关柜		
	3	在柴发并机室闭合至园区的输出断路器（GPSB14）后，到室外园区开关集装箱闭合对应楼号的断路器以及假负载输出断路器		

续表

操作项目	操作顺序	操作步骤	参照实图	风控点
柴发带假 负载手动 启机操作	4	在假负载集装箱上将本机控制面板上的"工作电源"断路器闭合，本机启动进入运行状态		
	5	在假负载集装箱控制面板上，查看带电指示，确认假负载已带电，按下"风机电源"键，风机启动后，可以进行加/减载操作		

3.4 巡检与故障指示

操作项目	操作顺序	操作步骤	风控点
巡检	1	巡视检查柴发水路、油路无跑冒滴漏等现象	
	2	检查集装箱无漏风、漏雨	
	3	柴发控制器面板无告警	

3.5 注意事项（风险点）

（1）操作人员应该经过相关的培训。

（2）操作人员应该持证上岗。

（3）除变更或应急许可外不得擅自操作。

（4）操作电气部件时要格外小心，高压可导致人员伤亡，不要乱动互锁开关，做好相关防护工作。

（5）保持发电机组及周围环境的清洁，周围不得有障碍物。清除机组上的所有碎屑，保持地面清洁干燥。

2. 柴油发电机组供油系统标准化操作程序示例

1 概述

1.1 编写目的

为提升××数据中心基础设施运维管理水平，减少运维风险因素，规范设备操作，提高人员技术水平，特编写本标准操作手册（SOP）。

1.2 适用范围

本文档适用于××数据中心。

2 供油系统总体

本数据中心每栋机房楼配置两个容积为40立方米的地埋油罐，每个油罐配置两台加油泵和两台卸油泵，加油泵到柴油发电机日用油箱采用双回路供油管路，卸油泵到日用油箱采用单回路卸油管路，每个日用油箱加油管路上有两个电动阀，通过油箱内油液位传感器控制开闭。

2.1 供油系统工作原理图

如图 2-1 所示为数据中心供油系统控制柜操作界面。

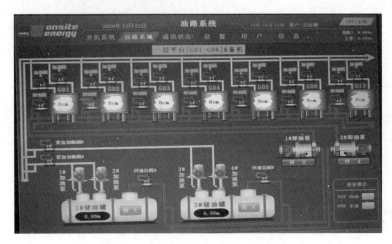

图 2-1　供油系统工作原理

2.2 供油系统逻辑简介

1. 储油罐液位采样逻辑

● 主控柜采样 4-20mA 液位模拟量信号（2 套）。

● 液位大于超高位（2.35m）设定，触发超高液位报警，同时关闭该油罐回油总阀。

● 液位大于高位（2.3m）设定，触发高液位报警。

● 液位低于低位（0.25m）设定，触发低液位报警。

● 液位低于超低位（0.2m）设定，触发超低液位报警，同时闭锁该油罐加油功能。

2. 日用油箱液位逻辑

● 主控柜通讯读取日用油箱液位。

● 主控柜读取液位超高状态（90cm），报警油箱超高液位。

● 主控柜读取液位高状态（85cm），报警油箱高液位。

● 读取停止加油状态（高于80cm），停止该油箱加油。

● 读取液位低状态（20cm），报警油箱低液位。

● 读取液位超低状态（10cm），报警油箱超低液位。

● 读取加油启动状态（一层机组日用油箱设定 50cm、二层机组日用油箱设定 60cm），启动加油。

3. 加油控制逻辑

● 油路控制柜（FCP）自动模式。

● 主控柜通讯读取日用油箱加油状态，需要加油，打开对应日用油箱电动阀，启动运行两个油罐的主用加油泵，先开阀再开泵。

● 主用泵故障时，自动切换备用油泵运行，问题泵发出故障报警。

● 同一油罐两个加油泵故障时或油罐检修时，切换到无故障或无检修油罐的两个加油泵运行。

- 主、备用加油泵都故障时，报警加油泵故障，结束加油。
- 加油泵正常运行，主控柜计算油箱液位变化率，油箱加油速率小于设定值时，报警该油箱加油失败。
- 主控柜通信读取加油启动指令，需要停止加油时，主控柜控制加油泵停止加油，先关泵再关阀。
- 主控柜接收到消防信号，关闭紧急切断阀，停止加油泵运行，结束加油。

3 供油系统操作步骤

3.1 操作步骤

操作项目	操作顺序	操作步骤	参照实图	风控点
供油系统半自动加油操作	1	将油路控制柜转换开关拨至"手动"位置		确认FCP控制柜的转换开关位置，如在自动状态，则不能手动加油
	2	在柴发并机控制柜上点开对应日用油箱图标，点击"加油启动"，系统先打开对应的加油阀，然后启动加油泵		点击"加油启动"后，返回油路系统，观察对应的加油阀和加油泵的启动状态，确认阀与泵启动后，日用油箱液位逐渐升高
	3	该日用油箱液位达到高液位（85CM）后，点击"加油停止"，系统先停止运行加油泵，后关闭加油阀		

3.2 巡检与故障指示

操作顺序	操作步骤	风控点
1	巡视地埋油罐周围无易燃易爆杂物	
2	巡视油罐井内无积水	
3	巡视供/回油管路无渗漏，阀门状态正确	

3.3 注意事项（风险点）

（1）操作人员应该经过相关的培训；

（2）操作人员应该持证上岗；

（3）除变更或应急许可外不得擅自操作；

（4）手动加油时确保加油电动阀打开到位后再开启供油泵；

（5）油罐区附近严禁堆放任何易燃、易爆杂物。

7.1.3 柴油发电机组故障应急预案

对于数据中心供配电系统来讲，必须有在各种意外情况下保证负载正常供电的应急预案。下面以某数据中心柴油发电机电源系统 EOP 文件的主要内容为参考示例，介绍数据中心在市电失电情况下的应急供电处置流程，以及在柴油发电机组发生故障时的应急预案，为从业人员提供紧急情况下的标准处置流程，保证数据中心的正常供电，也可使从业人员了解并学会 EOP 文件的编写方法。

××数据中心柴油发电机组故障应急预案

1. 概述

1.1 编写目的

为了规范大数据中心在市电突发供电中断时的应急组织实施，增强运维人员的应急处置能力，特编写本应急预案。

1.2 应急原则

应坚持统一指挥、严密组织、快速反应、保障有力的原则。

1.3 适用范围

本文档仅适用于××大数据中心。

2. 现状描述

2.1 电力系统架构

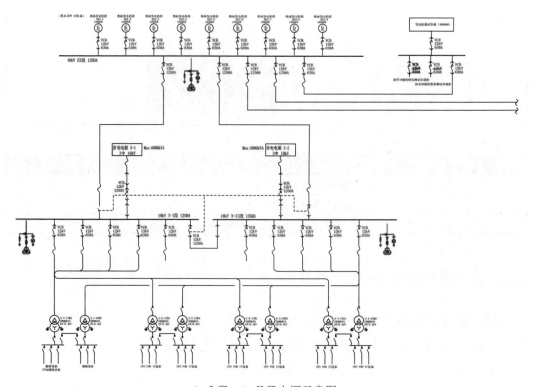

3-Ⅰ段、3-Ⅱ段电源示意图

2.2 运行方式

中压共有四个配电室，其中每两个配电室不同变的两段母线之间设置母线联络开关，两段母线均能承担一半负荷。正常情况下两路电源同时工作，互为备用。当其中1路失电时，通过中压母联备自投合上母联开关，由未失电线路承担两边所有电力负荷。两路电源同时失电后，柴发并机控制柜采集到市电失电信号后，对油机发出启机命令，柴发机组自动启机并机完成后输出柴发应急电源。如母联备自投和柴发并机控制柜故障可按母联 SOP 和手动启柴发 SOP 步骤执行操作。

3. 场景一：双路市电停电（柴发自启动）（★★★）

3.1 场景描述

当班运维人员4人，1人在 ECC 值守监控系统，3人按计划巡视不同区域，监控报警市电双路掉电，ECC 值守人员通过对讲机呼叫电气岗运维人员，通知电气监控报警内容。

高压母联为手动。

该场景事件为重大性突发事件，事件等级为3星。

3.2 ECC 指挥

3.2.1 初步原因分析及影响判断

因市电外线故障或者供电局检修停电，影响数据中心设备的供电稳定性。

3.2.2 通报流程

ECC 监控员1名、运维岗暖通人员1名、电气岗人员1名、值班长1名。监控员执行监盘工作，在事件告警2分钟内派事件单，值班长5分钟内将事件告警信息上报运维经理、运维主管，由运维经理向云网业务部负责人报告，与现场处置人员通过对讲机保持联系，掌握事件进程和处理结果，及时向上级汇报。

3.2.3 指挥口令

ECC 指挥人员应具备掌握全局能力，应将报警内容完整复述给现场处理故障人员。

3.3 现场处理过程

3.3.1 现场检查核实

现场确认 10kV 进线柜101路和进线柜120路带电显示器指示灯不亮，电压指示为0，PT 柜电压表无显示，确定为双路供电中断，柴发并机成功，至高压母线段柴发进线保护柜带电显示器指示灯亮，电压表显示正常，由值班长汇报上级主管。

3.3.2 现场处理方法

值班人员到达配电室，按照先断负荷侧再断电源侧原则，分断 UPS 等负荷开关，再断开高压馈线断路器。至高压室母线段上闭合柴发断路器，查电压正常。按照先闭合电源侧断路器再闭合负载侧断路器原则，检查变压器、UPS、列头柜等设备运行状态正常。

3.3.3 现场处理步骤

（1）ECC 监控系统告警提示，配电室双路停电（运维人员至高压室确认双路市电断电）。

（2）留1位运维人员值守ECC，执行汇报流程和值守监控系统任务；向供电公司询问停电原因及供电恢复时间。

（3）运维人员迅速至柴发并机室，查看并机控制柜正常启动9台柴发，柴发运行正常，并机馈线断路器输出正常，并关注日用油箱油位变化。

（4）运维人员到10kV高压室查看高压馈线断路器在分断位置。

（5）查两路失电侧10kV母线上柴发电源进线断路器在分闸位置，分别手动闭合该断路器，查PT柜带电显示器闪烁，电压表正常。

（6）依次闭合两路高压各馈线断路器。

（7）检查确认客户设备供电是否正常，机房温湿度是否正常。

（8）对数据中心系统、设备进行全面检查。

（9）检查电气设备（高压柜、直流屏、变压器、低压柜、UPS、电池组、列头柜、PDU）供电、运行状态是否正常。

（10）检查制冷设备（冷水机组、精密空调、加湿器）运行状态是否正常。

（11）检查弱电系统（视频系统、门禁系统、电力监控、BA系统）运行是否正常。

（12）咨询供电公司停电原因及供电恢复时间。

（13）监视柴油发电机各项运行数据并做记录，查看油罐油量是否充足，并联系供油单位准备供油。

3.3.4 两路市电恢复操作步骤

（1）ECC值守人员查看监控系统显示双路市电均恢复供电，运维人员到高压室确认供电恢复。

（2）ECC值守人员与供电公司沟通确认后，汇报上级主管，待上级领导同意后进行下一步操作。

（3）查101路和120路市电电源进线柜带电显示器闪烁。

（4）确认母联断路器断开，旋转开关在"就地"位置。

（5）在101路和120路市电10kV母线上，记录并分别断开各馈线断路器。

（6）在101路和120路市电10kV母线上，分别断开两路柴发电源进线断路器。

（7）查两路PT柜带电显示器不闪烁，电压表指示为0。

（8）分别将101路和120路市电电源进线断路器摇至工作位。

（9）分别将101路和120路市电电源进线断路器闭合，查电压表正常，两路PT柜带电显示器闪烁。

（10）根据记录依次闭合101路和120路两路10kV各馈线断路器，查正常。

（11）确认柴发主控柜在手动位置，在显示屏上进入"系统设置"栏，点击"系统停机"，检查柴发系统及油路系统正常。

（12）检查确认客户设备供电是否正常，机房温湿度是否正常。

（13）对数据中心系统、设备进行全面检查。

（14）检查电气设备（高压柜、直流屏、变压器、低压柜、UPS、电池组、列头柜、

PDU）供电、运行状态是否正常。

（15）检查制冷设备（冷水机组、精密空调、加湿器、除湿器）运行状态是否正常。

（16）检查弱电系统（视频系统、门禁系统、电力监控、BA系统）运行是否正常。

4. 场景二：双路市电停电（柴发手动启动）（★★★）

4.1 场景描述

当班运维人员4人，1人在ECC值守监控系统，3人按计划巡视不同区域，监控报警市电双路掉电，ECC值守人员通过对讲机呼叫电气岗运维人员，通知电气监控报警内容。

该场景事件为重大性突发事件，事件等级为3星。

4.2 ECC指挥

4.2.1 初步原因分析及影响判断

因市电外线故障或者供电局检修停电，影响3#楼数据中心设备供电。

4.2.2 通报流程

ECC监控员1名、运维岗暖通人员1名、电气岗人员1名、值班长1名。留1位运维人员值守ECC，执行汇报流程和值守监控系统任务；向供电公司询问停电原因及供电恢复时间；监控员执行监盘工作，在事件告警2分钟内派事件单，值班长5分钟内将事件告警信息上报运维经理、运维主管，由运维经理上报云网业务部项目负责人，与现场处置人员通过对讲机保持联系，掌握事件进程和处理结果，及时向上级汇报。

4.2.3 指挥口令

ECC指挥人员应具备掌握全局能力，应将报警内容完整复述给现场处理故障人员。

4.3 现场处理过程

4.3.1 现场检查核实

现场确认10kV进线柜101路和进线柜120路带电显示器指示灯不亮，电压指示为0，PT柜电压表无显示，确定为双路供电中断。

4.3.2 现场处理方法

按照柴发手动并机步骤执行手动启机操作。

4.3.3 现场处理步骤

（1）运维人员至高压室确认双路市电停电。

（2）运维人员迅速至柴发并机室查看9台柴发未自动启动。

（3）在主控柜显示屏上，运维人员查看9台柴发应在"远地"位置。

（4）运维人员检查9台柴发日用油箱油标尺大于"2/3"位置，且柴发进油阀门位置为开。

（5）查柴发油路系统无故障。

（6）在柴发并机主控柜上将"自动"位置打到"手动"位置。

（7）运维人员在并机主控柜显示屏上进入"系统设置"栏，手动"空载测试"启动柴发，启动成功。

（8）柴发完成并机后，在失电侧高压母线上，手动闭合两路柴发电源进线断路器。

（9）查两路母线PT柜带电显示器闪烁，电压表正常。

（10）A5控制柜依次闭合高压各馈线断路器。

（11）检查确认客户设备供电是否正常，机房温湿度是否正常。

（12）对数据中心系统、设备进行全面检查。

（13）检查电气设备（高压柜、直流屏、变压器、低压柜、UPS、电池组、ATS、列头柜、PDU）供电、运行状态是否正常。

（14）检查制冷设备（精密空调、加湿器、除湿器）运行状态是否正常。

（15）检查弱电系统（视频系统、门禁系统、电力监控、BA系统）运行是否正常。

（16）监视柴油发电机各项运行数据并做记录，查看油罐油量是否充足，并联系供油单位准备供油。

（17）咨询供电公司供电恢复时间。

（18）联系维保厂家对故障设备进行维修。

5. 场景三：双路市电停电，柴发故障不能正常启动（★★★★）

5.1 场景描述

当班运维人员4人，1人在ECC值守监控系统，3人按计划巡视不同区域，监控报警市电双路掉电，手动启动也失败。ECC值守人员通过对讲机呼叫值班长、电气岗运维人员，通知电气监控报警内容。

该场景为灾难性突发事件，事件等级为4星。

5.2 ECC指挥

5.2.1 初步原因分析及影响判断

因市电外线故障或者供电局检修停电，柴发并机系统、油路系统等故障造成柴发系统启动失败，严重影响IT设备工作，造成灾难性后果。

5.2.2 通报流程

ECC监控员1名、运维岗暖通人员1名、电气岗人员1名、值班长1名。监控员执行监盘工作，在事件告警2分钟内派事件单，值班长5分钟内将事件告警信息上报运维经理、运维主管，由运维经理上报云网业务部项目负责人，与现场处置人员通过对讲机保持联系，掌握事件进程和处理结果，及时向上级汇报。

5.2.3 指挥口令

ECC指挥人员应具备掌握全局能力，应将报警内容完整复述给现场处理故障人员。

5.3 现场处理过程

5.3.1 现场检查核实

现场确认10kV进线柜101路和进线柜120路带电显示器指示灯不亮，电压指示为0，电压表无显示，确定为双路供电中断；确定柴发自启动不成功，进行手动启动。

5.3.2 现场处理方法

按照柴发手动并机操作程序启动柴发机组。

5.3.3 现场处理步骤

（1）留1位运维人员值守ECC，执行汇报流程和值守监控系统任务；向供电公司询问停电原因及供电恢复时间。

（2）运维人员迅速至柴发并机室查看并机控制柜未自动启动9台柴发。

（3）检查10kV中压综保、检查柴发油路、检查柴发主控制柜、检查柴发排风系统、检查并机馈线断路器、检查柴发辅助设备供电、查看油罐油量等。确认为柴发并机系统或油路系统故障，经过紧急抢修未能排除故障。则：

①联系供电公司，请求对方紧急恢复至少一路供电；

②紧急通知IT工程师，做好应急准备，尽快存储数据等；

③联系维保厂家对故障设备进行紧急抢修；

④巡视检查UPS及IT设备工作状况。

6. 场景四：柴发供油系统故障（★★）

6.1 场景描述

当班运维人员4人，1人在ECC值守监控系统，3人按计划巡视不同区域，监控突然报警供油系统故障，ECC值守人员通过对讲机呼叫电气岗运维人员，通知电气监控报警内容。

该事件为严重性突发事件，事件等级为2星。

6.2 ECC指挥

6.2.1 初步原因分析及影响判断

原因为控制柜内模块故障或二次接线松动或供回油回路存在漏油现象，影响柴发日用油箱自动补油。

6.2.2 通报流程

ECC监控员1名、运维岗暖通人员1名、电气岗人员1名、值班长1名。监控员执行监盘工作，在事件告警2分钟内派事件单，并通报给值班员及值班长，值班长5分钟内将事件告警信息上报运维主管和运维经理，与现场处置人员通过对讲机保持联系，掌握事件进程和处理结果，及时向上级汇报。

6.2.3 指挥口令

ECC指挥人员应具备掌握全局能力，应将报警内容完整复述给现场处理故障人员。

6.3 现场处理过程

6.3.1 现场检查核实

现场确认控制柜供油系统故障告警，查看告警信息，由ECC值守人员汇报上级主管。

6.3.2 现场处理方法

运维人员查看控制柜告警信息，并进行故障复位，如无法复位，则由主管工程师联系厂家工程师协助处理，并查看柴发日用油箱液位，准备手动补油。

6.3.3 现场处理步骤

（1）运维人员现场确认柴发自动供油装置故障，按事件汇报流程上报事件，得到同意后进行故障复位,如故障无法复位,则汇报主管工程师。

(2)运维人员现场查看供油阀门状态是否正确,供回油管路有无跑冒滴漏现象,如管路存在漏油现象,则需按程序上报,并由专业公司进行维修。

(3)运维人员查看日用油箱油位,确定是否需要进行手动补油。

(4)如需要手动补油,则打开油液位低的日用油箱加油电动阀后,手动开启加油泵。

(5)关注日用油箱液位计补油到高液位后,停泵关阀。

(6)主管工程师到现场进行故障处理,并电话联系厂家人员协助,必要时厂家人员到现场。

7. 应急通信

7.1 应急通信树

用应急通信树来描述该故障的应急报告人员、联系人员结构,举例如下。

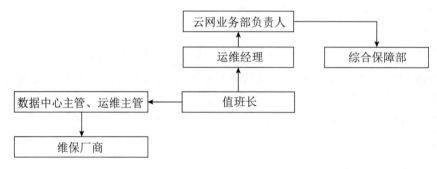

图 5-1　应急通信关系图

7.2 应急通信要求

举例如下:

对讲机频道设置,座机使用要求等;

向领导汇报内容;

向供应商说明内容;

特殊情况下的越级报告等。

7.3 重点联系人

故障应急处置重点联系人如下表所示。

序号	所属单位	姓名	联系方式	职责	备注
1	××数据中心业务负责人			重大性以上事件决策指挥	第一负责人A角
2	运维经理			决策指挥	第一负责人B角
3	××数据中心			现场指挥	XX数据中心电气主管
4	××数据中心			现场指挥	XX数据中心暖通主管
5	运维部			现场指挥	运维电气主管
6	运维部			现场指挥	运维暖通主管
7	运维部			处置联络	当班值班长
8	运维部			处置成员	当班A值班员

续表

序号	所属单位	姓名	联系方式	职责	备注
9	运维部			处置成员	当班 B 值班员
10	运维部			处置成员	当班 C 值班员
11	施工方驻场人员			监护操作	
12	设备厂商人员			监护操作	

8. 应急工具器材

必备工具	数量	存放处	日常管理
钳形电流表	1	应急工具包	
兆欧表	1	应急工具包	
万用表	1	应急工具包	每班交接时检查工具是否齐全
绝缘手套	1	应急工具包	
高压验电器	1	应急工具包	
低压验电器	1	应急工具包	

9. 注意事项

为保证应急实施工作顺利、有效开展，对应急实施中的工作要点做如下明确规定：

（1）应急启动后，一线应急实施的工作应按照预定应急操作程序严格执行，并向运维主管通报应急执行情况；

（2）应急中若需 IT 值班工程师配合进行应急处置，IT 工程师只可进行辅助配合工作，不得执行任何设备操作任务；

（3）应急实施应行动迅速、判断准确，确保在应急要求时间内完成相关区域的应急实施工作；

（4）应急实施过程中，所有参与应急实施人员不得乘坐电梯，必须通过步梯通道实施应急工作；

（5）应急实施过程中，各应急小组应如实记录应急实施情况，以便做后期总结分析，对 EOP 进行优化调整。

7.2　柴油发电机组的维护保养

保养是为了使发电机组、配套设备和设施保持在一个稳定良好的工作状态，一般按柴油发电机组及配套设备的燃油消耗量、工作小时和（或）日历时间、厂商规定的维护周期进行周期性保养。在实际工作中，如果按日历时间可提供更方便的计划周期，并与工时计时器的读数相近，则可采用日历时间（每日、每年等）作为保养周期。无论采用哪种方式来确定保养周期，都应按厂商规定的保养周期表中的相应间隔期进行推荐的保养。

针对机组不同的部件和设施，相应地会有不同的保养周期，机组的实际工作环境也会影响巡视及保养周期,例如如果发电机组在多尘、潮湿或寒冷冰冻的极度恶劣条件下运行,对机组的巡视次数和保养次数需要比厂商规定的次数多。

后备柴油发电机系统在维护保养过程中应谨慎和严谨,各项安全准备工作一定要落实到位,一般要按照预防性巡视和保养管理程序来编制巡视和保养计划中的项目,并在遵守制造商维护保养手册的基础上,根据项目特点编制运营维护流程。如果遵照预防性巡视和保养管理程序进行巡视保养,那就不需要进行定期调整。履行预防性巡视和保养管理程序可以减少计划外停机和故障造成的费用损失,使运行成本降到最低。

7.2.1　周期性维护保养内容

柴油发电机组的维护保养是柴油发电机组能够按照预期正常运行的保障。不同发电机组厂商对于维护保养的周期可能会有不同,因此,用户应严格遵照设备厂商的操作保养手册要求进行。

一般来说,数据中心备用柴油发电机组的维护保养可以分为以下几个层次:

- 每天的例行检查;
- 每个月的开机运行检查;
- 每个季度的负载试验;
- 每年的保养;
- 每 3 年的大保养;
- 每 10 年的超年限服役大检查。

1. 每天的例行检查

每天的例行检查主要是巡视,巡检员主要通过目测的方式对发电机组及相关配套设施和环境等进行检查,主要包括以下内容:

(1)发电机组的外部:机组零部件表面、管路连接处和油液排放口有没有漏水、漏油迹象,地面有没有水迹、油迹等污迹,有没有动物咬痕或在机房留下痕迹。

(2)蓄电池目测检查:蓄电池是否有漏液,接线端子是否有腐蚀,如有需要及时处理。

(3)检查缸套水加热器、蓄电池充电器、除湿加热器等是否正常运行。

(4)供储油设施(油罐、管路)的检查和清洁。

(5)检查燃油系统粗滤器 / 油水分离器。

(6)按动燃油排气泵,排除发动机燃油系统管路中的空气。

(7)目测散热器冷却液液位,如缺少,则需要补充。

(8)检查润滑油标尺液位刻度,如缺少,则需要补充。

(9)记录机组自带控制屏上的蓄电池电压值、缸套水温度。

（10）发动机空气滤清器检查，目测空气滤芯保养指示器，显示绿色为正常；如果显示红色表示空气进气阻力已达到 6kPa，需要更换空气过滤器滤芯。

（11）检查柴油发电机房的温、湿度是否合适。

对于集装箱式柴发，还要检查以下内容：

（1）检查集装箱进风和排风处是否有杂物。

（2）检查集装箱外部急停按钮是否正常。

（3）检查集装箱内部照明和应急灯运行是否正常。

（4）检查消防系统运行是否正常，有无故障报警，检查防火阀、风阀位置（如果有）。

（5）检查集装箱内防火阀位置是否处于常开状态（如果有）。

（6）启动机组，检查电动百叶窗运行是否正常，机组运行参数是否正常（油压、水温、转速、电压、频率等，机组控制器是否有报警），并做好记录（如需要）。

2. 每个月的保养

发电机组每个月的保养除完成每天的例行检查内容外，还需进行开机运行检查，进行发电机组的启动和带载试验，并执行发电机组电源和市电的切换试验，保养内容如表 7-1 所示。

表 7-1　每个月的保养内容

项目	工作内容	项目	工作内容
蓄电池充电器	检查	燃油日用油箱	排放沉渣和水
蓄电池电解液位	检查（免维护除外）	发电机	检查
控制屏	检查 / 测试	发电机轴承温度	测试 / 记录
冷却水位	检查	发电机绕组出线	检查
冷却液	取样（冷却液一级分析）	发电机负载	检查
电气连接	检查	缸套水加热器	检查
空滤器保养指示器	检查	定子绕组温度	测试
发动机润滑油位	检查	电压和频率	检查
电动百叶窗	测试	燃油输送及液位控制	测试

3. 每个季度的保养

每个季度的保养除完成每月的检查内容外，必须进行发电机组的带负载试验，保证发电机组在 50% 以上负载下运行 1h，以烧尽气缸内柴油和机油等的混合物。

4. 每年的保养

每个年度是备用柴油发电机组的主要保养周期，除月检和季检内容外，有更多的保养项目需要完成，如表 7-2 所示。

表 7-2   每年的保养内容

项目	工作内容	项目	工作内容
充电发电机	检查	燃油喷油嘴	检查 / 调整
皮带	检查 / 调整 / 更换	燃油粗滤器 / 油水分离器	更换滤芯
冷却液取样	冷却液二级分析	燃油细滤器	更换
冷却系统添加剂（SCA）	测试 / 添加	发电机轴承	检查
曲轴扭振减震器	检查	发电机组振动	测试 / 记录
发动机曲轴箱呼吸器	清洗	发电机绕组绝缘	测试
发动机安装脚	检查	胶管和卡箍	检查 / 更换
发动机润滑油取样	润滑油分析	预润滑泵（如果有）	检查
发动机润滑油和滤清器	更换	散热水箱	清洁
发动机保护装置	检查	旋转整流器	检查
发动机转速 / 正时传感器	清洁 / 检查	启动马达	检查
发动机气门间隙	检查	发电机定子出线	检查
风扇驱动轴承	润滑	旋转整流器保护二极管	检查
燃油控制杆系	检查 / 润滑	水泵	检查

5. 每 3 年的大保养

每 3 年是备用柴油发电机组的冷却液更换时间，普通冷却液应该在第 3 年时更换。采用长寿命冷却液的机组可以添加寿命延长剂，把冷却液寿命延长到第 6 年。在更换冷却液时一并更换冷却系统节温器（采用长寿命冷却液的可以在第 6 年更换节温器）。

保养内容除了每年的保养内容之外，还需要检查增压器。

6. 每 10 年的超年限服役大检查

目前数据中心柴油发电机组的服务年限一般设在 10 年，服役 10 年以上的柴油发电机组属于超年限服役。对于达到维护规程规定的使用年限的备用柴油发电机组，如果存在可靠性低、主要性能指标达不到要求的，会影响数据中心运行安全及造成运行维护成本提高，数据中心经营方应坚决予以报废和更换。但是，对于已超过设定的使用年限但主要性能仍然良好并能满足运行质量要求的柴油发电机组，数据中心经营方可以在对机组进行全面检查和评估的基础上，进行必要的保养后继续使用，以节约运营成本。

柴油发电机组在第 10 年时需要检查和维护的项目较多，主要包括以下八个方面。

1）机组的一般检查和记录检查

首先对机组进行一般的常规检查，并对各项运行记录及维修记录进行检查，相关要求如下：

● 机组外观是否整洁；

● 所有要求的定期保养项目的记录；

● 发电机和控制屏检查；

● 机组运行检查：电压、频率、噪声、控制屏参数等；

- 散热水箱导风检查；
- 供货范围内零部件的检查；
- 升级替换的零部件检查；
- 产品改进（PIP）和产品支持（PSP）项目完成情况检查；
- 操作保养手册的检查；
- 机房降噪和隔热材料检查。

2）冷却子系统检查

冷却子系统检查内容如下：

- 散热水箱外观检查；
- 冷却液取样和实验室分析；
- 冷却系统有无漏液检查；
- 气缸垫有无漏水检查；
- 水泵有无漏水检查；
- 温度调节器有无动作检查；
- 冷却系统测试。

3）燃油子系统检查

燃油子系统检查内容如下：

- 燃油控制杆系检查；
- 燃油日用油箱液位报警和停机检查；
- 燃油管道有无裂纹、漏油、支撑情况检查；
- 燃油输送泵有无漏油检查；
- 燃油回油管有无漏油检查；
- 燃油手动油泵有无漏油检查；
- 燃油滤清器底座有无漏油检查；
- 记录怠速和额定转速时的燃油压力；
- 核查燃油系统的原厂设定值。

4）电子和启动子系统检查

电子和启动子系统检查内容如下：

- 发动机 FLS（满负载设定）/FTS（满扭矩设定）设定值检查；
- 发动机灭缸测验；
- 发动机控制软件和版本检查，并做升级；
- 发动机控制模块（ECM）保修信息上传；
- 蓄电池、端子座、电缆和连接检查；
- 蓄电池单元电解液比重检查，并调整；
- 充电发电机在怠速和额定转速下的充电率检查。

5）进/排气子系统检修

每10年需对机组的进/排气子系统进行以下检修工作：

- 进气管、空气滤清器和保养指示器检查；
- 气门突起量测量，并进行气门间隙调整；
- 运行的排烟管漏气、裂纹、烟色检查；
- 排气歧管滴淌情况检查；
- 排气歧管裂纹检查和维修；
- 增压器串动量检查；
- 增压器漏气情况检查。

6）发电机子系统检查测试

发电机子系统检查测试主要包括以下内容：

- 每年发电机保养记录检查；
- 测试发电机绝缘并记录；
- 发电机组振动测试；
- 发电机组性能测试。

7）机组Ⅰ级保养

对于运行满10年的机组，除了对机组进行常规检查保养外，还需进行Ⅰ级保养，具体内容如下：

- 保养之前的润滑油位和状态记录；
- 冷却液分析、润滑油油样分析、柴油分析；
- 发动机润滑油更换；
- 发动机机油滤清器更换；
- 燃油油水分离器更换；
- 检查并记录旧机油滤清器内的物质。

8）发电机组带假负载试验

发电机组带假负载试验可以更好地评估机组的性能和带载能力，试验方法如下：

- 带假负载试验1h：50%负载30min，100%负载30min。采用实际负载试验时可以适当降低负载率，但不低于50%。
- 记录50%和100%负载时柴油发电机组的运行参数：输出功率、电压、电流、频率、水温、机油压力、转速、蓄电池充电器电流、排气温度、发电机轴承温度等。

通过深度检查和维护，如果机组各项指标和运行状态满足使用要求，则可以继续使用，并可以采用与新机组同样的保养维护周期进行后续的保养工作。

除了柴油发电机组大修周期和在此周期内的保养项目外，在厂商给出的机组的操作和保养手册中一般没有关于发动机大修的细节介绍。在机组的运行过程中，为了保证机组的性能始终满足应急供电要求，必要时可对机组进行大修，主要大修建议应由经过培训的人员和制造商授权的代理专业维修服务商进行。

7.2.2　柴油发电机系统的清洁

除了对机组进行常规的维护保养外，在日常工作中，应注重对柴油发电机组及配套设施的清洁，保持机组整洁干净，使机组始终处于良好的工作状态。清洁保养工作也是柴油发电机组的一项重要保养内容，主要涉及机组、配套设施及供储油设施的清洁。

1. 柴油发电机组的清洁

应定期对柴油发电机组进行清洁擦拭，防止油污、灰尘对机组散热产生影响。清洁工作应在运营流程内严格执行。

2. 进排风降噪消声器的清洁

应定期清扫进排风消声装置，防止鸟、鼠在装置中筑窝。应把消声片内部的灰尘清扫干净，紧固螺栓应定期进行检查。清洁工作应在运营流程内严格执行。

3. 供储油设施的清洁

数据中心的柴油发电机组所用的燃油为柴油。柴油发电机组附近一般配有日用油箱，储存供本机组使用的柴油，日用油箱的容积一般不超过 $1m^3$，机房的备用柴油一般都存储在容积为几十立方米的地下储油罐中。储油罐和日用油箱中的柴油有可能包含一定量的泥沙、铁锈等杂质，这些杂质在储油罐内受温度、压力等影响，会从油体中脱离并向下聚集到罐底，形成一定量的沉积物。而且，由于温差的变化，储油罐内壁会形成一定量的冷凝水，冷凝水会不断累积并汇集到罐底。长时间累积的沉淀物在化合作用下形成油泥物，会对柴油的品质产生不良影响，而且油泥物不断增加，会有腐蚀罐壁的风险。

由于大部分数据中心的储油罐都采用埋地方式安装，因此地下油罐的清洗难度会加大，施工安全也会有很大的隐患。为此，需定期对地下油罐进行清洗，以排除储油罐、日用油箱中的沉淀物，清除附着在内壁上的微生物，降低储油罐运营中的风险。液位计、阀门执行器、安全压力表、油泵设备、电磁阀及执行器、安装在泵房的电气控制柜等也需定期进行清洁保养，并检测其绝缘性和密封性是否符合要求。

7.2.3　某数据中心柴油发电机组维护保养示例

根据上述维保要求，不同数据中心可根据机组配置等实际情况，结合运营成本及运维人员的技术能力，制定相应的维护保养要求。下面是某数据中心规定的柴油发电机组维护保养内容，如表 7-3 和表 7-4 所示，在实际工作中，该数据中心运维人员须严格按照表格中所规定的保养周期和维护项目制订维护保养计划，并开展机组及辅助设施的维护保养工作。

表 7-3　柴油发电机维护保养内容

序号	维护周期	维护项目	维护保养内容
1	月度	就地操作屏	告警检查
2		直流电源系统	充电机、直流分控箱检查
3		风机风阀控制柜	主控开关、分路开关检查
4		PLC 柜日用油箱 PLC 控制箱	电源通信、元器件检查、风扇检查
5		并机输出柜	绝缘检查，A/B 路联动
6		高压开关柜	柴油发电机房和并机室高压开关柜：分路电源、照明、温湿度自动检测
7		通信交换机	电源及通信连接状态检查
8		电气系统	电池充电：检查启动电池充电状态、测量电池浮充电压、测量电池内阻
9			电池液位、比重：按照说明书要求检查
10			电池外观及连接：检查电池是否破损、漏液、遗酸、鼓包变形，极柱和连接处有无腐蚀、氧化、松动等
11			控制面板参数检查
12			电接头检查：所有线缆及铜排的接头是否紧固
13			接地是否牢靠
14			绝缘检查：柴油发电机组配电间母线绝缘检查
15		进 / 排气系统	进 / 排风系统检查：机房的进 / 排风畅通（包括全自动状态）
16			进气管道和空气滤清器检查
17			管夹箍和接头紧固检查
18			空气滤清器保养指示器
19			风阀开闭位置检查
20		冷却系统	水箱水量：检查冷却水箱内冷却液液位
21			水泵检查：是否存在渗漏迹象
22			风扇皮带：检查风机皮带松紧度
23			散热器翅片清洗：清洗散热器
24			冷却风扇：检查风扇的转动
25			管路维护：检查水箱和发电机之间连接软管、卡箍
26		燃油系统	燃油油量：检查日用油箱和储油罐液位
27			燃油系统粗滤器油水分离器放水
28			燃油喷油器管道检查
29			管路检查：检查各燃油管路及接头
30		发动机组	发动机机油采样
31			发动机气门间隙检查
32			发动机轴承温度测试记录
33			发动机机油滤清器压差检查
34		发电机组	空载测试：手动启动、并机性能、运行检查、进 / 排风检查
35			发电机轴承温度

续表

序号	维护周期	维护项目	维护保养内容
36	月度	润滑系统	零部件处有无泄漏：曲轴密封、曲轴箱、机油滤清器、机油油道堵头、传感器和气门室盖
37			曲轴箱呼吸器上的管子、T形管和管夹箍
38			发动机曲轴箱机油油位，保持机油油位
39			润滑油油品检查
40		加热系统	加热器（缸套水加热器、电球加热器）工作情况检查
41	季度	电气系统	接地检查：柴油发电机本体及接地电阻柜检查
42		发电机组	带负载测试：自动启动、并机性能、ATS切换测试、机组带载性能和参数
43			发电机绝缘绕组测试
44			发动机曲轴箱呼吸器清洗
45			发电机负载检查
46	年度	电气系统	开关状态：检查开关状态是否和运行要求相符合
47			启动马达检查
48			定子引线检查
49			仪表检查：检查机油压力、冷却液温度、转速、电压、电流、频率的指示值是否正常
50		冷却系统	冷却液：冷却液检查、更换
51			散热器翅片清洗：清洗散热器
52			进气口/排气口检查：检查柴油发电机室冷却空气的进气口/排气口是否畅通无阻
53			水泵检查
54		发电机组	发电机振动检测
55			发电机绝缘绕组测试
56			交流发电机检查
57			发电机清洁
58		发动机组	发动机保护装置检查
59			发动机支座减震检查
60			发动机气门间隙检查
61			发动机曲轴箱呼吸器清洗
62		燃油系统	燃油滤清器：燃油滤清器更换（三年）
63			机油：机油更换（三年）
64			机油滤清器：机油滤清器更换
65		润滑系统	预润滑泵检查
66			管路维护：检查水箱和发电机之间的连接软管、卡箍
67		进排风系统	涡轮增压器检查
68			空气滤清器：检查滤清器阻塞指示器，如透明部分出现红色，应立即进行更换

表 7-4 柴油发电机配套设备维护内容

序号	维护周期	维护项目	维护保养内容
1	月度	油泵	供油泵：电机绝缘检查，电机控制箱电源自动转换开关检查，按钮、指示灯检查
2			卸油泵：电机绝缘检查，电机控制箱电源自动转换开关检查，按钮、指示灯检查
3		联轴器	电机与泵之间的联轴器：盘动中间联轴器
4		油路阀门	阀门状态检查
5		呼吸阀	呼吸阀状态检查
6		输油管路	输油管路法兰部位检查
7		风机状态	风机启动停止检查
8		风阀状态	风阀打开关闭检查
9		PLC柜	电源通信、柜内照明、风扇检查
10	季度	日用油箱、油罐	有无渗漏现象，液位传感器校正，流量计校正
11	年度	电动机	接线盒开盖检查及绝缘测试
12		供油、卸油泵控制箱	控制箱内部清扫，一、二次端子紧固
13		储油罐	储油罐的抽油清洗

柴油发电机组MOP文件是规范和明确数据中心柴油发电机系统运维工作中各项设施维护保养审批流程和操作步骤的规范性文件，数据中心根据MOP文件的要求，可以针对性地开展柴油发电机系统相关设备的检查、清洁和维护工作。下面的MOP文件参考了某数据中心柴油发电机电源系统MOP文件中的主要内容，可以帮助从业人员了解数据中心柴油发电机系统的维护保养方法，并学习MOP文件的编写方法。

××数据中心柴油发电机组维护保养流程（MOP）

1. 概述

1.1 编写目的

为保证柴油发电机始终处于良好的工作状态，保证设备的正常使用寿命，特编写本标准维护手册（MOP）。

1.2 适用范围

本文档适用于××数据中心。

2. 总体

2.1 组成与原理

柴油发电机组由燃油系统、进排风系统、冷却系统、润滑系统、电气控制系统、电球组成。

2.2 技术参数

（略）

2.3 系统架构图或说明

柴油发电机装设在室外集装箱，输出电源通过柴发并机室中对应的12台中压进线柜并送到母排上；每栋机房楼配置两个地埋油罐，每个油罐装两台加油泵和一台回油泵，对应于每台柴油发电机组的供回油管路和日用油箱；配置一套PLC并机控制柜（MCP+FCP），对柴油发电机进行启停并机逻辑控制和燃油供回油控制。

2.4 设备应用

本数据中心每个机房楼配置12台1800kW柴油发电机组，11+1冗余配置，在双路市电都失电的情况下作为应急后备电源。从××年××月启机测试开始使用，预计全生命周期运行期15年，按季度、年度做预防性维护保养。

3. 一般故障的判断和排除

故障	原因	解决办法
发动机启动后又停机或运行不稳定	燃油系统有空气	• 检查房间的进风系统及发电机组空滤 • 燃油系统放气
	缺少燃油	加满柴油
	柴油阀门关闭	打开柴油阀门
	柴油滤清器堵塞（有脏物或低温时柴油结蜡）	更换新的柴油滤清器
	停油电磁阀连接故障	检查停油电磁阀是否动作
	预热不足	检查是否预加热器断路器跳闸，重合断路器
	错误的启动程序	以说明书要求的程序启动发电机组
	发动机进气堵塞	检查房间的进风系统及发电机组空滤
	预加热器不工作	检查电线连接及继电器是否正常，如有故障则联系维修工程师
	喷油嘴故障	检查更换喷油嘴
冷却水温过高	发动机缺水或冷却系统有气	发动机加满冷却液，系统放气
	节温器故障	安装新的节温器
	散热器或中冷器堵塞	按保养表定期清洁机组散热器
	冷却水泵故障	与经授权的维修工程师联系
	温度传感器故障	
	喷油正时不正确	检查更换喷油嘴
发动机不能停机	电气连接故障（连接松动或氧化）	• 维修可能断裂或松动的连接检查连接 • 处无氧化，如有需要，清洁或做防水处理
	停机按钮故障	更换停机按钮
	停机电磁阀/停油电磁阀故障	与经授权的维修工程师联系
	排气净化器故障	

4. 应急维保要求

遇重大保障任务时，应在封网前对柴油发电机组各系统进行检查，对供油系统地埋油罐和日用油箱以及供回油管路阀门进行检查，对柴发并机室内PLC并机控制柜进行检查。

5. 例行维保实施与记录

5.1 季度维护保养记录表（附件1）

5.2 年度维护保养记录表（附件2）

附件 1：柴油发电机组季度维护保养记录表

MOP 编号	MOP-XXXX	
MOP 概述	柴油发电机组季度维护保养。按照维保项目准备好工器具，做好安全防护再进行作业，如需改变配电柜状态，需按操作票步骤一人唱票监护一人操作执行。	
先提条件		**执行**
1. 通过相关领导及部门的变更审批流程		
2. 通报 ECC 监控室及基础设施运维值班人员		
3. 通报可能受到影响的机房用户		
维护工程师签字：　　　　　　　　日期： 主管工程师签字：　　　　　　　　日期：		
安全保障		**执行**
1. 穿戴必备的个人防护用品，包括长袖纯棉工作服、安全鞋、护目镜、防护手套等		
2. 维护工作应至少 2 人配合进行，互相监护		
3. 相关组织措施和技术措施已准备完毕		
维护工程师签字：　　　　　　　　日期： 主管工程师签字：　　　　　　　　日期：		
工具及备件要求		**执行**
1. MOP 程序文档及维护记录表		
2. 手动工具类："十"字螺丝批组 1 套、"一"字螺丝批组 1 套、套筒扳手组 1 套、扳手组 1 套、钳子组 1 套		
3. 检测仪器仪表：真有效值万用表 1 块、钳形电流表 1 块		
4. 维护备件及耗材		
5. 卫生清洁工具：干抹布、软毛刷、吸尘器等		
6. 安全防护类：LOTO 锁具、标示牌等		
维护工程师签字：　　　　　　　　日期： 主管工程师签字：　　　　　　　　日期：		
回退计划		
维护作业过程中若发生异常，不可强行操作，应立即停止操作，对设备问题进行讨论、判定，采取恢复回退操作或隔离措施，待查明问题并修复完成后方可继续按照标准操作程序进行操作		
步骤	**操作内容**	**执行**
1	维护项：柴油发电机本体、集装箱、供回油系统、并机控制柜及空载开机操作	
2	观察空气滤芯指示器，绿色为正常，红色表明滤芯堵塞；检查机油油位在油标尺上限和下限中间位以上，不超过上下限	
3	查看冷却液液位不低于水箱视镜 2/3 处，水管路阀门无渗漏	
4	确认散热风扇皮带松紧度适宜，无裂痕或划伤	
5	检查加热器工作正常，电源线无老化过热，进回水管无老化，阀门无锈蚀、无泄漏	
6	检查启动电池极柱连接紧固无氧化，电池无鼓包、无漏液，电池浮充电压正常	
7	检查柴发集装箱进排风百叶窗正常，密闭无漏风、无漏雨，排气筒无堵塞、无锈蚀	
8	检查 PLC 并机控制柜界面无告警，控制逻辑功能正常	

9	检查柴发电源中压输出柜综保装置无告警，状态指示正常	
10	月度按照空载启动柴发 SOP 步骤空载运行 15min	
11	供油系统管路阀门无渗漏，油罐池内无积水	
12	对柴发本体、集装箱内灰尘进行清理	

维护工程师签字：　　　　　　　　日期：
主管工程师签字：　　　　　　　　日期：

附件 2：柴油发电机组年度维护保养记录表

MOP 编号	MOP-XXXX
MOP 概述	柴油发电机组年度维护保养。按照维保项目准备好工器具，做好安全防护再进行作业，如需改变配电柜状态，需按操作票步骤一人唱票监护一人操作执行。

先提条件	执行
1. 通过相关领导及部门的变更审批流程	
2. 通报 ECC 监控室及基础设施运维值班人员	
3. 通报可能受到影响的机房用户	

维护工程师签字：　　　　　　　　日期：
主管工程师签字：　　　　　　　　日期：

安全保障	执行
1. 穿戴必备的个人防护用品，包括长袖纯棉工作服、安全鞋、护目镜、防护手套等	
2. 维护工作应至少 2 人配合进行，互相监护	
3. 相关组织措施和技术措施已准备完毕	

维护工程师签字：　　　　　　　　日期：
主管工程师签字：　　　　　　　　日期：

工具及备件要求	执行
1. MOP 程序文档及维护记录表	
2. 手动工具类："十"字螺丝批组 1 套、"一"字螺丝批组 1 套、套筒扳手组 1 套、扳手组 1 套、钳子组 1 套	
3. 检测仪器仪表：真有效值万用表 1 块，钳形电流表 1 块	
4. 维护备件及耗材	
5. 卫生清洁工具：干抹布、软毛刷、吸尘器等	
6. 安全防护类：LOTO 锁具、标示牌等	

维护工程师签字：　　　　　　　　日期：
主管工程师签字：　　　　　　　　日期：

回退计划
维护作业过程中若发生异常，不可强行操作，应立即停止操作，对设备问题进行讨论、判定，采取恢复回退操作或隔离措施，待查明问题并修复完成后方可继续按照标准操作程序进行操作。

续表

步骤	操作内容	执行
1	维护项：柴油发电机本体、集装箱、供回油系统、并机柜及空载开关操作	
2	观察空气滤芯指示器，绿色为正常，红色表明滤芯堵塞	
3	查看冷却液液位不低于水箱液视镜 2/3 处，水管路阀门无渗漏	
4	确认散热风扇皮带松紧度适宜，无裂痕或划伤	
5	检查加热器工作正常，电源线无老化过热，进出水管无老化，阀门无泄漏	
6	检查启动电池极柱连接紧固无氧化，电池无鼓包、无漏液，电池浮充电压正常	
7	检查柴发集装箱进排风百叶窗正常，密闭无漏风、无漏雨	
8	检查 PLC 并机控制柜界面无告警，控制逻辑功能正常	
9	检查柴发电源中压输出柜综保装置无告警，状态指示正常	
10	检查供油系统管路阀门无渗漏，油罐池内无积水	
11	校验油罐及日用油箱液位传感器	
12	按照柴发带假负载 SOP 启机步骤进行柴发带载运行，查看柴发带载运行各项参数正常	
13	对柴发本体、集装箱内桥架、配电箱、地板、百叶滤网进行除尘	
14	第三方维保单位更换机油、机油滤芯、柴油滤芯、油水分离器滤芯	

维护工程师签字：　　　　　　　日期：
主管工程师签字：　　　　　　　日期：

7.2.4　柴油发电机电源系统的定期测试

备用柴发电源系统的定期测试是柴油发电机组维护保养的一项重要内容。由于市电一般比较稳定，因此数据中心的备用柴发机组长期处于冷备用状态。一旦市电失电，备用柴发机组必须在规定的时间内成功启动并完成带负载运行，因此启动成功率是数据中心备用柴发机组所追求的第一特性。这种启动成功率不可能完全依赖于设备和系统的可靠性设计，它还会受制于燃油、冷却、通风、排烟等外围系统能否正常工作。因此，需要定期测试备用柴发电源系统能否成功启动，测试其带载能力，以及时发现并消除妨碍柴发正常启动的一切隐患，确保市电停电时备用柴发电源系统能够应急启动带载运行。

1. 柴发电源系统定期测试的类型

柴发电源系统的定期测试分为定期带载测试和定期不带载测试两种类型。

1）定期带载测试

定期带载测试是定期测试柴发电源系统能否正常启动带负载运行。市电带负载运行过程中，柴发电源系统定期带载测试时间到时，控制系统自动（供电部门不允许自动控制市电进线断路器时需要手动）断开市电进线主断路器，启动柴发电源系统中的所有机组，启动最快的机组直接送电到柴发电源母线，其他机组同步并联。当柴发电源母线上的并联机组容量达到系统最小容许在线容量时，柴发电源系统主断路器合闸，将柴发电源送到市电母线（此时市电已断开）。在机组并联上线的过程中，控制系统按负载优先级依次给负载送电。系统带载测试运行一定时间后，控制系统自动或手动退出带载测试模式，柴发电源系统主断路器断开，系统自动或手动合上市电进线主断路器，市电系统恢复给负载供电，同时各机组并联断路器断开，然后机组冷却停机，恢复到带载测试前状态。

2）定期不带载测试

定期不带载测试是定期测试柴发电源系统能否正常启动但不带负载运行。定期不带载测试的详细过程如下：市电带负载运行过程中，柴发电源系统定期不带载测试时间到时，控制系统自动或手动启动备用柴发电源系统不带载测试模式，柴发电源系统中所有机组启动，启动最快的机组直接送电到柴发电源母线，其他机组随后同步并联；柴发电源系统不带载测试运行一定时间后，控制系统自动或手动退出不带载测试模式，各机组并联断路器断开，然后机组冷却停机，恢复到测试前状态。

2. 柴发电源系统定期测试周期和测试时间

柴发电源系统进行带载或不带载测试的测试周期取决于柴发电源系统设备的质量、柴发电源的发电和配电设计的可靠性、柴发电源系统及其设备的日常维护保养的频率和质量、市电停电的频率等因素，需要根据具体应用做相应的评估，以保证市电停电时，柴发机组能成功启动并给负载供电。每次不带载测试的测试时间建议不超过 15min，以免明显降低柴发机组的寿命。每次带载测试的持续时间取决于带载测试时机组的负载率。如果负载率低于 30%，则测试时间建议不超过 0.5h；如果负载率为 50%~70%，则只要经济上允许，测试时间可根据其测试频率适当增减。

7.2.5　柴发常见故障处理

柴油发电机组的日常运维应严格落实各项安全检查，及时发现和解决各项问题及隐患。日常维护能解决的问题应及时处理，防止小的故障引发大的事故。如遇到超出日常维护范围内的故障，应及时寻求厂家技术支持，尽快解决问题，降低事故风险。表 7-5 列出了柴油发电机组的常见故障及其排除方法。

表 7-5　柴油发电机组常见故障及简单排除方法

序号	故障	可能出现的原因	排除方法
1	油压报警并停机	压力传感器故障	更换压力传感器
		润滑油品质差	更换润滑油
		机油滤清器脏	更换滤清器
		减压阀故障	修理或更换
		机油泵故障	更换
		机油量不足	添加机油

序号	故障	可能出现的原因	排除方法
2	高水温报警并停机	冷却水不足	添加
		水温传感器故障	更换传感器
		节温器故障	更换节温器
		风扇故障	更换风扇
		进 / 排风不畅	改造机房
		散热器气流不畅	清除散热器上的杂物
		风扇皮带松弛	调整
3	燃油油位低报警	燃油箱油位低	添加燃油
		油位传感器故障	更换同型号传感器
4	充电失败告警	控制系统无励磁输出	修理或更换
		充电机故障	更换充电机
5	发动机不能转动	急停按钮锁定	复位
		启动开关失效	维修或更换
		运动部件卡死	修理
6	发动机不能启动	油管有空气	排气
		油箱无油	添加燃油
		蓄电池电量不足	进行充电
		启动转速过低	检查电池电压 检查或更换启动马达
		空气滤清器堵塞	清洗或更换
		高压油泵故障	修理或更换
		燃油质量差	更换燃油
		发动机温度低	进行预热
7	冒白烟或蓝烟	机油过多	排放至不超过油尺上限
		机油粘度过低	更换机油
		节温阀故障（水温过低）	更换
		喷油嘴故障	清洗或更换
		喷油正时不正确	修理或更换
		缸压不足（气缸、活塞环磨损）	修理或更换
		润滑油品质差	更换
8	冒黑烟或灰烟	燃油品质差	更换燃油
		高压油泵故障	修理或更换
		喷油正时不正确	调整
		空气滤清器堵塞	清洗或更换
		气门间隙不正确	调整
		发动机过载	降低负载
		缸压不足（气缸、活塞环磨损）	修理或更换
		喷油嘴故障	清洗或更换

续表

序号	故障	可能出现的原因	排除方法
9	燃油消耗过高	燃油质量差	更换燃油
		高压油泵故障	修理或更换
		喷油嘴故障	清洗或更换
		喷油正时不正确	调整
		空气滤清器堵塞	清洗或更换
		缸压不足（气缸、活塞环磨损）	修理或更换
10	机油消耗过高	机油过多	排放至不超过油尺上限
		机油粘度太低	更换机油
		润滑系统泄漏	紧固或更换
		气缸与活塞环磨损，气门座密封圈磨损	修理或更换
11	无电压输出	电压调节器接线松脱	检查并处理
		调节器 E+、E- 无励磁输出	进行充磁
		二极管或压敏电阻故障	检查并更换

7.2.6　维护保养时的安全注意事项

机组维护保养的大部分工作应在停机状态下进行，机组运行时，相关巡回检查参见各厂家《发电机组操作及维护手册》。

1. 对机组操作人员的要求

进行柴油发电机组操作时，对相关操作人员有以下要求：

（1）相关操作人员应具有电工证（至少有低压电工证），如对高压发电机组实施操作则须具有高压电工证。

（2）参加过机组的安装、应用培训和维修培训并取得培训合格证书，熟知柴油发电机组的操作维护规定。

（3）饮酒或服用药物及出现身体不适时，不能承担机组维护保养工作。

2. 准备工作

给柴油发电机组做维护保养前，应做好以下准备工作：

（1）断开启动蓄电池负极（-）连接电缆，将连接头用绝缘胶布包好，建议同时按下机组的急停按钮，以免机组意外启动危及人身安全。

（2）用红外测温仪测量机组各部件温度，确认各部件温度降到环境温度后，方可进行相关维护保养工作，以免烫伤。

（3）确认有效隔离所有外部供电。

3. 维护保养过程中的安全注意事项

在对柴油发电机组进行维护保养的过程中，操作人员须遵守以下安全注意事项：

（1）检查、添加、排放机油和柴油时，切记避免意外吞入、吸入机油和柴油及其气雾，以免致癌或带来其他毒害隐患。

（2）应避免踩踏发电机组上的任何部件，以免损坏机组部件或造成液体、气体泄漏隐患。

（3）对蓄电池进行维护保养前，请确保电池区域通风良好，维护保养时严禁电池周围有电弧、火花、吸烟等现象，杜绝爆炸事故及其隐患。

（4）维护保养结束后，应检查排烟管隔热外罩。如果发现外罩被燃油或机油污染，则必须在发电机组开机前更换，以降低产生火灾的危险。

（5）维护保养工作完成后，应恢复或确认电池负极正常连接，急停按钮恢复正常位置。机组相关配套设备按照原厂手册进行运维。

4. 室外集装箱式柴油发电机组维护保养的安全注意事项

室外集装箱式柴油发电机组的正常状态为无人值守，机组处于自动位，远程自动启停机，在中控室完成机组运行监控。通过 RS232 或 RS485 实现远程监控，在监控室能实现三遥（遥控、遥信和遥测）操作。在机组的使用及运维过程中，由于其操作空间狭小，为了运行安全，运维人员除保持机组运维要求外，严禁在机组运行期间进入集装箱内。

如果机组运行期间必须巡检，则可以通过集装箱透明观测窗口，对机组的控制盘进行观察和记录。在极端情况下，若无法通过听声音判断机组运行是否正常，或者需要手动启动机组时，则仅允许打开检修门进行观察，或者通过机组控制盘的操作门查阅相关显示及进行手动启停机，原则上需要两个人在现场。

室外集装箱式柴油发电机组在使用及运维过程中，运维人员需要到集装箱内部巡视时，应佩戴安全防护镜、防护手套、头盔、钢趾靴和防护服等人身保护设备。为了确保运维人员安全，柴油发电机组控制器侧的操作门应安装快开型逃生门锁（冷库门锁），便于运维人员在紧急情况下快速撤离集装箱式柴发。

严禁在机组运行期间到集装箱顶部巡检。需到集装箱顶部巡视和补充冷却液时，应确保登高安全。

习题

1. 在柴油发电机组的运行使用中，对发电机系统运行产生不良影响的因素有哪些？

2. 在日常工作中，机组运维人员应保持哪些良好的巡视习惯？

3. 数据中心的运行维护人员应该熟悉和掌握三个文件，即 SOP、MOP、EOP 文件，试说明这三个文件的内容和用途。

4. 一般来说，数据中心备用柴油发电机组的维护保养可以分为哪几个层次？

5. 简要说明柴油发电机组每天的巡检内容。

6. 简要列举柴油发电机组年度保养内容。

7. 发电机组带假负载试验可以更好地评估机组的性能和带载能力，简述试验方法。

8. 清洁保养工作也是柴油发电机组的一项重要保养内容，清洁内容主要包括哪些方面？

9. 备用电源定期测试分定期（　　）测试和定期（　　）测试两种类型。

10. 一台柴油发电机组在发动机启动后又停机或运行不稳定，试分析其故障原因，并说明处理方法。

11. 一台柴油发电机组启动运行后产生水温过高报警，试分析其故障原因，并说明处理方法。

12. 一台柴油发电机组在运行时冒黑烟或灰烟，试分析其故障原因，并说明处理方法。

13. 简要说明柴油发电机组维护保养时的安全注意事项。

参考文献

[1] 王其英 . 云机房供配电系统规划设计与运维 [M]. 北京：中国电力出版社，2016.

[2] 吕科 . 京东数据中心构建实战 [M]. 北京：机械工业出版社，2018.

[3] 钟景华 . 中国数据中心运维管理指针 [M]. 北京：机械工业出版社，2017.